ABHANDLUNGEN DER DEUTSCHEN AKADEMIE
DER WISSENSCHAFTEN ZU BERLIN

Klasse für Mathematik, Physik und Technik
Jahrgang 1961 Nr. 6

RICHARD-HEINRICH GIESE · ELISABETH DE BARY
KURT BULLRICH · CLAUS DIETER VINNEMANN

TABELLEN DER STREUFUNKTIONEN $i_1(\varphi)$, $i_2(\varphi)$ UND DES STREUQUERSCHNITTES $K(\alpha, m)$ HOMOGENER KÜGELCHEN NACH DER MIE'SCHEN THEORIE

Brechungsindex $m = 1{,}50$. Parameter $\alpha = 0\,(0{,}2)\,159$
Streuwinkel $\varphi = 1°\,(1°)\,10°$; $\varphi = 10°\,(10°)\,180°$

Mit einem Vorwort von L. FOITZIK

Mit 7 Abbildungen und 159 Tabellen

AKADEMIE-VERLAG · BERLIN
1962

Vorgelegt von Hrn. Görlich in der Klassensitzung vom 18. Mai 1961
Zum Druck genehmigt am gleichen Tage, ausgegeben am 18. Mai 1962

Erschienen im Akademie-Verlag GmbH, Berlin W 8, Leipziger Straße 3—4

Lizenznummer: 202 · 100/584/62
Gesamtherstellung: VEB Druckerei „Thomas Müntzer" Bad Langensalza
Bestellnummer: 2001/61/I/6 ES 18 E 2 · Preis: DM 18,—

Vorwort

Gegenwärtig wird dem atmosphärischen Aerosol von verschiedenen Seiten größeres Interesse entgegengebracht. Es handelt sich zum Beispiel um Fragestellungen, die mit zunehmenden Verunreinigungen der Atmosphäre durch Staub, Rauch, Gase und radioaktive Stoffe zusammenhängen. Träger dieser Verunreinigungen ist das natürliche Aerosol; es ist daher verständlich, daß den Fragen nach seiner Zusammensetzung und nach der materiellen und figurellen Beschaffenheit der Aerosolteilchen Beachtung geschenkt wird. Die Aufgabenstellungen sind nicht einfach; Abhängigkeiten von meteorologischen Faktoren und Durchmischungen mit Erzeugnissen örtlicher Verunreinigungsquellen machen systematische Untersuchungen erforderlich.

Je nach der speziellen Fragestellung finden chemische, mechanisch-mikroskopische oder optisch-spektroskopische Verfahren Anwendung; diese Verfahren können sich gegenseitig wertvoll ergänzen. Die optischen Verfahren haben den Vorzug, daß durch sie keine Veränderung der Aerosolsubstanz und Aerosolverteilung erfolgt. Sie ermöglichen auch ohne weiteres Aussagen über die Aerosolbeschaffenheit in hohen Atmosphärenschichten und liefern Mittelwerte über größere Volumenbereiche. Es wird das durch das Aerosol extingierte und gestreute Licht in mehr oder weniger großer spektraler Zerlegung verwendet; die Polarisationseigenschaften des Streulichtes sind hierbei besonders wichtig.

Eine Deutung der optischen Meßergebnisse ist nur in enger Verbindung mit theoretischen Untersuchungen möglich. Ausgangspunkte sind die RAYLEIGHsche Theorie der Lichtstreuung an Gasmolekülen und die MIE-DEBEYEsche Theorie der Lichtstreuung an dielektrischen Kügelchen. Diese Theorien finden seit Jahrzehnten Anwendung auf Streu- und Extinktionsvorgänge in der Atmosphäre. Die zwischen Rechnung und Messung in vieler Hinsicht festgestellten Diskrepanzen — vor allem bezüglich des Polarisationszustandes des wolkenlosen Himmels — vergrößerten sich, als das Meßmaterial an Umfang und Systematik zunahm. Der Grund hierfür konnte keinesfalls in den genannten grundlegenden Theorien liegen, sondern mußte vielmehr in ihrer Anwendung auf die atmosphärischen Verhältnisse gesucht werden.

Für die theoretische Behandlung ist hier das gewählte Atmosphärenmodell bezüglich der Aerosolbeschaffenheit und Aerosolverteilung von entscheidender Bedeutung. In Anlehnung an Ergebnisse spektraler Extinktionsmessungen der Strahlung von Sonne und Gestirnen neigte man bis vor kurzem dazu, die optische Wirksamkeit des Aerosols durch Annahme von einem häufigsten Aerosolradius zu beschreiben. Zur Anwendung der MIEschen Theorie galten die Aerosolteilchen als mehr oder weniger wässrige Tröpfchen. Neuere mikroskopische Untersuchungen haben nun ergeben, daß sich die Teilchenradien gesetzmäßig über mehrere Zehnerpotenzen erstrecken; es genügt also nicht, nur einzelne ausgewählte Radien für Fragen der optischen Wirksamkeit des Aerosols zu berücksichtigen. Das von JUNGE entdeckte Gesetz besagt, daß die Zahl der in der Volumeneinheit enthaltenen Aerosolteilchen eines bestimmten Radienintervalles umgekehrt proportional der dritten bis fünften Potenz über dem mittleren Radius dieses Intervalles ist. Diese Radienverteilung, auch Potenzverteilung genannt, stellt eine Annäherung an einen Idealzustand dar, der einer gleich großen Teilchenmasse in gleichen logarithmischen Radienintervallen entspricht. Dieser Idealzustand ist vorhanden, wenn sich die durch mechanische und chemische Prozesse bedingte natürliche Entstehung von kleinen Teilchen, ferner das Wachstum der Radien durch die ständige Koagulation der Teilchen und schließlich der Ausfall der großen Teilchen in einem Gleichgewichtszustand befinden. Im allgemeinen wird dieser Gleichgewichtszustand durch meteorologische Vorgänge gestört; das hat zur Folge, daß nicht nur die genannte Radienpotenz verschiedene Werte annehmen kann, sondern der Potenzverteilung auch eine Häufigkeitsverteilung mit einer oder mehreren Häufigkeitsstellen überlagert wird; die Häufigkeitsstellen lassen sich durch GAUSSsche Verteilungskurven beschreiben.

Die neuen Kenntnisse über die Radienverteilung des Aerosols und über die materielle Beschaffenheit der Aerosolteilchen können für theoretische Untersuchungen in Atmosphärenmodelle eingebaut werden. Das wirkt sich ganz besonders für die Anwendung der MIEschen Theorie der Lichtstreuung auf den Polarisationszustand des Himmels aus. Hierfür sowie auch ganz allgemein für die Behandlung der optischen Wirksamkeit des Aerosols, haben sich ganz neue Perspektiven eröffnet.

Das setzt nun allerdings voraus, daß die MIEsche Streufunktion — also die Abhängigkeit vom Streuwinkel φ der beiden von einem dielektrischen Kügelchen gestreuten, linear polarisierten Strahlungsanteile — für einige Parameter sehr detailliert berechnet vorliegen muß. Die wichtigsten Parameter, Lichtwellenlänge λ und Teilchenradius r, werden hierbei zu einer Größe, dem Streuparameter $\alpha = 2\pi r/\lambda$, zusammengefaßt; hinzu kommt der Brechungsindex m der Teilchensubstanz. Die Abhängigkeit vom Streuwinkel φ ist sehr ausgeprägt, ganz besonders für kleine φ-Werte und für große α-Werte. Es ist deshalb erforderlich, die Berechnungen sowohl für φ als auch für α in kleinen Schritten durchzuführen, wobei der φ-Bereich von 0°—10° besonders fein zu unterteilen ist.

Der Rechenaufwand ist hoch und schwillt mit wachsenden α-Werten lawinenartig an; konventionelle Rechenmethoden sind dann kaum noch möglich. Deshalb liegen für α-Werte größer als etwa 10 nur wenige vereinzelte Berechnungen vor. Um den ganzen optisch wirksamen Radienbereich der atmosphärischen Aerosolteilchen erfassen zu können, werden jedoch auch Berechnungen für α-Werte größer als 100 benötigt. Hier schließt das vorliegende Tabellenwerk eine große Lücke. Von besonderem Wert ist es auch, daß den hier veröffentlichten Zahlenwerten der Brechungsindex 1,5 zugrunde liegt, der nach den neueren Untersuchungen der durchschnittlichen Aerosolsubstanz besser entspricht, als der bisher bevorzugte Brechungsindex $m = 1{,}33$ für Wasser.

Das Zahlenmaterial liegt in einheitlicher Form vor und eignet sich nun ausgezeichnet dazu, integrale Streufunktionen und Extinktionskoeffizienten unter Berücksichtigung der Radienverteilung des Aerosols zu bestimmen. Hierbei werden kaum noch nennenswerte Interpolationen zwischen den Zahlenwerten und vor allem keine Extrapolationen mehr erforderlich sein, da der Bereich des Streuparameters ausreichend gesteckt ist. Diese integralen Streufunktionen können weiter mit den theoretischen Daten der RAYLEIGH-Streuung in Verbindung gebracht werden. Als letzter, zurzeit theoretisch noch nicht klar zu überblickender Weg, kann dann die Berücksichtigung der Mehrfachstreuung nach der Theorie von CHANDRASEKHAR erfolgen.

Für die Berechnung der etwa 20000 Zahlen dieses Tabellenwerkes wurde eine elektronische Rechenmaschine des Instituts für angewandte Mathematik (Leitg. Prof. F. L. BAUER) der Universität Mainz eingesetzt. Das Grundprogramm gestaltete Herr Dr. R.-H. GIESE an dem von Herrn Prof. Dr. SIEDENTOPF geleiteten Astronomischen Institut der Universität Tübingen. Eine von Herrn Dr. BULLRICH geleitete Arbeitsgruppe des Meteorologisch-Geophysikalischen Instituts der Universität Mainz nahm dann die endgültige Programmierung und die Berechnung vor, stellte die Tabellen zusammen und fertigte die graphischen Darstellungen an.

L. FOITZIK

Einleitung

Fällt auf eine Kugel aus homogenem Material mit dem Brechungsindex $m = m_1 - m_2 i$ unpolarisiertes paralleles Licht der Intensität I_0 und der Wellenlänge λ, so lassen sich die Intensitäten J_1 bzw. J_2 für das unter einem Winkel φ gegen die Richtung der einfallenden Welle gestreute Licht mit zur Visionsebene senkrechter (bzw.) paralleler Schwingungsrichtung des elektrischen Vektors aus den von Mie (1908) aufgestellten Formeln

$$J_1 = \frac{\lambda^2}{4\pi^2 x^2} \cdot i_1 \cdot \frac{I_0}{2} \quad \text{bzw.} \quad J_2 = \frac{\lambda^2}{4\pi^2 x^2} \cdot i_2 \cdot \frac{I_0}{2}$$

bestimmen. Dabei ist x die Entfernung des Beobachters vom Mittelpunkt der streuenden Kugel vom Radius r, wobei $x \gg r$. Die Größe der Kugel wird im allgemeinen durch den dimensionslosen Parameter $\alpha = 2\pi r/\lambda$ angegeben.

Die „Streufunktionen" i_1 bzw. i_2 hängen einerseits von α und m, andererseits von der Beobachtungsrichtung φ ab. Sie lassen sich exakt durch die Mieschen Reihen

$$i_1 = \left| \sum_{n=1}^{\infty} \frac{2n+1}{n(n+1)} (a_n \pi_n + b_n \tau_n) \right|^2 \quad \text{bzw.} \quad i_2 = \left| \sum_{n=1}^{\infty} \frac{2n+1}{n(n+1)} (a_n \tau_n + b_n \pi_n) \right|^2$$

darstellen. Bei der numerischen Berechnung müssen die Reihen bis zu einer für die gewünschte Genauigkeit ausreichenden Gliederzahl $N > \alpha$ gerechnet werden.

Die Mie-Koeffizienten a_n und b_n lassen sich aus dem Parameter α und dem Brechungsindex m über die speziellen Besselfunktionen

$$S_n(x) = \left(\frac{\pi x}{2}\right)^{1/2} J_{n+1/2}(x) \qquad C_n(x) = (-1)^n \left(\frac{\pi x}{2}\right)^{1/2} J_{-n-1/2}(x) \qquad \Phi_n(x) = S_n(x) + i\, C_n(x)$$

und deren Ableitungen $\quad S'_n(x) = \dfrac{dS_n(x)}{dx} \quad \Phi'_n(x) = \dfrac{d\Phi_n(x)}{dx}$

gewinnen. J sind Besselsche Funktionen mit halbzahligem Index. Es ist

$$a_n = \frac{S_n(\alpha)\, S'_n(\beta) - m\, S'_n(\alpha)\, S_n(\beta)}{\Phi_n(\alpha)\, S'_n(\beta) - m\, \Phi'_n(\alpha)\, S_n(\beta)}$$

$$b_n = \frac{m\, S_n(\alpha)\, S'_n(\beta) - S'_n(\alpha)\, S_n(\beta)}{m\, \Phi_n(\alpha)\, S'_n(\beta) - \Phi'_n(\alpha)\, S_n(\beta)}$$

$$\beta = m\,\alpha\,.$$

Die winkelabhängigen Funktionen $\pi\,(\cos\varphi)$ und $\tau\,(\cos\varphi)$ sind Ableitungen der Legendreschen Polynome $P_n\,(\cos\varphi)$ der Ordnung n.

$$\pi_n = \frac{dP_n(z)}{dz}, \qquad \pi'_n = \frac{d\pi_n(z)}{dz} \qquad \tau_n = z\pi_n - (1 - z^2)\,\pi'_n \qquad \text{mit} \qquad z = \cos\varphi\,.$$

Bei der Berechnung der Streufunktionen wurden die Besselfunktionen und die π_n bzw. τ_n durch geeignete Rekursionsverfahren im Siemens-Digitalrechner 2002 gebildet und daraus sofort die Mie-Koeffizienten und schließlich i_1 und i_2 gewonnen. Der Miesche Streuquerschnitt K für die Extinktion, die gesamte Streuung und den Lichtdruck ergibt sich aus dem

MIEschen Streukoeffizient σ durch Division durch den geometrischen Querschnitt der Kugel, es ist also $K = \sigma/\pi r^2$. Die Zahlenwerte für K wurden aus den MIE-Koeffizienten über ähnlich komplizierte, unendliche Reihen gewonnen, wie die Streufunktionen i_1 und i_2. Siehe hierzu VAN DE HULST (1957), Seite 127.

Um einen Einblick in das gewonnene Zahlenmaterial zu erhalten, sind in Form von Kurvendarstellungen einige Beispiele der Rechenergebnisse beigefügt. Auf Abb. 1 ist der Streuquerschnitt K aufgetragen. $\sigma = K(\alpha)\pi r^2$ ist der MIEsche Streukoeffizient eines kugelförmigen streuenden MIE-Partikels; σ ist als die gesamte nach allen Richtungen gestreute Strahlung definiert. Da Absorptionsvorgänge ausgeschlossen werden, wird σ deshalb auch als individueller Extinktionskoeffizient eines Teilchens bezeichnet. Die dimensionslose Größe $K(\alpha)$ ist demnach die gesamte Streustrahlung eines kugelförmigen Teilchens bezogen auf den geometrischen Querschnitt πr^2. Durch den Parameter $\alpha = 2\pi r/\lambda$ sind der Radius r des streuenden Teilchens und die Wellenlänge λ der einfallenden Strahlung miteinander verknüpft. m ist der Brechungsindex der Partikel gegen die sie umgebende Luft. Er wurde hier mit 1,5 angesetzt, was der Natur des in der Atmosphäre befindlichen Aerosols am besten entspricht (VOLZ, 1956).

Eingehende Berechnungen des Streuquerschnittes für verschiedene Brechungsindizes auf Grund der MIEschen Theorie liegen schon seit einiger Zeit vor; BLUMER (1925), HOLL (1946), LOWAN (1948), GUMPRECHT und SLIEPCEVICH (1951) und vor allem von PENNDORF (1956). Die Berechnungen dieser Autoren wurden nur für $\alpha = 0$ bis 30 durchgeführt. Wie die Abb. 1 zeigt, sind für $\alpha > 30$ jedoch die Beträge von $K(\alpha)$ nicht zu vernachlässigen. Dies ist z. B. für den Fall größerer Partikel und kürzerer Wellenlänge wichtig. Für $\lambda = 0{,}4\,\mu$ und $r = 10\,\mu$ wird $\alpha = 157$. Deshalb werden hier Berechnungen bis zu $\alpha = 159$ vorgelegt. Auf den Abb. 2 bis 4 sind Beispiele für die Rechenergebnisse der Intensitätskomponenten $i_1(\alpha, \varphi)$ und $i_2(\alpha, \varphi)$ der gestreuten Strahlung wiedergegeben. Der elektrische Vektor von i_1 befindet sich senkrecht und der von i_2 parallel zur Visionsebene. Beide zusammen ergeben die gesamte Streustrahlung

$$i = \frac{i_1 + i_2}{2}.$$

Der Streuwinkel φ ist der Winkel zwischen der Richtung der direkt einfallenden und der gestreuten Strahlung. Dabei wurden für φ die Winkel von 1° bis 10° in Schritten von 1° gewählt und von 10° bis 180° in Schritten von 10°.

Auch für die Komponenten i_1 und i_2 liegen von den oben genannten Autoren Berechnungen auf Grund der MIEschen Theorie vor. Aber auch sie reichen nicht über $\alpha = 30$ hinaus und gelten meist für den Brechungsindex 1,33.

Um die für alle theoretischen Betrachtungen über die in der Atmosphäre gestreute Strahlung notwendigen Zahlenunterlagen von i_1 und i_2 zu erhalten, wurden auch hier die Berechnungen bis $\alpha = 159$ ausgedehnt.

Ein weiterer Grund für die Neuberechnung ist in den sehr großen Schwankungen der Werte von $i(\alpha, \varphi)$ innerhalb sehr kleiner Intervallbereiche zu suchen. Um diese Oszillationen hinreichend zu erfassen, wurden die Werte von i in Schritten von $\Delta\alpha = 0{,}2$ gerechnet. Auf den Abb. 2a. und 2b sind die Rechenergebnisse von $i_1(\alpha)$ für den Streuwinkel 10° wiedergegeben, wobei auf Abb. 2a die Werte von i_1 im logarithmischen Maßstab und auf Abb. 2b linear aufgetragen sind.

Abb. 3a zeigt die Ergebnisse von $i_1(\alpha)$ und Abb. 3b die von $i_2(\alpha)$ für den Streuwinkel $\varphi = 90°$. Augenscheinlich sind die starken Schwankungen von $i(\alpha)$ besonders im Bereich größerer Werte von α.

Bei den Abb. 4a und 4b wurde eine andere Darstellungsart gewählt. Hier sind die Werte von $i_1(\varphi)$ und $i_2(\varphi)$ in Abhängigkeit vom Streuwinkel für einen festen Wert von $\alpha = 60$ im logarithmischen Maßstab wiedergegeben. Deutlich sind auch hier starke Schwankungen von $i(\varphi)$. Ferner ist die beträchtliche Rückwärtsstreuung bemerkenswert, die die Erscheinungen des stark polarisierten Nebelbogens und der Glorien verursacht.

Literaturverzeichnis

MIE, G., Beiträge zur Optik trüber Medien, speziell kolloidaler Metall-Lösungen. Ann. Phys. (4) **25** (1908) 377.

VAN DE HULST, H. C., Light scattering by small particles. New York, London 1957.

VOLZ, F., Optik des Dunstes, in: Handbuch der Geophysik, Band VIII, Berlin 1956, S. 839.

BLUMER, H., Strahlungsdiagramme kleiner dielektrischer Kugeln. Ztschr. f. Physik **32** (1925) S. 119; **38** (1926) S. 304, 942; **39** (1926) S. 193.

HOLL, H., Lichtstreuung an dielektrischen Kugeln vom Brechungsindex $n = 4/3$. Optik, Bd. 1, 1946 S. 213.

LOWAN, A. N., Tables of scattering function for spherical particles. Nat. Bur. Stand. Appl. Math. Ser. 4, Washington 1948.

GUMPRECHT, and SLIEPCEVICH, C. M., Tables of light scattering functions for spherical particles. Univ. of Mich., Ann. Arbor. Michigan 1951.

PENNDORF, R. B. New tables of Mie scattering functions for spherical particles. Geophys. Res. Papers No. 45, Part 6 (1956).

GIESE, R.-H., Streuung elektromagnetischer Wellen an absorbierenden und dielektrischen Einzelteilchen u. an Gemischen solcher Teilchen. Ztschr. Astrophysik **51** (1960) S. 119.

Verzeichnis der Abbildungen

Gebrauchsanweisung für die Benutzung der Tabellen

Die oberste Zeile enthält die Werte $\alpha = 2\pi r/\lambda$. In der zweiten Zeile stehen die Werte von $K(\alpha) = \sigma/\pi r^2$. Die Zahlen jeweils hinter den Werten von K geben die Zehnerpotenz an: Sie sagen aus, um wieviel Stellen das Komma nach rechts oder nach links verschoben werden muß. Die negativen Zahlen bedeuten Verschiebung des Kommas nach links, die positiven nach rechts.

Die erste Zahlenkolonne links, in senkrechter Richtung, gibt den Wert des Streuwinkels in Grad an, wobei 0° als Vorwärtsstreuung und 180° als Rückwärtsstreuung definiert sind.

Hinter den Zahlenwerten von i_1 und i_2 stehen Zahlen, die in derselben Weise die Stelle des Kommas angeben wie oben bei den Werten von K.

Introduction

If unpolarized light of intensity I_0 and wavelength λ illuminates a sphere of special homogenious material of refractive index $m = m_1 - m_2 i$ possibility is given to determin the intensities J_1 resp. J_2. The intensities of the electric vector oscillating perpendicular resp. parallel to the plane position in the direction (scattering angle) are destinated:

$$J_1 = \frac{\lambda^2}{4\pi^2 x^2} \cdot i_1 \cdot \frac{I_0}{2} \quad \text{resp.} \quad J_2 = \frac{\lambda^2}{4\pi^2 x^2} \cdot i_2 \cdot \frac{I_0}{2}.$$

Hereby is x the distance from the observer to the center of the scattering sphere ($x \gg r$). In general the size of the sphere is given by the expression $\alpha = 2\pi r/\lambda$.

The "Scattering functions" i_1 resp. i_2 depend on one side from α and m (size and material of the sphere) on the other side from φ (direction of the observer). They are performed by MIE's series.

$$i_1 = \left| \sum_{n=1}^{\infty} \frac{2n+1}{n(n+1)} (a_n \pi_n + b_n \tau_n) \right|^2 \quad \text{resp.} \quad i_2 = \left| \sum_{n=1}^{\infty} \frac{2n+1}{n(n+1)} (a_n \tau_n + b_n \pi_n) \right|^2$$

In order to make the numerical calculation in the required accuracy, the series have to be calculated up to an order of $N > \alpha$.

The MIE coefficients a_n and b_n are established by size parameter α and refractive index m with help of BESSEL functions

$$S_n(x) = \left(\frac{\pi x}{2}\right)^{1/2} J_{n+1/2}(x)$$

$$C_n(x) = (-1)^n \left(\frac{\pi x}{2}\right)^{1/2} J_{-n-1/2}(x)$$

$$\Phi_n(x) = S_n(x) + i\, C_n(x)$$

and differentiations of these

$$S'_n(x) = \frac{dS_n(x)}{dx}$$

$$\Phi'_n(x) = \frac{d\Phi_n(x)}{dx}$$

where J are BESSEL functions of half order. Then is results

$$a_n = \frac{S_n(\alpha)\, S'_n(\beta) - m\, S'_n(\alpha)\, S_n(\beta)}{\Phi_n(\alpha)\, S'_n(\beta) - m\, \Phi'_n(\alpha)\, S_n(\beta)}$$

$$b_n = \frac{m\, S_n(\alpha)\, S'_n(\beta) - S'_n(\alpha)\, S_n(\beta)}{m\, \Phi_n(\alpha)\, S'_n(\beta) - \Phi'_n(\alpha)\, S_n(\beta)}$$

$$\beta = m\,\alpha.$$

The differentiations of the LEGENDRE-polynomials $P_n(\cos\varphi)$ of the order n deliver the functions depending on the angle $\pi(\cos\varphi)$ and $\tau(\cos\varphi)$.

$$\pi_n = \frac{dP_n(z)}{dz} \qquad \pi'_n = \frac{d\pi_n(z)}{dz} \qquad \tau_n = z\,\pi_n - (1 - z^2)\,\pi'_n \qquad z = \cos\varphi.$$

After suitable transformation of BESSEL Functions π_n resp. τ_n were performed by using the Digital Computor Siemens 2002. From this the MIE coefficients directly have been computed and finally i_1 and i_2.

The MIE scattering cross-section for extinction, scattering and light pressure is following from the MIE scattering coefficient after division of particle's geometrical aera $K = \sigma/\pi r^2$. The values of K have been calculated basing on the MIE coefficients by using similar complicated infinite series as have been used for i_1 and i_2 (VAN DE HULST 1957, p. 127).

In order to get a survey of the results of the calculations, some graphs have been added containing several examples of the results. Figure 1 shows the MIE scattering cross section K. $\sigma = K(\alpha)\ \pi r^2$ is the total MIE scattering coefficient of one spherical MIE scattering particle. It is defined as the total flux scattered by one particle in all directions. As no absorption is happening, K is the individual extinction coefficient of one particle. Therefore, the dimensionsless scattering cross section is defined as the extinction coefficient of one particle K devided by the geometrical cross section πr^2. By means of the dimensionless parameter $\alpha = 2\pi r/\lambda$, the radius r of the scattering particle and the wavelength λ of the incident radiation are connected. m is the symbol for the refractive index of the spherical particle relative to the surrounding air. For m is assumed 1.50 because this value best corresponds to the nature of the atmospheric aerosols (VOLZ 1956).

Detailed calculations of the MIE scattering cross section K for different refractive indices have been carried out by different authors, BLUMER 1924, 1925, HOLL 1946, LOWAN 1948, GUMPRECHT and SLIEPCEVICH 1951 and particulary by PENNDORF 1956. The computations of these authors have not been accomplished for $\alpha > 30$ however. The figure 1 shows that the values of α, for $\alpha > 30$, are not negligible. For the case of large particles being $r = 10\ \mu$ and short wavelength $\lambda = 0{,}4\ \mu$, α becomes equal 157. Therefore the new calculations are extended to $\alpha = 159$.

Figures 2 through 4 represent examples of the results of calculations of the two components of intensity i_1 (α, φ) and $i_2(\alpha, \varphi)$ of the scattered radiation. The electrical vector of i_1 oszillates perpendiculary and the vector of i_2 parallel to the plane of polarization. The arithmetical average of both results in the scattered radiation

$$i = \frac{i_1 + i_2}{2}.$$

The scattering angle φ is the angle between the direction of the incident radiation and the scattered radiation. Hereby the angles have been chosen from 1° to 10° in steps of 1° and from 10° to 180° in steps of 10°. Calculations of the components i_1 and i_2 have been carried out by the authors mentioned before as well. But these calculations are valid for $m = 1{,}33$ mostly and are not extended further than $\alpha = 30$. Here the computations of i_1 and i_2 have been done up to $\alpha = 159$, because the values of the results in this large interval are a necessary basis for all theoretical considerations on scattered radiation in the atmosphere. Furthermore the values of $i(\alpha, \varphi)$ have been carried out for small α-intervals ($\Delta\alpha = 0.2$) in order to consider the noticeable variations of the values within small intervals of α.

Figures 2a and 2b show the results of calculations of $i_1(\alpha)$ for the scattering angle $\varphi = 10°$, using the logarithmic scale in 2a and 2b the linear one.

In figure 3a the results of i_1 (α) are plotted and in figure 3b the results of $i_2(\alpha)$ for the scattering angle $\varphi = 90°$. The variations of $i(\alpha)$ are remarkable.

Figures 4a and 4b represent the values of i_1 (φ) and i_2 (φ) versus scattering angle for the constant value of $\alpha = 60$ using the logarithmic scale. Here the variations of $i(\varphi)$ are great too. Furthermore a considerable backward scattering can be seen, which causes the polarized fog bow and the phenomena of glories.

Figures

Directions for use of the tables

The first line contents the values $\alpha = 2\pi r/\lambda$. The second line contents the values $K(\alpha) = \sigma/\pi r^2$.

The integers behind the values of K design the powers of ten. They state how many places the decimal point have to be shifted to the right or to the left. The negative figures mean displacement of the decimal point to the left, the positive ones to the right.

The first figure column to the left in vertical direction states the value of the scattering angle in degree; where 0° is defined as the forward scattering and 180° as backward scattering.

Behind the fractions of i_1 and i_2 are integers, stating the decimal place in the same manner as mentioned before.

Tables of MIE Scattering Functions $i_1(\varphi)$, $i_2(\varphi)$ and of the MIE Scattering Cross Section $K(\alpha, m)$ for Spherical Particles.

Refractive Index $m = 1.50$ Parameters $\alpha = 0(0.2)\ 159$. Scattering Angles $\varphi = 1°\ (1°)\ 10°$; $\varphi = 10°(10°)\ 180°$.

by

R.-H. Giese, Astronomisches Institut der Universität Tübingen

E. de Bary, K. Bullrich, C. D. Vinnemann, Meteorologisch-Geophysikalisches Institut der Universität Mainz

with a preface by

L. Foitzik, Institut für Optik und Spektroskopie der Deutschen Akademie der Wissenschaften zu Berlin.

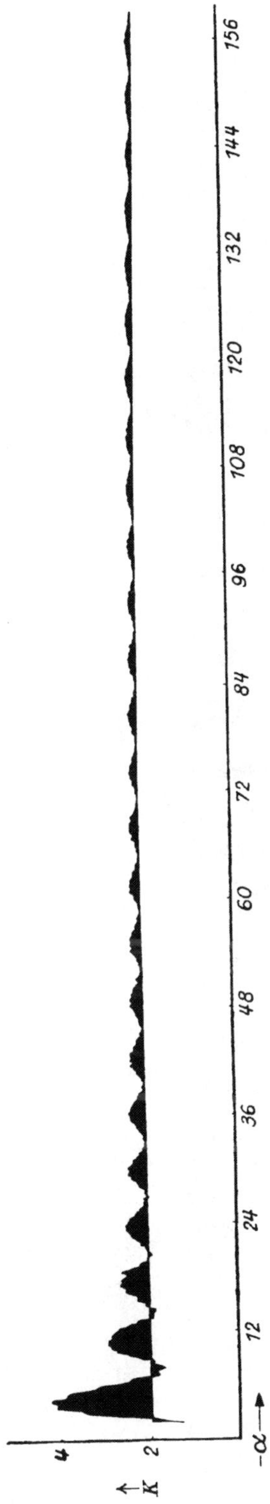
K
4
2
α
12
24
36
48
60
72
84
96
108
120
132
144
156

Abb. 1

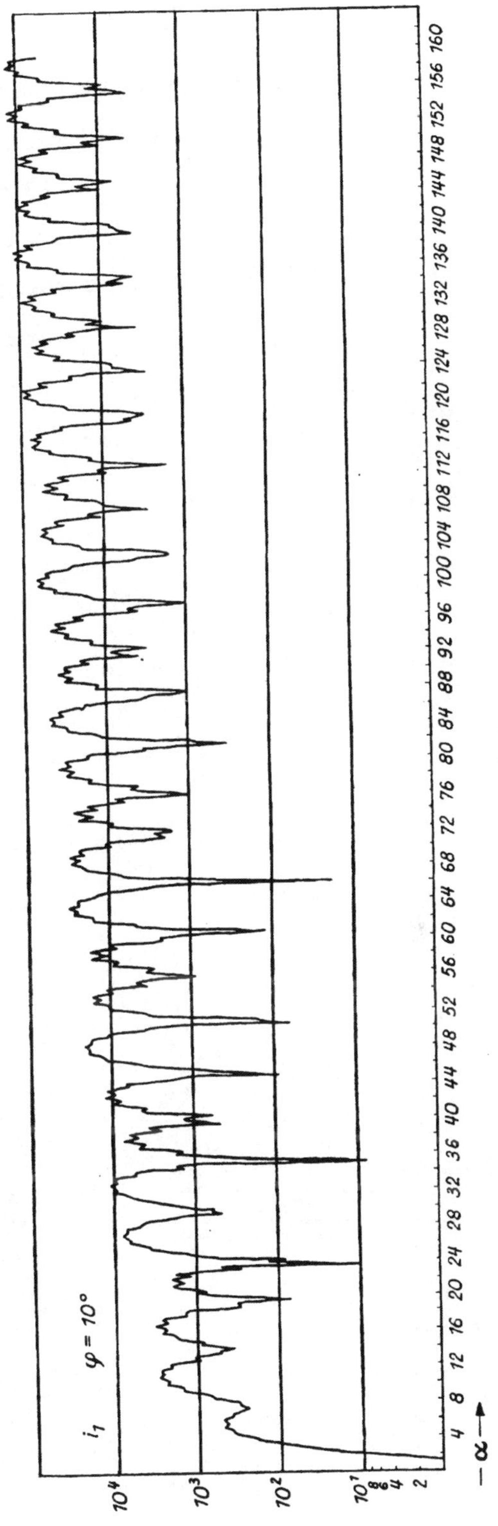
i_1
$\varphi = 10°$
10^4
10^3
10^2
10^1
α
4 8 12 16 20 24 28 32 36 40 44 48 52 56 60 64 68 72 76 80 84 88 92 96 100 104 108 112 116 120 124 128 132 136 140 144 148 152 156 160

Abb. 2a

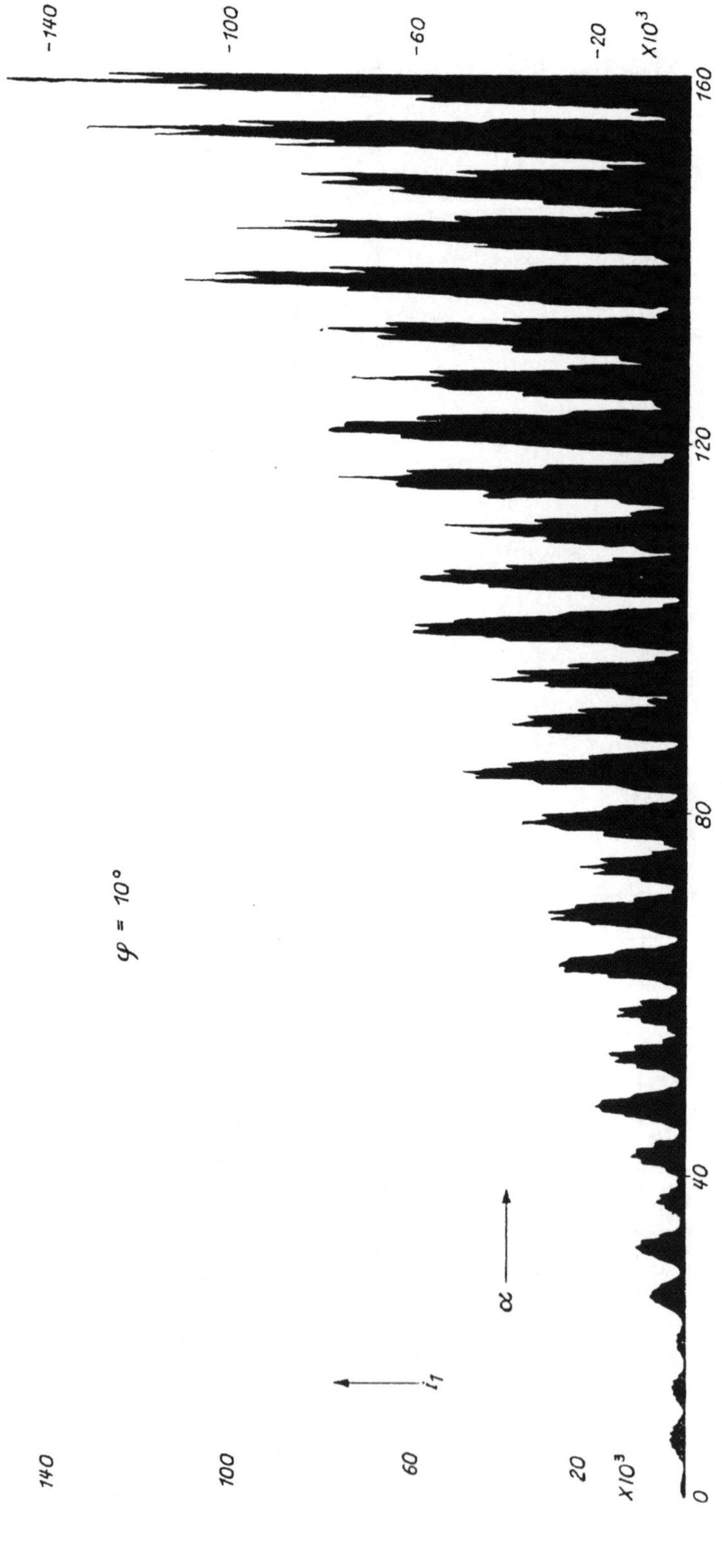

Abb. 2b

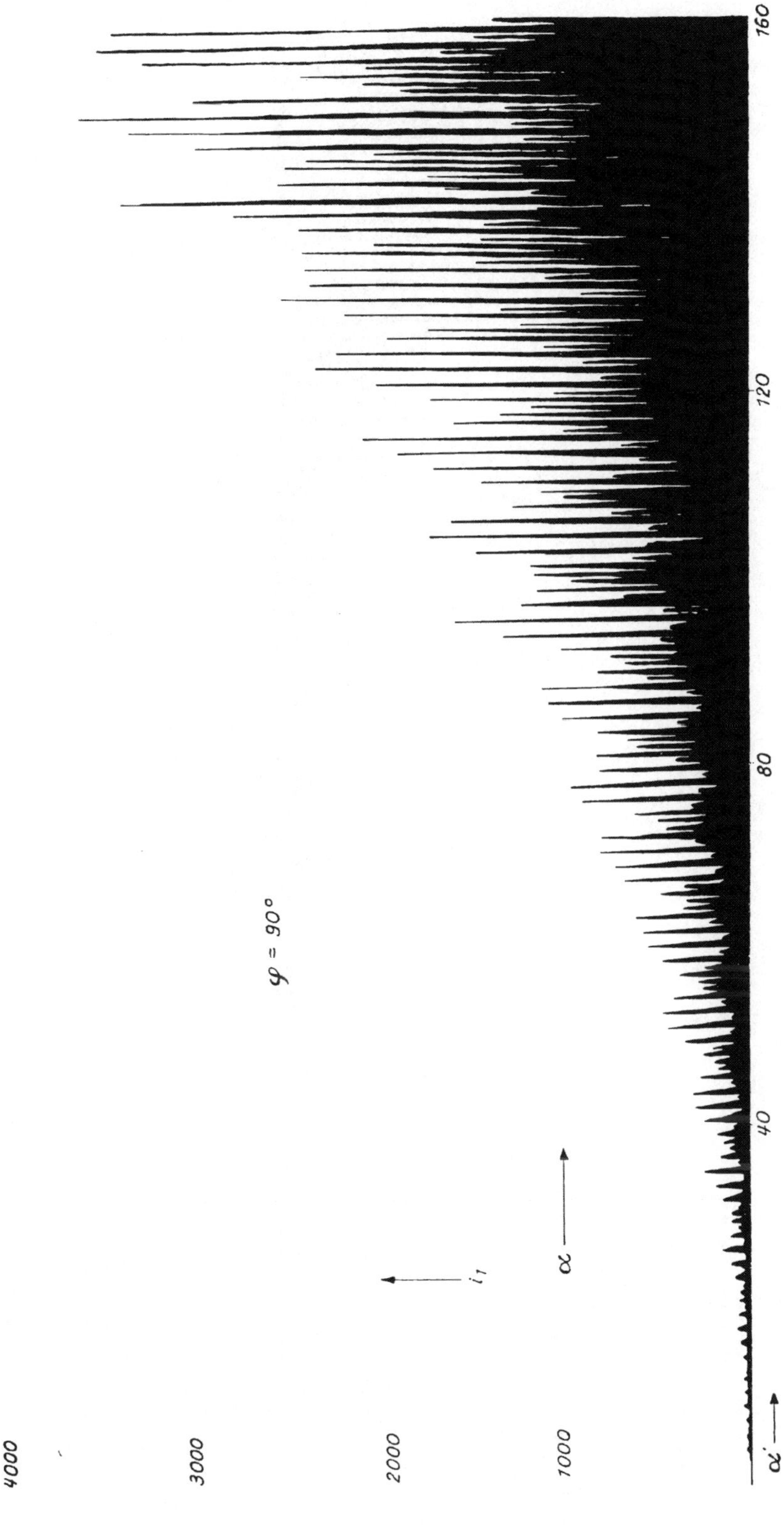

Abb. 3a

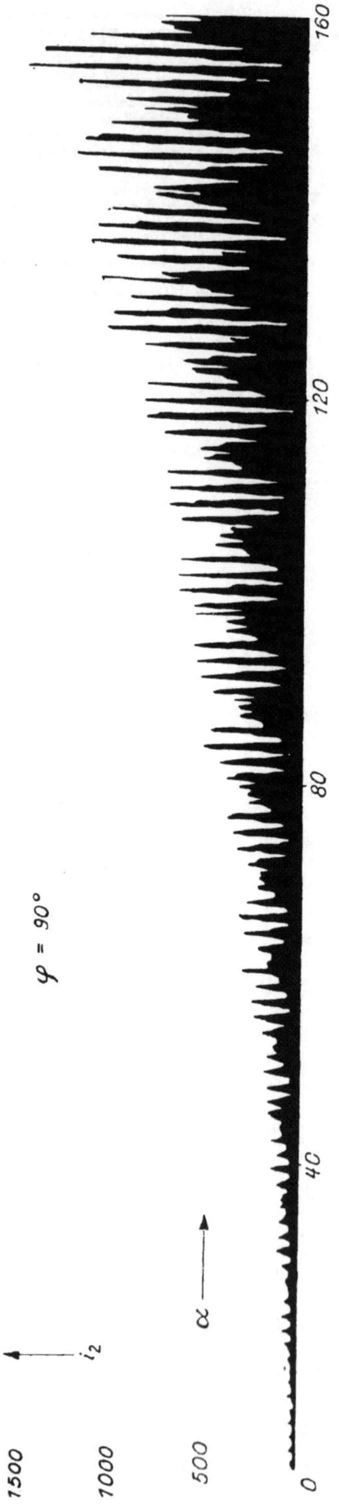

Abb. 3b

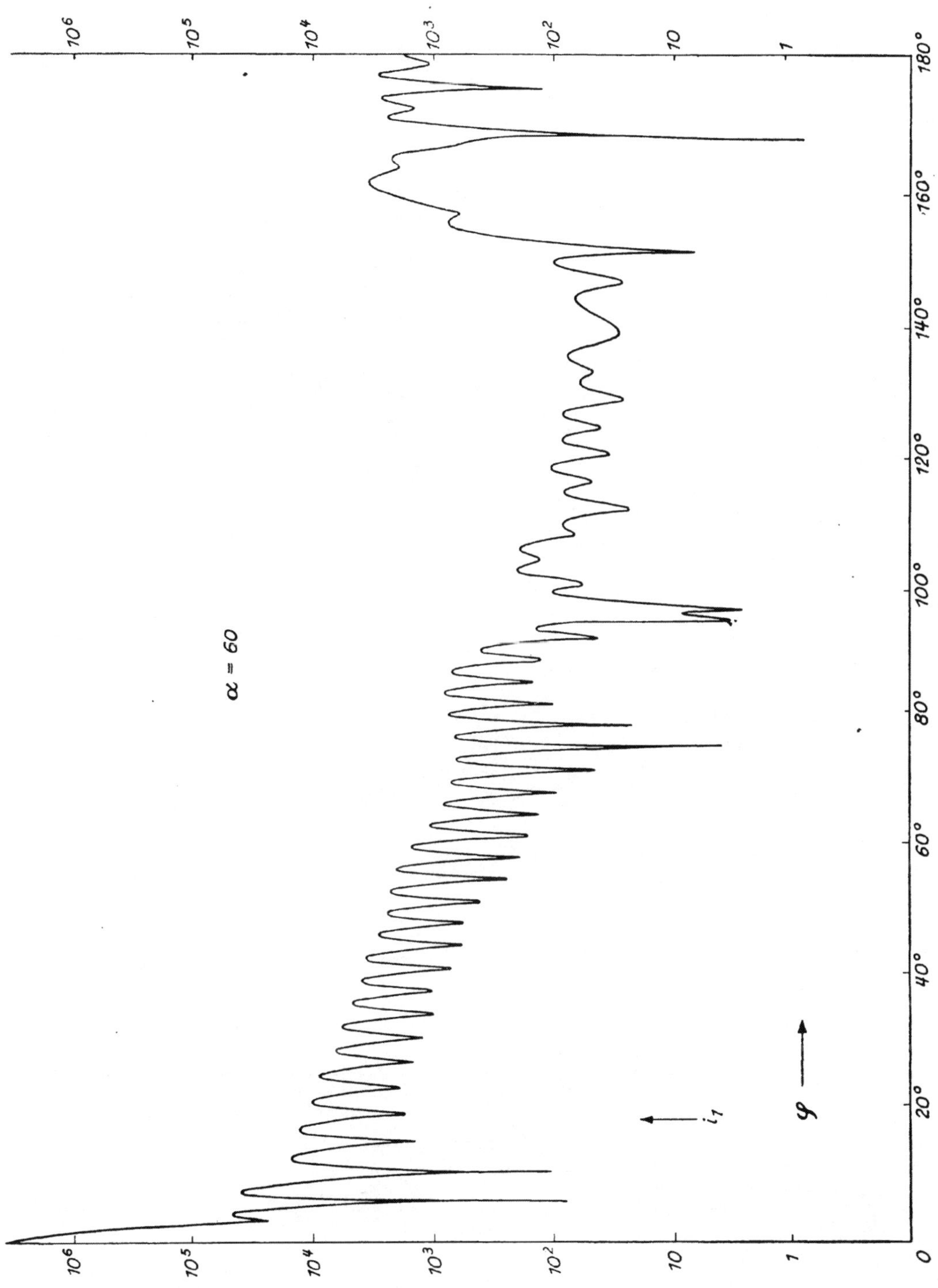

Abb. 4a

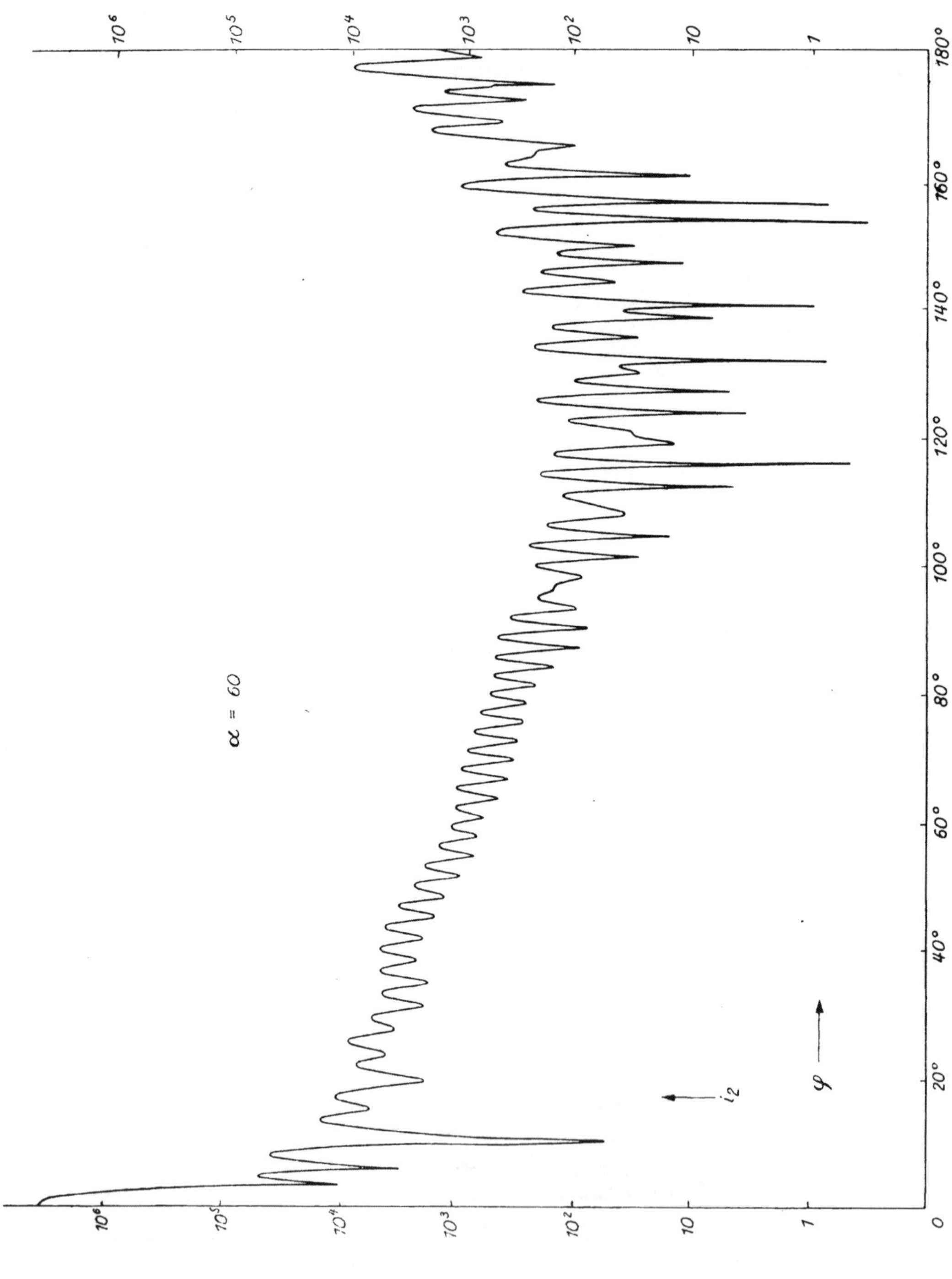

10^6
10^5
10^4
10^3
10^2
10
1
0
20°
40°
60°
80°
100°
120°
140°
160°
180°
$\alpha = 60$
i_2
φ

Abb. 4b

α =	0,2		0,4		0,6		0,8		1,0	
Streuquerschnitt Scattering	.3701 -3		.5955 -2		.3018 -1		.9363 -1		.2151 0	
φ°	i_1	i_2	i_1	i_2	i_1	i_2	i_1	i_2	i_1	i_2
0	.5656 -5	.5656 -5	.3844 -3	.3844 -3	.4779 -2	.4779 -2	.2958 -1	.2958 -1	.1227 0	.1227 0
1	.5656	.5654	.3844	.3843	.4779	.4778	.2957	.2957	.1227	.1227
2	.5656	.5649	.3844	.3840	.4779	.4773	.2957	.2954	.1227	.1225
3	.5656	.5640	.3844	.3834	.4778	.4766	.2956	.2949	.1226	.1223
4	.5656	.5628	.3844	.3825	.4778	.4755	.2956	.2942	.1225	.1220
5	.5656	.5613	.3843	.3815	.4776	.4741	.2954	.2933	.1225	.1217
6	.5655	.5594	.3843	.3801	.4775	.4725	.2953	.2923	.1224	.1212
7	.5655	.5572	.3842	.3786	.4774	.4705	.2951	.2910	.1223	.1207
8	.5655	.5546	.3842	.3768	.4772	.4683	.2949	.2896	.1222	.1201
9	.5655	.5517	.3841	.3748	.4770	.4657	.2947	.2880	.1220	.1194
10	.5654	.5485	.3840	.3726	.4768	.4628	.2945	.2861	.1219	.1186
20	.5650	.4991	.3827	.3386	.4733	.4197	.2907	.2587	.1195	.1069
30	.5642	.4236	.3807	.2867	.4676	.3542	.2847	.2174	.1156	.8936 -1
40	.5631	.3311	.3779	.2235	.4601	.2750	.2766	.1680	.1105	.6865
50	.5618	.2329	.3744	.1569	.4509	.1922	.2670	.1169	.1045	.4758
60	.5603	.1409	.3705	.9475 -4	.4404	.1159	.2562	.7044 -2	.9785 -1	.2872
70	.5587	.6599 -6	.3662	.4454	.4291	.5485 -3	.2446	.3370	.9093	.1400
80	.5569	.1715	.3616	.1186	.4173	.1520	.2328	.9891 -3	.8399	.4459 -2
90	.5551	.1995 -10	.3569	.2111 -7	.4054	.1299 -5	.2211	.2573 -4	.7730	.2828 -3
100	.5533	.1633 -6	.3523	.9728 -5	.3938	.9601 -4	.2098	.4123 -3	.7104	.9273
110	.5555	.6388	.3479	.3909 -4	.8328	.4067 -3	.1994	.1929 -2	.6538	.5360 -2
120	.5499	.1367 -5	.3430	.8396	.3727	.8811	.1900	.4256	.6041	.1231 -1
130	.5484	.2258	.3401	.1385 -3	.3637	.1453 -2	.1818	.7026	.5618	.2049
140	.5471	.3204	.3370	.1961	.3562	.2048	.1750	.9869	.5273	.2872
150	.5461	.4091	.3345	.2497	.3501	.2598	.1696	.1245 -1	.5006	.3606
160	.5453	.4813	.3326	.2931	.3457	.3039	.1657	.1450	.4816	.4179
170	.5449	.5284	.3315	.3213	.3431	.3323	.1634	.1581	.4702	.4541
180	.5447	.5447	.3311	.3311	.3422	.3422	.1626	.1626	.4665	.4665

α =	1,2		1,4		1,6		1,8		2,0	
Streuquerschnitt Scattering	.3950 0		.6190 0		.9143 0		.1349 1		.1798 1	
φ°	i_1	i_2	i_1	i_2	i_1	i_2	i_1	i_2	i_1	i_2
0	.3883 0	.3883 0	.1025 1	.1025 1	.2435 1	.2435 1	.5220 1	.5220 1	.9368 1	.9368 1
1	.3883	.3882	.1024	.1024	.2434	.2434	.5219	.5218	.9365	.9364
2	.3881	.3877	.1024	.1023	.2433	.2431	.5215	.5212	.9357	.9351
3	.3879	.3871	.1023	.1021	.2430	.2426	.5208	.5201	.9343	.9331
4	.3877	.3861	.1022	.1019	.2427	.2420	.5199	.5187	.9324	.9301
5	.3873	.3849	.1021	.1015	.2423	.2412	.5188	.5168	.9299	.9264
6	.3869	.3834	.1019	.1011	.2418	.2401	.5174	.5145	.9269	.9218
7	.3864	.3816	.1017	.1006	.2412	.2390	.5158	.5118	.9233	.9165
8	.3858	.3796	.1015	.1001	.2405	.2376	.5139	.5088	.9192	.9103
9	.3852	.3773	.1013	.9946 0	.2397	.2361	.5117	.5053	.9146	.9034
10	.3844	.3748	.1010	.9876	.2388	.2344	.5094	.5015	.9094	.8958
20	.3732	.3365	.9681 0	.8837	.2254	.2090	.4732	.4448	.8317	.7834
30	.3554	.2799	.9025	.7317	.2047	.1724	.4184	.3643	.7160	.6279
40	.3323	.2139	.8191	.5573	.1789	.1312	.3518	.2758	.5793	.4634
50	.3056	.1480	.7247	.3863	.1507	.9162 0	.2809	.1934	.4391	.3179
60	.2768	.8996 -1	.6263	.2389	.1222	.5828	.2124	.1262	.3102	.2069
70	.2476	.4529	.5299	.1269	.9562 0	.3329	.1515	.7728 0	.2021	.1321
80	.2192	.1620	.4402	.5311 -1	.7221	.1661	.1013	.4504	.1193	.8646 0
90	.1928	.2200 -2	.3605	.1360	.5273	.6843 -1	.6273 0	.2545	.6153 0	.5998
100	.1689	.8259 -3	.2924	.6215 -3	.3735	.2015	.3538	.1423	.2560	.4424
110	.1482	.8634 -2	.2364	.5355 -2	.2582	.2861 -2	.1769	.8037 -1	.6943 -1	.3413
120	.1306	.2200 -1	.1918	.1992 -1	.1761	.2555	.7617 -1	.4789	.6967 -2	.2753
130	.1161	.3771	.1575	.3828	.1208	.1016 -1	.3038	.3387	.2463 -1	.2390
140	.1047	.5322	.1320	.5641	.8569 -1	.2048	.1992	.3241	.8577	.2303
150	.9617 -1	.6672	.1139	.7191	.6484	.3066	.2844	.3897	.1616 0	.2429
160	.9023	.7701	.1020	.8351	.5345	.3904	.4330	.4881	.2307	.2660
170	.8674	.8342	.9519 -1	.9062	.4802	.4453	.5568	.5715	.2780	.2866
180	.8559	.8559	.9301	.9301	.4644	.4644	.6038	.6038	.2947	.2947

α =	2,2		2,4		2,6		2,8		3,0	
Streuquerschnitt Scattering	.2075 1		.2338 1		.2792 1		.3251 1		.3418 1	
φ°	i_1	i_2	i_1	i_2	i_1	i_2	i_1	i_2	i_1	i_2
0	.1485 2	.1485 2	.2409 2	.2409 2	.4034 2	.4034 2	.6010 2	.6010 2	.7810 2	.7810 2
1	.1485	.1485	.2408	.2407	.4032	.4032	.6006	.6005	.7804	.7804
2	.1483	.1482	.2404	.2403	.4025	.4024	.5994	.5992	.7788	.7784
3	.1480	.1478	.2399	.2396	.4013	.4010	.5975	.5971	.7760	.7753
4	.1477	.1473	.2391	.2385	.3997	.3991	.5948	.5941	.7721	.7708
5	.1472	.1466	.2381	.2372	.3977	.3968	.5913	.5902	.7671	.7652
6	.1466	.1457	.2369	.2356	.3951	.3939	.5871	.5856	.7610	.7583
7	.1459	.1447	.2354	.2338	.3922	.3905	.5821	.5801	.7539	.7503
8	.1451	.1436	.2338	.2316	.3888	.3866	.5764	.5739	.7458	.7411
9	.1442	.1423	.2319	.2292	.3850	.3822	.5701	.5669	.7367	.7308
10	.1432	.1409	.2299	.2266	.3808	.3774	.5630	.5592	.7267	.7196
20	.1282	.1202	.1995	.1884	.3194	.3087	.4613	.4506	.5831	.5631
30	.1065	.9242 1	.1570	.1384	.2361	.2204	.3265	.3144	.3985	.3756
40	.8189 1	.6441	.1115	.9003 1	.1513	.1372	.1943	.1908	.2254	.2168
50	.5805	.4136	.7072 1	.5253	.8167 1	.7504 1	.9182 1	.1023	.9905 1	.1131
60	.3766	.2547	.3959	.2891	.3520	.3747	.3001	.5061 1	.2875	.5803 1
70	.2205	.1617	.1923	.1694	.1138	.1933	.4656 0	.2531	.3587 0	.3148
80	.1133	.1143	.8057 0	.1216	.3862 0	.1251	.2772	.1434	.4321	.1749
90	.4808 0	.9105 0	.3164	.1050	.4635	.1041	.1010 1	.9712 0	.1342 1	.9473 0
100	.1452	.7697	.1724	.9510 0	.7243	.9417 0	.1634	.7722	.1984	.6262
110	.2466 -1	.6557	.1749	.8350	.8285	.8255	.1704	.6935	.1944	.7047
120	.3806	.5609	.2242	.7118	.7212	.6897	.1271	.6611	.1336	.9761
130	.1274 0	.5000	.2920	.6192	.5141	.5683	.6540 0	.6280	.5653 0	.1218 1
140	.2525	.4832	.3805	.5825	.3498	.4902	.1859	.5809	.6557 -1	.1322
150	.3837	.5052	.4888	.6005	.3076	.4641	.3952 -1	.5337	.6778	.1310
160	.4970	.5472	.6001	.6498	.3739	.4771	.1718 0	.5039	.4855 0	.1257
170	.5736	.5855	.6852	.6977	.4707	.5026	.3905	.4934	.9845	.1216
180	.6007	.6007	.7172	.7172	.5147	.5147	.4920	.4920	.1202 1	.1202

α =	3,2		3,4		3,6		3,8		4,0	
Streuquerschnitt Scattering	.3532 1		.3879 1		.4185 1		.4126 1		.4052 1	
φ°	i_1	i_2	i_1	i_2	i_1	i_2	i_1	i_2	i_1	i_2
0	.1037 3	.1037 3	.1506 3	.1506 3	.2009 3	.2009 3	.2315 3	.2315 3	.2710 3	.2710 3
1	.1036	.1036	.1504	.1504	.2007	.2007	.2312	.2312	.2706	.2706
2	.1033	.1033	.1499	.1499	.2000	.2000	.2303	.2303	.2695	.2694
3	.1029	.1028	.1491	.1491	.1988	.1989	.2289	.2289	.2676	.2675
4	.1023	.1021	.1480	.1480	.1972	.1973	.2270	.2269	.2650	.2648
5	.1015	.1012	.1466	.1466	.1951	.1952	.2245	.2243	.2617	.2614
6	.1005	.1001	.1449	.1449	.1926	.1928	.2215	.2212	.2577	.2572
7	.9939 2	.9891 2	.1429	.1428	.1897	.1899	.2180	.2176	.2531	.2524
8	.9812	.9749	.1407	.1406	.1863	.1867	.2140	.2135	.2478	.2470
9	.9669	.9591	.1381	.1380	.1826	.1831	.2095	.2090	.2420	.2410
10	.9511	.9417	.1354	.1352	.1785	.1791	.2047	.2040	.2356	.2345
20	.7312	.7053	.9745 2	.9753 2	.1235	.1263	.1394	.1394	.1528	.1514
30	.4643	.4361	.5440	.5607	.6301 2	.6973 2	.6936 2	.7353 2	.7053 2	.7330 2
40	.2364	.2274	.2206	.2587	.2056	.3016	.2168	.3072	.2107	.2901
50	.9168 1	.1095	.6073 1	.1071	.3010 1	.1135	.2808 1	.1191	.4694 1	.1289
60	.2590	.5851 1	.2254	.5627 1	.2081	.5611 1	.2192	.6119 1	.4371	.7821 1
70	.9034 0	.3687	.2971	.4175	.5277	.4408	.5778	.4532	.6086	.5180
80	.1142 1	.2230	.3209	.2968	.5431	.3619	.5934	.3932	.5177	.4189
90	.1634	.1115	.2155	.1702	.2676	.2657	.2855	.3549	.2468	.4265
100	.1821	.6767 0	.1084	.1094	.3606 0	.2005	.2660 0	.2969	.3229 0	.3688
110	.1613	.9715	.7944 0	.1400	.3359	.1921	.4666	.2230	.5725	.2208
120	.1064	.1634 1	.8932	.2222	.1583 1	.2260	.2376 1	.1796	.2704 1	.1245
130	.3980 0	.2217	.7210	.2979	.2118	.2669	.3328	.1882	.3993	.1722
140	.1283 -1	.2498	.3246	.3338	.1345	.2835	.2211	.2175	.2697	.3019
150	.2429 0	.2518	.3583	.3322	.3929 0	.2683	.4716 0	.2273	.5104 0	.3994
160	.1044 1	.2431	.1198 1	.3138	.4770	.2360	.7548 -1	.2099	.4188	.4210
170	.1939	.2354	.2365	.2973	.1419 1	.2078	.1069 1	.1855	.2538 1	.4008
180	.2327	.2327	.2912	.2912	.1971	.1971	.1749	.1749	.3876	.3876

α =	4,2		4,4		4,6		4,8		5,0	
Streuquerschnitt Scattering	.4255 1		.4333 1		.4041 1		.3819 1		.3928 1	
φ^o	i_1	i_2	i_1	i_2	i_1	i_2	i_1	i_2	i_1	i_2
0	.3585 3	.3585 3	.4398 3	.4398 3	.4595 3	.4595 3	.4877 3	.4877 3	.6101 3	.6101 3
1	.3579	.3579	.4390	.4390	.4586	.4586	.4866	.4866	.6084	.6086
2	.3560	.3562	.4364	.4367	.4560	.4560	.4836	.4835	.6035	.6042
3	.3530	.3533	.4323	.4329	.4516	.4517	.4785	.4784	.5954	.5970
4	.3487	.3492	.4266	.4276	.4456	.4457	.4714	.4713	.5842	.5869
5	.3433	.3441	.4193	.4208	.4379	.4381	.4625	.4624	.5701	.5742
6	.3368	.3380	.4105	.4127	.4286	.4290	.4517	.4516	.5532	.5591
7	.3292	.3308	.4003	.4034	.4179	.4185	.4393	.4393	.5339	.5417
8	.3207	.3227	.3889	.3928	.4059	.4067	.4254	.4254	.5122	.5222
9	.3112	.3138	.3762	.3811	.3925	.3936	.4101	.4101	.4886	.5009
10	.3010	.3041	.3624	.3684	.3781	.3795	.3935	.3937	.4633	.4780
20	.1734	.1838	.1941	.2135	.2017	.2107	.1994	.2044	.1892	.2243
30	.6284 2	.7822 2	.5600 2	.8334 2	.5770 2	.7720 2	.5580 2	.6944 2	.3685 2	.6548 2
40	.1425	.2708	.6109 1	.2585	.5554 1	.2407	.1113	.2493	.2335	.2913
50	.9110 1	.1427	.1124 2	.1522	.1087 2	.1605	.1465	.1881	.2809	.2619
60	.1107 2	.1108	.1689	.1370	.1774	.1461	.1673	.1517	.1256	.1759
70	.6925 1	.7184 1	.8194 1	.9426 1	.9264 1	.1041	.8708 1	.1097	.4771 1	.1161
80	.2609	.4894	.5496 0	.5994	.6016 0	.6564 1	.1368	.7197 1	.5305	.8188 1
90	.1809	.4759	.1846 1	.4828	.1825 1	.4389	.1935	.3991	.3326	.4369
100	.1681	.4064	.4218	.3694	.5296	.3164	.5480	.3172	.2971	.4060
110	.1108	.2134	.2221	.2055	.3225	.2467	.3722	.3845	.2826	.5911
120	.1912	.1153	.2709 0	.1844	.1080 0	.2886	.1341 0	.3960	.1984 0	.4956
130	.3336	.2640	.1559 1	.4097	.1670 1	.4842	.2912 1	.4312	.3479 1	.3238
140	.2497	.5508	.2347	.7216	.3922	.7040	.7373	.5813	.1009 2	.5107
150	.2787 0	.7693	.6126 0	.8941	.2050	.7598	.4677	.6949	.6653 1	.9085
160	.1029 1	.8359	.6954	.8790	.8507 -1	.6462	.1814 0	.6649	.5444 0	.1188 2
170	.5314	.8122	.4757 1	.7922	.2386 1	.5123	.2443 1	.5880	.6843 1	.1327
180	.7916	.7916	.7503	.7503	.4613	.4613	.5582	.5582	.1377 2	.1377

α =	5,2				5,4				5,6				5,8				6,0			
Streuquerschnitt Scattering	.3783 1				.3357 1				.3084 1				.3190 1				.2904 1			
φ°	i_1		i_2		i_1		i_2		i_1		i_2		i_1		i_2		i_1		i_2	
0	.6911	3	.6911	3	.6581	3	.6581	3	.6368	3	.6368	3	.7828	3	.7828	3	.8104	3	.8104	3
1	.6891		.6893		.6562		.6562		.6347		.6348		.7795		.7801		.8068		.8072	
2	.6830		.6839		.6505		.6506		.6287		.6288		.7698		.7718		.7961		.7977	
3	.6731		.6749		.6410		.6413		.6188		.6189		.7537		.7582		.7785		.7820	
4	.6593		.6626		.6280		.6285		.6051		.6053		.7317		.7395		.7544		.7606	
5	.6419		.6470		.6116		.6124		.5878		.5882		.7041		.7161		.7243		.7337	
6	.6211		.6284		.5921		.5932		.5673		.5679		.6716		.6883		.6887		.7021	
7	.5973		.6071		.5696		.5713		.5439		.5448		.6349		.6567		.6485		.6662	
8	.5707		.5833		.5445		.5468		.5179		.5191		.5945		.6219		.6044		.6268	
9	.5418		.5573		.5172		.5203		.4897		.4913		.5513		.5845		.5572		.5846	
10	.5109		.5295		.4880		.4920		.4598		.4619		.5062		.5450		.5079		.5405	
20	.1816		.2296		.1755		.1956		.1562		.1667		.1088		.1703		.8098	2	.1450	
30	.1691	2	.5939	2	.1591	2	.4562	2	.2257	2	.3820	2	.3090	2	.3999	2	.2124		.4489	2
40	.2526		.3333		.2305		.3452		.3058		.3677		.6198		.4871		.7337		.6236	
50	.3783		.3281		.3903		.3518		.3675		.3533		.2661		.3866		.2338		.3861	
60	.1112		.1973		.1362		.1953		.1482		.2005		.1060		.2191		.3647	1	.2211	
70	.1035	1	.1177		.4115	0	.1064		.2588	1	.1052		.1293		.1301		.1921	2	.1518	
80	.8853		.8386	1	.9165	1	.8092	1	.9031		.7999	1	.5577	1	.9434	1	.5612	1	.1024	
90	.5735		.4825		.7842		.5471		.8751		.7118		.4958		.9834		.1236		.1179	
100	.1393	0	.5377		.3637	0	.5675		.3788	0	.5664		.1749		.6225		.5002		.5807	1
110	.2139	1	.7170		.2915	1	.6693		.4282	1	.5128		.3281		.4156		.5641	0	.3639	
120	.1720		.4376		.3996		.3412		.7352		.3548		.7084		.5795		.1458	1	.9490	
130	.9066	0	.2180		.1670	0	.2071		.6804	0	.3203		.3638	0	.5807		.1084	0	.6611	
140	.4840	1	.6611		.2208	1	.9263		.4296	1	.1049	2	.9880	1	.1004	2	.5751	1	.6669	
150	.3611		.1289	2	.3076		.1672	2	.8482		.1852		.1975	2	.1674		.1299	2	.1495	2
160	.3885	0	.1569		.4738	-2	.1664		.9183	0	.1795		.3700	1	.1794		.2916	1	.1678	
170	.9036	1	.1666		.6170	1	.1390		.4584	1	.1420		.6998		.1965		.9845		.2012	
180	.1721	2	.1721		.1308	2	.1308		.1309	2	.1309		.2226	2	.2226		.2512	2	.2512	

α =	6,2				6,4				6,6				6,8				7,0			
Streuquerschnitt Scattering	.2486	1			.2271	1			.2448	1			.2146	1			.1848	1		
φ^o	i_1		i_2		i_1		i_2		i_1		i_2		i_1		i_2		i_1		i_2	
0	.7045	3	.7045	3	.6252	3	.6252	3	.8042	3	.8042	3	.7475	3	.7475	3	.6150	3	.6150	3
1	.7014		.7014		.6222		.6222		.7989		.8000		.7426		.7429		.6111		.6108	
2	.6923		.6921		.6131		.6132		.7832		.7875		.7280		.7293		.5994		.5981	
3	.6772		.6769		.5982		.5985		.7575		.7670		.7042		.7071		.5802		.5774	
4	.6566		.6561		.5778		.5783		.7227		.7390		.6719		.6770		.5542		.5495	
5	.6307		.6301		.5525		.5532		.6797		.7043		.6320		.6398		.5220		.5150	
6	.6003		.5995		.5227		.5238		.6299		.6637		.5857		.5966		.4846		.4752	
7	.5657		.5649		.4892		.4907		.5747		.6183		.5343		.5487		.4430		.4311	
8	.5278		.5272		.4528		.4546		.5157		.5691		.4792		.4973		.3984		.3843	
9	.4873		.4870		.4142		.4165		.4545		.5173		.4220		.4438		.3520		.3359	
10	.4448		.4452		.3743		.3770		.3927		.4640		.3642		.3896		.3049		.2874	
20	.7283	2	.9195	2	.5430	2	.6033	2	.1135	2	.6101	2	.3848	1	.3383	2	.4546	1	.5097	1
30	.1789		.4020		.3186		.3543		.9424		.4506		.9322	2	.7249		.8177	2	.8691	2
40	.7160		.6885		.6854		.6639		.6784		.7177		.6505		.7036		.6688		.6607	
50	.2797		.3508		.3092		.3478		.1695		.3899		.3475	1	.3812		.2831	1	.2657	
60	.2144	1	.1823		.7183	1	.1675		.2824		.2182		.3401	2	.2870		.3571	2	.3175	
70	.2048	2	.1630		.2003	2	.1681		.8884	1	.2005		.8493	1	.1946		.1355		.1584	
80	.8856	1	.9784	1	.1082		.1110		.8315		.1510		.4489		.1847		.4037	1	.1553	
90	.8772	0	.1033	2	.1014	1	.7859	1	.3189		.7144	1	.8580		.5720	1	.1463	2	.5803	1
100	.8280	1	.5513	1	.1258	2	.6019		.6524		.8758		.7467	-1	.1189	2	.5954	0	.1016	2
110	.2090		.3278		.3570	1	.3823		.2024		.6119		.1411	1	.8163	1	.4229	1	.8730	1
120	.1057		.1107	2	.3575		.9573		.5719		.7769		.5597	0	.4336		.9628	0	.2090	
130	.1418		.6120	1	.7044		.5505		.1140	2	.6025		.2526	1	.9992		.7819		.1454	2
140	.1363		.3641		.1316	0	.3698		.1076	1	.6984		.1864		.7250		.5369		.5468	1
150	.7043		.1847	2	.9807	1	.2496	2	.2429	2	.3056	2	.1898	2	.2772	2	.1341	2	.1779	2
160	.1782		.2383		.2676		.3602		.1003		.3732		.9757	1	.2795		.9911	1	.2862	
170	.9269		.2189		.9947		.3238		.1038		.3739		.6897		.1940		.7047		.2073	
180	.2346	2	.2346		.3213	2	.3213		.4582		.4582		.2907	2	.2907		.2569	2	.2569	

α =	7,2				7,4				7,6				7,8				8,0			
Streuquerschnitt Scattering	.1872 1				.2001 1				.1832 1				.1672 1				.1778 1			
φ°	i_1		i_2		i_1		i_2		i_1		i_2		i_1		i_2		i_1		i_2	
0	.5555	3	.5555	3	.7904	3	.7904	3	.7316	3	.7316	3	.6592	3	.6592	3	.8193	3	.8193	3
1	.5513		.5515		.7831		.7847		.7258		.7253		.6543		.6535		.8122		.8134	
2	.5391		.5398		.7614		.7678		.7085		.7064		.6399		.6366		.7914		.7959	
3	.5191		.5207		.7264		.7403		.6804		.6759		.6165		.6093		.7575		.7674	
4	.4921		.4948		.6794		.7030		.6426		.6349		.5849		.5726		.7122		.7291	
5	.4589		.4630		.6224		.6573		.5966		.5850		.5463		.5281		.6573		.6823	
6	.4208		.4262		.5577		.6047		.5442		.5281		.5021		.4775		.5951		.6287	
7	.3789		.3857		.4880		.5467		.4872		.4665		.4538		.4228		.5281		.5703	
8	.3345		.3427		.4159		.4853		.4278		.4022		.4031		.3661		.4587		.5090	
9	.2891		.2983		.3442		.4223		.3681		.3377		.3516		.3093		.3896		.4468	
10	.2439		.2539		.2754		.3595		.3100		.2751		.3011		.2546		.3231		.3856	
20	.2097	-1	.6900	0	.4027	2	.1710	1	.6734	2	.6462	1	.6051	2	.4128	2	.4378	2	.6935	2
30	.8320	2	.7674	2	.1566	3	.7730	2	.1355	3	.9663	2	.1145	3	.1102	3	.9410		.8836	
40	.6449		.6145		.2515	2	.6683		.1078	2	.5348		.1235	2	.3029	2	.3126		.2299	
50	.1525		.2210		.4937		.3117		.4532		.5051		.4436		.5215		.4501		.4258	
60	.3419		.3035		.1926		.3487		.2262		.3124		.3107		.2618		.4085		.2831	
70	.1852		.1678		.1277		.2340		.6378	1	.3014		.5505	1	.2242		.7296	1	.1659	
80	.4863	1	.1193		.7222	1	.1199		.1606	2	.1017		.2498	2	.1023		.3371	2	.1383	
90	.2079	2	.8297	1	.6351		.1488		.1498	-1	.2127		.9156	-1	.1560		.4994	-1	.1086	
100	.3815	0	.7486		.5109	0	.6711	1	.3710	1	.5250	1	.1064	2	.5150	1	.2498	2	.6615	1
110	.1316	2	.8020		.8966	1	.9191		.4329	0	.1151	2	.1028	1	.9472		.6462	0	.7095	
120	.3520	1	.1725		.2032		.3309		.3696		.5581	1	.8866	0	.7824		.1209	2	.8892	
130	.4340		.1577	2	.1329	2	.1695	2	.4125	1	.1222	2	.8645		.5516		.7334	-1	.4106	
140	.7746	0	.4844	1	.4536	1	.3655	1	.1819		.5092	1	.2120	1	.1006	2	.4461	1	.1597	2
150	.1472	2	.1510	2	.1598	2	.2538	2	.1242	2	.3095	2	.1261	2	.1853		.1669	2	.9868	1
160	.1399		.4316		.1701		.5497		.1381		.6219		.2033		.5056		.4584		.4540	2
170	.1215		.4794		.1723		.6155		.5611	1	.2845		.2213	1	.2356		.6641	1	.5578	
180	.5509		.5509		.9066		.9066		.3898	2	.3898		.2252	2	.2252		.7409	2	.7409	

α =	8,2		8,4		8,6		8,8		9,0	
Streuquerschnitt Scattering	.1952 1		.2013 1		.1926 1		.2226 1		.2238 1	
φ^{o}	i_1	i_2	i_1	i_2	i_1	i_2	i_1	i_2	i_1	i_2
0	.1077 4	.1077 4	.1269 4	.1269 4	.1289 4	.1289 4	.1977 4	.1977 4	.2118 4	.2118 4
1	.1068	.1069	.1260	.1258	.1281	.1280	.1960	.1965	.2104	.2103
2	.1040	.1045	.1236	.1225	.1257	.1252	.1909	.1928	.2062	.2059
3	.9952 3	.1005	.1195	.1172	.1218	.1208	.1827	.1868	.1994	.1986
4	.9356	.9520 3	.1142	.1101	.1166	.1149	.1718	.1787	.1904	.1889
5	.8641	.8872	.1076	.1016	.1103	.1077	.1586	.1687	.1794	.1770
6	.7842	.8132	.1002	.9191 3	.1030	.9948 3	.1437	.1574	.1671	.1635
7	.6997	.7327	.9209 3	.8157	.9498 3	.9064	.1279	.1449	.1538	.1488
8	.6141	.6485	.8370	.7094	.8657	.8148	.1117	.1317	.1401	.1334
9	.5312	.5634	.7527	.6042	.7801	.7231	.9563 3	.1182	.1265	.1178
10	.4541	.4800	.6706	.5038	.6953	.6341	.8036	.1048	.1133	.1025
20	.2144	.4927 2	.2311	.7668 2	.1866	.1726	.1048	.1971 3	.3369 3	.1368 3
30	.1058	.8074	.7280 2	.6633	.5564 2	.5646 2	.4128 2	.3401 2	.1323 2	.3654 2
40	.3629 2	.3682	.2588	.6123	.2307	.4829	.5339	.3219	.1101 3	.3017
50	.5961	.4405	.6065	.4982	.6939	.5409	.7029	.5165	.1793 2	.6301
60	.1064	.4060	.2423 1	.4650	.1328 1	.2524	.1590	.1787	.3565	.2156
70	.1872	.1741	.3119 2	.1936	.4286 2	.2156	.5140	.2500	.5072 1	.3989
80	.4590 1	.2455	.1045 0	.3220	.2946 0	.1828	.1757 1	.1334	.7875	.1166
90	.2180	.8885 1	.9880 1	.6549 1	.2080 2	.6624 1	.4006 2	.9711 1	.3168	.2108
100	.5795	.1246 2	.7803 0	.2056 2	.8186 0	.1433 2	.2360 0	.1132 2	.1043 0	.9514 1
110	.7754 0	.6757 1	.2696	.3556 1	.4428 1	.3226 1	.2490 2	.4863 1	.5653 1	.8788
120	.1030 2	.1049 2	.1783 1	.1247 2	.1773	.1005 2	.1222 1	.1006 2	.4771	.1481 2
130	.2542 1	.7031 1	.3464	.4973 1	.1301	.1664 1	.2659	.2783 1	.2540	.3833 1
140	.1092 2	.2205 2	.4975	.2504 2	.5653	.1244 2	.1552 2	.1050 2	.6110	.2403 2
150	.8955 1	.9440 1	.3491	.9295 1	.5336	.7429 1	.6203 1	.9901 1	.8272	.6873 1
160	.2843 2	.5465 2	.1365 2	.8998 2	.2278 2	.7691 2	.9168 2	.6040 2	.4761 2	.6386 2
170	.1751	.6183	.7897 1	.4487	.5097 0	.4798	.7808 0	.8038	.8219 1	.3941
180	.1277 3	.1277 3	.5909 2	.5909	.3131 2	.3131	.1187 3	.1187 3	.1260 3	.1260 3

α =	9,2				9,4				9,6				9,8				10,0			
Streuquerschnitt Scattering	.2475 1				.2382 1				.2799 1				.2645 1				.2882 1			
φ^o	i_1		i_2		i_1		i_2		i_1		i_2		i_1		i_2		i_1		i_2	
0	.2805	4	.2805	4	.2841	4	.2841	4	.4247	4	.4247	4	.4126	4	.4126	4	.5209	4	.5209	4
1	.2788		.2781		.2823		.2822		.4206		.4219		.4099		.4095		.5173		.5163	
2	.2737		.2713		.2771		.2768		.4085		.4136		.4019		.4001		.5068		.5029	
3	.2656		.2602		.2686		.2680		.3892		.4000		.3888		.3850		.4896		.4813	
4	.2546		.2454		.2571		.2561		.3635		.3818		.3712		.3647		.4666		.4525	
5	.2412		.2275		.2431		.2417		.3328		.3594		.3497		.3402		.4384		.4179	
6	.2258		.2074		.2270		.2252		.2986		.3338		.3252		.3123		.4060		.3789	
7	.2089		.1858		.2092		.2071		.2625		.3058		.2985		.2821		.3706		.3373	
8	.1911		.1636		.1904		.1881		.2260		.2762		.2704		.2508		.3334		.2947	
9	.1728		.1416		.1711		.1688		.1905		.2459		.2418		.2193		.2953		.2525	
10	.1546		.1205		.1518		.1496		.1573		.2157		.2133		.1886		.2574		.2122	
20	.3075	3	.1383	3	.2299	3	.2497	3	.1019	3	.2380	3	.2479	3	.1629	3	.1927	3	.1064	3
30	.2703	1	.2731	2	.2283	1	.1843	2	.3819	2	.1153	2	.6694	2	.1649	2	.7677	2	.7684	2
40	.9735	2	.8568		.8985	2	.9552		.1064	3	.7777		.1103	3	.5703		.8501		.7289	
50	.9603	1	.4900		.1392		.2389		.5148	2	.2004		.2366	2	.4028		.2679		.7692	
60	.4627	2	.4569		.5454		.4264		.4654		.3986		.2879		.4486		.3471		.3360	
70	.4479	1	.3850		.8400	1	.1728		.2245		.1549		.1227		.2240		.2164		.4240	
80	.1956	2	.1509		.3286	2	.1481		.4300		.1852		.5212	1	.3461		.9680	1	.2915	
90	.2020	1	.2996		.2185	1	.1531		.1058	1	.1354		.1594		.1040		.9422		.8928	1
100	.3099		.3820	1	.1290	2	.3545	1	.3933	2	.5808	1	.4406		.1552		.3390		.2401	2
110	.2659		.1639	2	.1917	1	.1252	2	.5348	1	.1475	2	.1965		.1991		.2823	0	.5327	1
120	.9082	0	.7455	1	.2517	0	.2643	0	.7047		.5838	0	.4160		.1240	1	.6529	1	.2268	
130	.3401	1	.4265		.7523	1	.3439	1	.8112		.7235	1	.3931		.2293	2	.6875	0	.2209	2
140	.5210		.3677	2	.5266		.1331	2	.1777	2	.5600		.2467		.5409	1	.2512	1	.1100	
150	.2229		.4438	1	.8748	0	.1929	1	.4098	1	.3600		.4004		.7048		.3728		.2819	
160	.2197	2	.8667	2	.2347	2	.6706	2	.1229	3	.6787	2	.6283	2	.9255	2	.4433	2	.7210	
170	.8391	1	.4819		.6892	0	.7613		.1197	1	.1123	3	.7821	0	.3992		.8645	1	.4873	
180	.6675	2	.6675		.5351	2	.5351		.2146	3	.2146	3	.1098	3	.1098	3	.4238	2	.4238	

α =	10,2		10,4		10,6		10,8		11,0	
Streuquerschnitt Scattering	.2757 1		.2968 1		.2916 1		.2981 1		.2876 1	
φ^0	i_1	i_2	i_1	i_2	i_1	i_2	i_1	i_2	i_1	i_2
0	.5170 4	.5170 4	.6447 4	.6447 4	.6719 4	.6719 4	.7611 4	.7611 4	.7591 4	.7591 4
1	.5132	.5134	.6383	.6399	.6666	.6657	.7547	.7537	.7519	.7526
2	.5020	.5026	.6195	.6258	.6509	.6473	.7359	.7321	.7308	.7336
3	.4838	.4852	.5894	.6029	.6255	.6178	.7054	.6972	.6967	.7027
4	.4594	.4617	.5495	.5722	.5915	.5786	.6646	.6509	.6514	.6615
5	.4296	.4330	.5020	.5347	.5501	.5315	.6150	.5955	.5971	.6115
6	.3955	.4003	.4492	.4919	.5029	.4790	.5588	.5335	.5361	.5549
7	.3584	.3645	.3936	.4453	.4518	.4231	.4981	.4677	.4711	.4940
8	.3196	.3268	.3376	.3964	.3985	.3663	.4351	.4009	.4049	.4309
9	.2801	.2885	.2833	.3470	.3448	.3107	.3720	.3355	.3398	.3679
10	.2412	.2506	.2324	.2983	.2922	.2581	.3107	.2738	.2781	.3070
20	.1379 3	.1899 3	.4865 2	.1762 3	.8113 2	.1593 3	.5827 2	.5912 2	.8301 2	.1272 3
30	.6769 2	.1051	.1987 3	.1056	.2489 3	.6750 2	.2426 3	.2063 3	.1703 3	.2446
40	.7699	.7204 2	.5858 2	.6309 2	.2971 2	.6377	.1132 2	.5098 2	.1197 2	.3584 2
50	.2225	.4630	.8202	.3449	.7597	.2458	.8862	.8139	.9589	.7289
60	.5330	.2752	.3468	.3067	.7735 1	.6137	.2929 1	.5644	.4358 0	.2555
70	.2877	.2725	.1757	.2818	.2057 2	.3360	.3890 2	.1989	.7163 2	.1943
80	.1566	.1274	.1203	.1234	.4804 1	.1904	.1082	.2989	.2493	.2035
90	.2494	.9317 1	.2853	.1329	.5061	.3354	.7775 1	.2348	.8975 1	.1200
100	.1764 1	.1417 2	.4198 1	.1761	.5350 0	.1997	.3603	.2685 1	.1687 2	.3519 1
110	.4668	.5057 0	.1355 2	.7139 0	.7135 1	.3157 1	.6273	.6889	.6113 1	.9458
120	.7122	.4441 1	.7867 1	.1082 2	.1473	.3287 2	.1392	.1148 2	.9938	.1882
130	.4710	.3250	.3113	.1901 1	.2745	.7737 1	.5096	.9606 1	.3302	.7499 0
140	.6380	.5147	.4775	.2843	.8360	.2743 0	.1888	.1644	.7363	.2503 1
150	.5823 -1	.1711 2	.2559 2	.7886	.8615 0	.1823 2	.6141 0	.3430 2	.1264	.2312 2
160	.4216 2	.3163	.8556	.4887 2	.5805 2	.9594	.5905 2	.5709	.7639 2	.1630
170	.1288 1	.7988	.5972 1	.8398	.4633 0	.7694	.1545	.7682	.1531	.8219
180	.6755 2	.6755	.2240 3	.2240 3	.1259 3	.1259 3	.1325	.1325	.8608	.8608

α =	11,2				11,4				11,6				11,8				12,0			
Streuquerschnitt Scattering	.2799 1				.2934 1				.2760 1				.2811 1				.2476 1			
φ°	i_1		i_2		i_1		i_2		i_1		i_2		i_1		i_2		i_1		i_2	
0	.7913	4	.7913	4	.9158	4	.9158	4	.9027	4	.9027	4	.9798	4	.9798	4	.8480	4	.8480	4
1	.7831		.7844		.9065		.9047		.8932		.8927		.9663		.9690		.8375		.8385	
2	.7590		.7639		.8793		.8722		.8649		.8629		.9266		.9372		.8068		.8108	
3	.7203		.7309		.8354		.8203		.8194		.8153		.8637		.8861		.7576		.7663	
4	.6691		.6868		.7771		.7525		.7591		.7524		.7819		.8185		.6930		.7075	
5	.6079		.6335		.7072		.6728		.6869		.6776		.6868		.7380		.6166		.6377	
6	.5399		.5734		.6289		.5860		.6065		.5949		.5846		.6488		.5327		.5604	
7	.4682		.5087		.5457		.4968		.5216		.5083		.4812		.5552		.4457		.4796	
8	.3959		.4422		.4613		.4096		.4359		.4218		.3822		.4615		.3600		.3990	
9	.3258		.3760		.3788		.3282		.3530		.3391		.2921		.3717		.2793		.3220	
10	.2602		.3124		.3013		.2555		.2759		.2631		.2141		.2891		.2067		.2515	
20	.4507	2	.1603	3	.1440	3	.2779	3	.1943	3	.1898	3	.2944	3	.3011	3	.2979	3	.3443	3
30	.3130	3	.2353		.3096		.1137		.2693		.2589		.1267		.2642		.2116		.2523	
40	.3796	2	.2457	2	.4920	2	.4713	2	.5860	2	.1030		.2072	2	.9785	2	.1597		.8775	2
50	.8559		.7257		.5590		.6694		.4180		.5402	2	.8925		.4209		.2410	2	.4041	
60	.2415		.1893		.3729		.2642		.6452		.5809		.9068		.4574		.5622		.4999	
70	.2188		.2345		.7237	1	.6952		.4086	0	.4051		.1197	1	.2406		.4580	1	.2062	
80	.7819	1	.2475		.1103	2	.4207		.2857	2	.1132		.7927	2	.1140		.1967	2	.1248	
90	.6084		.1347		.3116	1	.1314		.7027	1	.1292		.4953		.1371		.1012		.1998	
100	.1615	2	.4919	1	.8617		.2068		.6471		.1386		.3935	1	.1358		.5460	1	.2351	
110	.6513	1	.1871	2	.3288	0	.4760		.3050		.5390	1	.7535		.2575	1	.1090	2	.1868	1
120	.2340		.2213	1	.8045	1	.1152		.4786		.1329		.1965		.2394		.1079	1	.5194	
130	.2001		.4067	0	.5367	0	.3435	1	.2468		.5043		.2719	2	.4274		.3187		.4540	
140	.3754	-1	.3174	1	.9679	1	.7671		.8841		.6866		.9646	1	.3561		.3613		.8877	
150	.3073	2	.2089	2	.1216	2	.5581	2	.3712		.2061	2	.2187	2	.1016	2	.1537	2	.1784	2
160	.5660		.2202		.4749		.5733		.4887	2	.3273		.9040		.2069		.7559		.1666	
170	.6489	1	.4601		.1562	0	.1148	3	.2304		.1150	3	.7367		.1229	3	.1992		.3881	
180	.1502	3	.1502	3	.1640	3	.1640		.2123		.2123	2	.2189	3	.2189		.9101		.9101	

α =	12,2				12,4				12,6				12,8				13,0			
Streuquerschnitt Scattering	.2737 1				.2379 1				.2458 1				.2110 1				.2281 1			
φ^o	i_1		i_2		i_1		i_2		i_1		i_2		i_1		i_2		i_1		i_2	
0	.1085	5	.1085	5	.9106	4	.9106	4	.1071	5	.1071	5	.8012	4	.8012	4	.1016	5	.1016	5
1	.1071		.1067		.8980		.8981		.1050		.1055		.7886		.7893		.9986	4	.9955	4
2	.1029		.1015		.8608		.8615		.9903	4	.1011		.7518		.7544		.9484		.9368	
3	.9618	4	.9327	4	.8016		.8031		.8969		.9403	4	.6936		.6992		.8691		.8452	
4	.8742		.8274		.7243		.7268		.7782		.8481		.6180		.6276		.7670		.7291	
5	.7711		.7071		.6337		.6374		.6446		.7405		.5305		.5445		.6496		.5988	
6	.6586		.5806		.5353		.5404		.5069		.6241		.4369		.4554		.5255		.4651	
7	.5430		.4565		.4351		.4415		.3753		.5059		.3431		.3659		.4031		.3383	
8	.4303		.3423		.3383		.3458		.2581		.3924		.2548		.2811		.2899		.2267	
9	.3257		.2436		.2497		.2581		.1614		.2891		.1764		.2052		.1920		.1362	
10	.2336		.1638		.1731		.1819		.8825	3	.2004		.1113		.1414		.1137		.6980	3
20	.5378	3	.5395	3	.6300	3	.5469	3	.6283		.6745	3	.6823	3	.6727	3	.9238	3	.7400	
30	.1573		.9483	2	.1157		.1783		.4334	2	.1684		.8195	2	.1911		.8176	2	.1220	
40	.1859		.6631		.1873		.1876		.1684	3	.1844		.2216	3	.1789		.1963	3	.1275	
50	.1597	2	.1143	3	.1048	2	.6653	2	.6205	2	.5080	2	.5323	2	.3374	2	.9022	2	.1165	
60	.4213		.6361	2	.4703		.4016		.8496		.3739		.2917		.3774		.1373		.1192	
70	.2217		.2899		.5088		.3215		.8063		.3007		.3557		.3661		.2494		.5887	2
80	.7984	1	.6087		.9586	0	.2994		.6600	1	.2795		.5669	0	.3039		.1359		.1804	
90	.7996		.5771		.1482	2	.1087		.2048	2	.1270		.1730	2	.1398		.8170	1	.1672	
100	.1120		.3640		.4443	1	.4711	1	.2847		.5070	1	.1657		.5180	1	.1496	2	.1425	
110	.1339	2	.2738	1	.5686		.2222		.7863	1	.6928		.2115	1	.1767	2	.7794	0	.2708	
120	.7698	0	.1589	2	.7283		.6171		.9444		.4377		.7467		.9291	1	.1055	2	.2355	
130	.1046	2	.2472		.3752		.5247		.2095	2	.9627		.1816	0	.1749	2	.7634	1	.4953	1
140	.7723	0	.2326		.5964		.4280		.1198		.2167		.8688	1	.3287	1	.5864		.1583	2
150	.2522	2	.8209		.2207	2	.1829	2	.4112		.6312		.1259	2	.8671		.1872	2	.4572	
160	.5483		.1525		.3538		.6960	1	.3983		.2357	2	.7549		.1479	2	.6452		.1096	
170	.2027		.1549	3	.2668		.1149	3	.1657	3	.7572		.4976		.7187		.9151		.1584	3
180	.1379	3	.1379		.4696	2	.4696	2	.2099		.2099	3	.7621		.7621		.2267		.2267	2

α =	13,2				13,4				13,6				13,8				14,0			
Streuquerschnitt Scattering	.2046 1				.1936 1				.1889 1				.1973 1				.1952 1			
φ^o	i_1		i_2		i_1		i_2		i_1		i_2		i_1		i_2		i_1		i_2	
0	.8501	4	.8501	4	.8269	4	.8269	4	.7769	4	.7769	4	.9138	4	.9138	4	.9218	4	.9218	4
1	.8346		.8353		.8101		.8121		.7619		.7616		.8948		.8944		.9013		.9031	
2	.7894		.7923		.7616		.7689		.7185		.7173		.8398		.8384		.8419		.8487	
3	.7184		.7244		.6859		.7009		.6503		.6481		.7539		.7512		.7497		.7639	
4	.6273		.6371		.5899		.6136		.5634		.5601		.6451		.6413		.6341		.6564	
5	.5235		.5370		.4822		.5139		.4651		.4611		.5234		.5189		.5062		.5358	
6	.4148		.4316		.3719		.4093		.3633		.3592		.3991		.3948		.3777		.4123	
7	.3090		.3280		.2675		.3072		.2656		.2619		.2821		.2788		.2593		.2956	
8	.2131		.2329		.1761		.2143		.1786		.1759		.1807		.1791		.1595		.1938	
9	.1326		.1514		.1028		.1356		.1073		.1058		.1007		.1010		.8379		.1124	
10	.7079	3	.8710	3	.5014	3	.7463	3	.5457	3	.5398	3	.4501	3	.4694	3	.3428	3	.5443	3
20	.9961		.8564		.8725		.9126		.8312		.8657		.9214		.7479		.9215		.7971	
30	.8049	2	.1609		.1018		.1814		.1808		.2251		.3197		.2968		.3359		.3591	
40	.1584	3	.1881		.1274		.1699		.1113		.1587		.6376	2	.1326		.2653	2	.1393	
50	.1085		.1116		.1379		.1158		.1419		.1052		.1329	3	.1148		.1243	3	.1167	
60	.3644	1	.5157	2	.1478	2	.4003	2	.2091	2	.2492	2	.6002	2	.7520	2	.9792	2	.6954	2
70	.3280	2	.2785		.3062		.2795		.2298		.2466		.1353		.6760		.1361		.4115	
80	.4084		.1479		.4864		.1469		.3503		.2228		.1369		.3948		.7713	1	.2508	
90	.4300	1	.1809		.1309		.1951		.6112	1	.3517		.8128	1	.1528		.2083	2	.9747	1
100	.9944	1	.8769	1	.7215	1	.1408		.7549		.3580		.1703		.1072		.5026	1	.1198	2
110	.9362		.7555		.3628		.6621	1	.1767	2	.1358		.1758	2	.1892	1	.3704		.6646	1
120	.1318		.6384		.7245	0	.1166	2	.2260	1	.1551		.1121		.2515		.1067	2	.2034	
130	.9233		.1081		.7048	1	.1218	0	.3707		.3519	1	.1115	1	.1761		.2611	0	.8959	
140	.1300		.2677		.7546	-1	.6682	1	.2344		.9556		.1592	2	.1512	2	.2403	2	.5124	
150	.3365	2	.2485	2	.3616	2	.1519	2	.4154	2	.6536		.2524		.9428	1	.2469		.1962	2
160	.4183		.3030	1	.3403		.2579	1	.4345		.2779		.5030		.2528	2	.2895		.1897	
170	.5903		.8033	2	.7859		.6330	2	.6507		.1130	3	.1526	3	.1271	3	.1881	3	.6915	
180	.5293		.5293		.6558		.6558		.1160	3	.1160		.3548	1	.3548	1	.9050	2	.9050	

α =	14,2		14,4		14,6		14,8		15,0	
Streuquerschnitt Scattering	.1828 1		.1982 1		.2020 1		.2124 1		.1985 1	
φ°	i_1	i_2	i_1	i_2	i_1	i_2	i_1	i_2	i_1	i_2
0	.8602 4	.8602 4	.1061 5	.1061 5	.1159 5	.1159 5	.1361 5	.1361 5	.1249 5	.1249 5
1	.8420	.8424	.1040	.1036	.1134	.1135	.1327	.1332	.1225	.1224
2	.7896	.7909	.9776 4	.9634 4	.1061	.1066	.1231	.1250	.1155	.1151
3	.7081	.7106	.8809	.8518	.9488 4	.9587 4	.1084	.1121	.1046	.1038
4	.6058	.6091	.7589	.7134	.8079	.8236	.9056 4	.9597 4	.9095 4	.8952 4
5	.4926	.4955	.6230	.5627	.6527	.6738	.7171	.7813	.7581	.7367
6	.3788	.3796	.4850	.4142	.4974	.5225	.5384	.6018	.6053	.5763
7	.2736	.2708	.3557	.2804	.3552	.3818	.3855	.4357	.4630	.4266
8	.1845	.1764	.2440	.1704	.2358	.2611	.2678	.2941	.3402	.2973
9	.1162	.1019	.1557	.8896 3	.1454	.1665	.1879	.1840	.2424	.1946
10	.7042 3	.4973 3	.9312 3	.3661	.8561 3	.9997 3	.1421	.1074	.1711	.1208
20	.6678	.7801	.5596	.7172	.5125	.4556	.1645 3	.4367 3	.2027 3	.3460 3
30	.3588	.3846	.4393	.3547	.6260	.4935	.4324	.5744	.5294	.5745
40	.4505 2	.1247	.8227 2	.9396 2	.1295	.1814	.1270	.1959	.1657	.2104
50	.1030 3	.1114	.8911	.1155 3	.3970 2	.1201	.7379 2	.9798 2	.2105 2	.7942 2
60	.9544 2	.7382 2	.8629	.8511 2	.6477	.7017 2	.1158 3	.6491	.6205	.6246
70	.1132	.3710	.1308	.4434	.4041	.3617	.1211	.4018	.8459	.4206
80	.1133	.2831	.8887 1	.3499	.1309	.3145	.6477 2	.2929	.3485	.2617
90	.3503	.1127	.3604 2	.1549	.1334	.2105	.1796	.2402	.2831 1	.2631
100	.1463	.1003	.2466	.8200 1	.1947	.7222 1	.3432 1	.8586 1	.8830	.1400
110	.3534 0	.1092	.1625 1	.1600 2	.5260 1	.1145 2	.1132 2	.7216	.7115	.6709 1
120	.2862 1	.5511 0	.6092	.5472 1	.3459	.8077 1	.2084	.1279 2	.6613 -2	.2035 2
130	.9621 0	.1165 2	.4575	.1917 2	.1903 2	.3029	.6487 1	.3270 1	.7143 1	.1423
140	.1023 2	.6402 1	.8936	.3252	.1011	.1824 2	.6173 -1	.2399 2	.1814 2	.1704
150	.2623	.2694 2	.5640 2	.1281	.4902	.4144 1	.2516 2	.5871 1	.1060	.1693
160	.5492	.5689 1	.2869	.1325	.1601	.1873 2	.7334	.2527 2	.5209	.2222
170	.8886	.4465 2	.7394	.1713 3	.1787 3	.1272 3	.3944 3	.5110	.1781 3	.4464
180	.3968	.3968	.1929 3	.1929	.2597 2	.2597 2	.8010 2	.8010 2	.1636 2	.1636

α =	15,2				15,4				15,6				15,8				16,0			
Streuquerschnitt Scattering	.2296 1				.2276 1				.2268 1				.2267 1				.2420 1			
φ^o	i_1		i_2		i_1		i_2		i_1		i_2		i_1		i_2		i_1		i_2	
0	.1761	5	.1761	5	.1832	5	.1832	5	.1905	5	.1905	5	.2017	5	.2017	5	.2411	5	.2411	5
1	.1725		.1717		.1794		.1796		.1868		.1867		.1980		.1977		.2362		.2363	
2	.1621		.1592		.1683		.1692		.1759		.1758		.1871		.1863		.2221		.2226	
3	.1459		.1401		.1511		.1530		.1591		.1587		.1703		.1685		.2004		.2013	
4	.1257		.1169		.1297		.1326		.1382		.1374		.1491		.1462		.1731		.1746	
5	.1034		.9231	4	.1062		.1100		.1151		.1137		.1254		.1215		.1429		.1451	
6	.8100	4	.6883		.8275	4	.8711	4	.9212	4	.8979	4	.1013		.9632	4	.1125		.1153	
7	.6022		.4849		.6122		.6565		.7083		.6744		.7843	4	.7273		.8417	4	.8740	4
8	.4241		.3248		.4300		.4698		.5254		.4806		.5820		.5212		.5962		.6308	
9	.2836		.2112		.2882		.3189		.3787		.3245		.4142		.3536		.3983		.4325	
10	.1825		.1400		.1880		.2064		.2689		.2086		.2837		.2271		.2504	4	.2814	
20	.1533	3	.1250	3	.8739	2	.1066	3	.1347	2	.7287	2	.1323	2	.4861	2	.3398	2	.5684	2
30	.5190		.2435		.5677	3	.4781		.4154	3	.4964	3	.3573	3	.4965	3	.2888	3	.2752	3
40	.2576		.1612		.3891		.3086		.3412		.3401		.3178		.3502		.3323		.2786	
50	.4604	2	.1672		.8707	2	.1394		.1066		.1495		.1251		.1498		.1767		.1612	
60	.5296		.1997		.1667		.9600	2	.1341	2	.7805	2	.1184	2	.5931	2	.3664	2	.8673	2
70	.6692		.1529		.1829		.5504		.1409		.4576		.1595		.4040		.2062		.6967	
80	.3098		.9217	2	.1684		.2411		.3625		.2399		.5443		.2716		.4965		.4622	
90	.1840	1	.6841		.5524	1	.1601		.2392		.1424		.4985		.1441		.6345		.1900	
100	.1001	2	.5540		.1633		.1573		.3361	1	.1876		.1629		.1857		.4242		.1185	
110	.2259		.2756		.1578	2	.5756	1	.3550		.1480		.2243	0	.2420		.1095		.1635	
120	.9936	1	.9475	1	.2619		.4238		.1181	2	.4181	1	.6487	1	.1257		.7114	0	.7601	1
130	.2407		.2035	2	.1286		.1714	2	.9267	1	.1504	2	.1025	2	.7115	1	.1027	2	.3453	0
140	.2437	2	.1286		.1069		.5050	1	.7799	0	.1704		.4725	1	.2331	2	.1356		.1274	2
150	.2016		.9571	1	.3633		.1870	2	.3578	2	.6703	1	.1696	2	.1839	0	.3469	1	.9517	1
160	.3706		.1629	3	.2377		.2290		.3287		.1728	2	.2066		.2639	2	.3930	2	.1182	3
170	.2346	3	.3557		.2043	3	.1094	3	.2197	3	.8946		.2664	3	.8046		.3825	3	.1067	
180	.7177	2	.7177	2	.3003	2	.3003	2	.4266	1	.4266	1	.1734	2	.1734		.7635	0	.7635	0

α =	16,2				16,4				16,6				16,8				17,0			
Streuquerschnitt Scattering	.2565 1				.2503 1				.2512 1				.2635 1				.2676 1			
φ^o	i_1		i_2		i_1		i_2		i_1		i_2		i_1		i_2		i_1		i_2	
0	.2841	5	.2841	5	.2832	5	.2832	5	.3000	5	.3000	5	.3457	5	.3457	5	.3765	5	.3765	5
1	.2779		.2783		.2776		.2774		.2941		.2937		.3380		.3385		.3678		.3682	
2	.2602		.2618		.2614		.2607		.2771		.2757		.3158		.3178		.3427		.3443	
3	.2328		.2362		.2364		.2348		.2507		.2478		.2816		.2858		.3044		.3074	
4	.1989		.2040		.2051		.2025		.2175		.2130		.2392		.2457		.2572		.2617	
5	.1617		.1685		.1704		.1668		.1807		.1748		.1930		.2015		.2062		.2117	
6	.1249		.1326		.1355		.1308		.1432		.1364		.1472		.1572		.1563		.1621	
7	.9118	4	.9906	4	.1028		.9736	4	.1079		.1009		.1054		.1160		.1113		.1167	
8	.6271		.6992		.7433	4	.6840	4	.7694	4	.7037	4	.7022	4	.8041	4	.7394	4	.7836	4
9	.4048		.4635		.5102		.4507		.5149		.4590		.4292		.5190		.4522		.4845	
10	.2452		.2863		.3316		.2763		.3200		.2773		.2353		.3073		.2494		.2705	
20	.9330	2	.5915	2	.2723	3	.1242	3	.3236	3	.1438	3	.3614	3	.3383	3	.7846	3	.3605	3
30	.2527	3	.2871	3	.1051		.2425		.8735	2	.2674		.1222		.1666		.1368		.1919	
40	.3698		.3307		.2782		.3298		.2310	3	.3349		.1748		.2450		.9487	2	.2278	
50	.2322		.1859		.2127		.2009		.2093		.2087		.1829		.2020		.1526	3	.1894	
60	.8771	2	.9555	2	.1176		.1102		.1392		.1129		.1207		.1148		.1185		.1043	
70	.3265		.6882		.4271	2	.6496	2	.5505	2	.6132	2	.4522	2	.5295	2	.6267	2	.5065	2
80	.2043		.4938		.4610	1	.4516		.7842	1	.4957		.7569	1	.3140		.2357		.2998	
90	.2882		.2638		.7908	0	.2928		.3167		.4085		.7543	0	.2474		.2530	1	.2412	
100	.3267		.1127		.3349	1	.1087		.9921		.1984		.9989	1	.1561		.5496		.1911	
110	.1770		.1437		.3678		.5318	1	.7919		.5352	1	.1530	2	.3328	1	.1790	2	.8227	1
120	.4322	1	.1756		.5899		.1129	2	.1471		.7276		.8860	1	.1810		.1126		.9341	0
130	.1516	0	.4742	1	.2988		.8540	1	.4888		.7627		.4441	0	.1011	2	.2113	1	.9641	1
140	.1021	2	.6530		.5363		.3416	0	.1862		.1957		.3868	1	.6271	1	.8038	0	.1723	2
150	.2560	1	.1610	2	.1405	2	.2279	2	.1328	2	.1167	2	.1884	2	.3345	2	.2948	2	.1803	
160	.5099	2	.6780		.6898		.4084		.3700		.3042		.4990		.1016	3	.1192	3	.1228	3
170	.3707	3	.7598		.2145	3	.8995		.2920	3	.1284	3	.5191	3	.1103		.3869		.6107	2
180	.3230	2	.3230		.5524	1	.5524	1	.4788	2	.4788	2	.3878	1	.3878	1	.5649	2	.5649	2

α =	17,2		17,4		17,6		17,8		18,0	
Streuquerschnitt Scattering	.2581 1		.2613 1		.2665 1		.2581 1		.2460 1	
φ°	i_1	i_2	i_1	i_2	i_1	i_2	i_1	i_2	i_1	i_2
0	.3674 5	.3674 5	.3977 5	.3977 5	.4297 5	.4297 5	.4304 5	.4304 5	.4099 5	.4099 5
1	.3595	.3592	.3887	.3878	.4185	.4196	.4194	.4195	.3997	.3993
2	.3366	.3354	.3629	.3593	.3865	.3906	.3878	.3883	.3704	.3689
3	.3014	.2989	.3232	.3159	.3378	.3461	.3397	.3406	.3256	.3227
4	.2575	.2537	.2739	.2631	.2784	.2913	.2809	.2824	.2707	.2663
5	.2094	.2043	.2201	.2069	.2153	.2318	.2182	.2202	.2116	.2062
6	.1613	.1555	.1669	.1528	.1548	.1736	.1579	.1604	.1543	.1486
7	.1171	.1111	.1185	.1053	.1023	.1213	.1051	.1079	.1036	.9849 4
8	.7937 4	.7378 4	.7787 4	.6687 4	.6084 4	.7816 4	.6298 4	.6613 4	.6275 4	.5889
9	.4951	.4491	.4652	.3850	.3152	.4571	.3272	.3612	.3308	.3091
10	.2778	.2451	.2454	.1951	.1346	.2378	.1363	.1721	.1426	.1380
20	.8251 3	.4887 3	.7732 3	.8213 3	.6792 3	.6793 3	.1123	.6279 3	.1079	.7427 3
30	.1382	.1956	.1449	.2423	.3173	.2043	.4958 3	.3188	.5039 3	.4285
40	.5987 2	.1959	.6657 2	.1887	.1660	.2052	.1690	.2533	.1622	.2533
50	.9456	.1591	.7815	.2165	.7391 2	.1759	.4242 2	.1884	.4484 2	.1604
60	.9424	.9314 2	.1051 3	.2044	.7010	.1450	.2240	.1435	.1180 2	.1043
70	.8886	.5192	.1253	.1443	.8281	.9916 2	.1341	.9764 2	.1427 1	.6862 2
80	.6071	.2896	.1093	.6783 2	.8980	.5464	.9363 1	.6068	.4394	.4825
90	.2328	.2217	.6511 2	.2269	.8461	.2782	.1194 2	.3314	.6377	.3062
100	.2377 1	.2286	.2149	.8059 1	.6095	.2232	.1821	.1885	.7929	.1490
110	.5546	.1684	.1962 1	.1604	.2888	.2738	.2127	.2180	.9576	.9270 1
120	.1255 2	.4244 1	.1172 2	.3129	.5511 1	.2257	.1162	.3232	.8055	.1931 2
130	.6165 1	.5895	.1513	.1466	.1609 2	.7951 1	.1652 0	.2847	.2363	.3761
140	.4099	.2447 2	.3712 1	.1593 2	.3523	.1447 2	.9718 1	.1496	.6958 0	.3381
150	.3498	.2230	.6337 0	.8401	.2863	.8153	.5370 2	.8025	.3275 2	.4848
160	.1029 3	.1100 3	.1074 3	.1984 3	.1651 3	.8868	.9649	.1251 3	.8819	.1521 3
170	.3117	.6492 2	.3592	.3462	.5553	.1462 3	.4423 3	.1055	.4658 3	.5946 2
180	.4839 1	.4839 1	.4589 2	.4589 2	.1971 2	.1971 2	.3371 2	.3371 2	.9600 1	.9600 1

α =	18,2				18,4				18,6				18,8				19,0			
Streuquerschnitt Scattering	.2403 1				.2714 1				.2347 1				.2225 1				.2182 1			
φ^o	i_1		i_2		i_1		i_2		i_1		i_2		i_1		i_2		i_1		i_2	
0	.4080	5	.4080	5	.5373	5	.5373	5	.4358	5	.4358	5	.4042	5	.4042	5	.4013	5	.4013	5
1	.3972		.3973		.5169		.5218		.4228		.4226		.3922		.3918		.3883		.3889	
2	.3665		.3668		.4598		.4778		.3860		.3850		.3580		.3564		.3514		.3536	
3	.3197		.3204		.3767		.4114		.3304		.3285		.3063		.3032		.2963		.3004	
4	.2626		.2637		.2819		.3317		.2637		.2612		.2442		.2399		.2309		.2371	
5	.2019		.2035		.1905		.2486		.1944		.1917		.1796		.1747		.1644		.1719	
6	.1439		.1458		.1137		.1714		.1303		.1281		.1198		.1152		.1045		.1123	
7	.9370	4	.9573	4	.5808	4	.1070		.7724	4	.7629	4	.7031	4	.6703	4	.5725	4	.6414	4
8	.5445		.5640		.2416		.5911	4	.3839		.3915		.3438		.3290		.2522		.3021	
9	.2729		.2892		.8296	3	.2824		.1422		.1680		.1251		.1285		.8136	3	.1067	
10	.1143		.1253		.4490		.1220		.2862	3	.6938	3	.3005	3	.4673	3	.3265		.3319	3
20	.8036	3	.8531	3	.4220		.6466	3	.8795		.5406		.7565		.6116		.4607		.6577	
30	.4110		.4091		.7200		.3351		.7375		.4212		.6197		.5909		.4201		.4840	
40	.1611		.2132		.3710		.2485		.4811		.3750		.4324		.4827		.3372		.3388	
50	.6500	2	.1460		.1568		.1614		.2355		.2340		.2389		.2705		.2335		.2262	
60	.1346		.8917	2	.9454	2	.9398	2	.9863	2	.1376		.1501		.1462		.1822		.1518	
70	.1338	1	.5479		.9878		.6439		.4214		.8438	2	.9944	2	.7897	2	.1519		.9485	2
80	.8282		.3691		.5746		.4625		.1451		.5120		.5453		.4551		.1194		.5776	
90	.1170	2	.2738		.8382	1	.3199		.3467	1	.3093		.1934		.3296		.7380	2	.3745	
100	.8692	1	.1793		.1352	2	.2190		.8924		.1953		.2364	1	.2884		.2737		.2524	
110	.1231	2	.6950	1	.2388		.1311		.1525	2	.1451		.6485		.1949		.2254	1	.1292	
120	.1708		.6303		.1754		.6247	1	.6087	1	.1117		.1094	2	.8960	1	.4875		.6023	1
130	.9350	1	.2004	2	.4828	1	.1382	2	.2233		.7589	1	.3620	1	.1728	2	.3480		.9572	
140	.3010	0	.3488		.5335	2	.5005		.2613	2	.3687	2	.9707		.2101		.6084		.1030	2
150	.2671	2	.3923		.1863		.6640		.3503		.1252	3	.4512	2	.1067	3	.7085	2	.5631	
160	.1531	3	.1712	3	.4383	3	.1341	3	.1723	3	.1193		.1160	3	.1169		.1669	3	.1647	3
170	.5389		.9808	2	.1407	4	.1276		.3861		.1611		.5275		.1031		.7901		.6827	2
180	.1865	1	.1865	1	.7297	3	.7297		.2992	2	.2992	2	.7480	1	.7480	1	.8317	1	.8317	1

α =	19,2		19,4		19,6		19,8		20,0	
Streuquerschnitt Scattering	.2230 1		.2103 1		.1997 1		.2033 1		.2036 1	
φ°	i_1	i_2	i_1	i_2	i_1	i_2	i_1	i_2	i_1	i_2
0	.4446 5	.4446 5	.4131 5	.4131 5	.3855 5	.3855 5	.4026 5	.4026 5	.4257 5	.4257 5
1	.4282	.4299	.3988	.3979	.3719	.3714	.3867	.3881	.4084	.4091
2	.3821	.3882	.3582	.3551	.3332	.3314	.3418	.3470	.3598	.3624
3	.3141	.3261	.2979	.2921	.2758	.2723	.2761	.2861	.2890	.2941
4	.2354	.2529	.2273	.2190	.2087	.2039	.2011	.2153	.2090	.2158
5	.1578	.1788	.1564	.1470	.1417	.1363	.1288	.1450	.1327	.1399
6	.9129 4	.1129	.9415 4	.8540 4	.8328 4	.7840 4	.6888 4	.8430 4	.7068 4	.7664 4
7	.4231	.6137 4	.4657	.4015	.3934	.3577	.2738	.3917	.2884	.3207
8	.1286	.2705	.1620	.1318	.1225	.1036	.5486 3	.1182	.7794 3	.7588 3
9	.9208 2	.9231 3	.2086 3	.2608 3	.9378 2	.5344 2	.2773 2	.7957 2	.3761	.3209 2
10	.1724 3	.4546	.6505 2	.3914	.1726 3	.2159 3	.6158 3	.1964 3	.1033 4	.4700 3
20	.1877	.5280	.3114 3	.3046	.3090	.3435	.3402	.4857	.1296 3	.5850
30	.5143	.3523	.4803	.3085	.3065	.3257	.1519	.2988	.1438	.2319
40	.4360	.2934	.4083	.3308	.3176	.3216	.2604	.2968	.1633	.2616
50	.2863	.2291	.2760	.2339	.2245	.2357	.2156	.2186	.8950 2	.2467
60	.1524	.1544	.1352	.1257	.1325	.1374	.1757	.1419	.5225	.2014
70	.7721 2	.1004	.5316 2	.7316 2	.7956 2	.6508 2	.1458	.7765 2	.3960	.1302
80	.5821	.6741 2	.2048	.5314	.4017	.3031	.9049 2	.3625	.3357	.6164 2
90	.6165	.4615	.1591	.3932	.1604	.2551	.2840	.2406	.2812	.2988
100	.5672	.3378	.2160	.2706	.1604	.1921	.7565 1	.2256	.2021	.3406
110	.2577	.2407	.2031	.2110	.2305	.9624 1	.3072 2	.1387	.4723 1	.3646
120	.4587 0	.1096	.5190 1	.1506	.1357	.1045 2	.4593	.7551 1	.2114	.1746
130	.8487 1	.9933 1	.5712	.4582 1	.5222 0	.4577 1	.1653	.9165	.1287 2	.5891 1
140	.4299	.2869 2	.1513 2	.3469 2	.2025 2	.1067 2	.7445 1	.1115	.2819 1	.1066
150	.7938 2	.5073	.2254	.7471	.2180	.6577	.5915 2	.6506 2	.8437 2	.5527 2
160	.3011 3	.2189 3	.2465 3	.1617 3	.2107 3	.8242	.2586 3	.8896	.1943 3	.1838 3
170	.5143	.1043	.3683	.1644	.4609	.1447 3	.9380	.9394	.5539	.1047
180	.2256	.2256	.5643 2	.5643 2	.1414 2	.1414 2	.4443 2	.4443 2	.2996	.2996

α =	20,2				20,4				20,6				20,8				21,0			
Streuquerschnitt Scattering	.1977 1				.1917 1				.2057 1				.2024 1				.2082 1			
φ^0	i_1		i_2		i_1		i_2		i_1		i_2		i_1		i_2		i_1		i_2	
0	.4153	5	.4153	5	.4015	5	.4015	5	.4769	5	.4769	5	.4803	5	.4803	5	.5311	5	.5311	5
1	.3994		.3979		.3857		.3856		.4554		.4584		.4608		.4600		.5100		.5065	
2	.3544		.3492		.3413		.3409		.3956		.4065		.4064		.4032		.4510		.4383	
3	.2885		.2785		.2763		.2758		.3100		.3304		.3278		.3212		.3653		.3422	
4	.2128		.1988		.2021		.2015		.2155		.2435		.2395		.2293		.2685		.2385	
5	.1394		.1233		.1304		.1300		.1289		.1592		.1564		.1430		.1764		.1461	
6	.7786	4	.6276	4	.7099	4	.7104	4	.6249	4	.8897	4	.8973	4	.7417	4	.1014		.7736	4
7	.3437		.2273		.2986		.3028		.2199		.3942		.4524		.2886		.4994	4	.3632	
8	.1034		.3616	3	.8169	3	.8708	3	.5895	3	.1192		.2262		.6803	3	.2233		.1906	
9	.3096	3	.1271		.2978		.3218		.7437		.3148	3	.1685		.2783		.1359		.1710	
10	.7253		.8989		.8622		.8152		.1754	4	.6804		.2052		.9088		.1608		.2122	
20	.2535		.4653		.4869		.4846		.9436	3	.7423		.7726	3	.1103	4	.1032		.1126	
30	.1374		.1764		.1127		.2158		.1293		.2376		.2026		.2696	3	.3746	3	.5518	3
40	.9329	2	.2116		.4304	2	.1668		.1133		.1463		.1531		.2114		.2305		.2435	
50	.5231		.2067		.2759		.1464		.1097		.1253		.1220		.1897		.1564		.1516	
60	.2639		.1860		.1054		.1157		.3539	2	.8970	2	.6793	2	.1155		.1087		.2100	
70	.1706		.1439		.1497		.9680	2	.2418		.7686		.2531		.7149	2	.6517	2	.1625	
80	.1498		.8401	2	.2265		.7716		.7135		.7467		.1709		.7617		.2515		.3167	2
90	.1284		.3534		.1510		.4370		.9008		.5744		.3533		.7682		.1632		.6725	
100	.1519		.2138		.3023	1	.1419		.4073		.2696		.3892		.4342		.3174		.2980	
110	.1386		.3387		.2087		.1346		.9807	0	.1131		.1130		.9202	1	.2769		.1303	
120	.6298	1	.3600		.1643		.2555		.2027	2	.2518		.3856	1	.1623	2	.6289	1	.2602	1
130	.6563		.7425	1	.1334	2	.1203		.1345		.2789		.1781	2	.5080		.2705		.1921	2
140	.6977	0	.3401		.1950		.2279	1	.1643		.1763	1	.1032		.2172		.7673		.1250	
150	.5701	2	.2033	2	.2311		.1270	2	.1296		.2137	2	.3587		.2820		.7376	2	.5388	
160	.2121	3	.1725	3	.2723	3	.9340		.4046	3	.6583		.1841	3	.8325		.1392	3	.6525	
170	.4842		.1120		.4907		.1053	3	.8246		.1160	3	.4726		.1699	3	.5197		.2064	3
180	.1160		.1160		.7778	1	.7778	1	.2071		.2071		.2999		.2999		.5004		.5004	

α =	21,2				21,4				21,6				21,8				22,0			
Streuquerschnitt Scattering	.2015 1				.2196 1				.2182 1				.2192 1				.2224 1			
φ^o	i_1		i_2		i_1		i_2		i_1		i_2		i_1		i_2		i_1		i_2	
0	.5129	5	.5129	5	.6322	5	.6322	5	.6483	5	.6483	5	.6784	5	.6784	5	.7256	5	.7256	5
1	.4926		.4931		.6037		.6078		.6236		.6206		.6528		.6513		.6973		.6987	
2	.4357		.4375		.5245		.5393		.5545		.5437		.5808		.5755		.6179		.6230	
3	.3531		.3565		.4124		.4396		.4544		.4333		.4763		.4664		.5029		.5127	
4	.2595		.2646		.2903		.3262		.3414		.3109		.3576		.3444		.3734		.3871	
5	.1703		.1765		.1805		.2171		.2337		.1973		.2436		.2296		.2501		.2656	
6	.9749	4	.1037		.9783	4	.1267		.1451		.1076		.1488		.1368		.1489		.1637	
7	.4743		.5272	4	.4763		.6270	4	.8234	4	.4858	4	.8089	4	.7278	4	.7766	4	.8939	4
8	.2046		.2392		.2579		.2585		.4514		.1818		.4007		.3630		.3591		.4325	
9	.1187		.1306		.2234		.1107		.2773		.8661	3	.2080		.2037		.1700		.1998	
10	.1420		.1324		.2605		.1017		.2197		.1012	4	.1478		.1587		.1159		.1135	
20	.1396		.1171		.1772		.1409		.1626		.1692		.1898		.1792		.2170		.1802	
30	.4983	3	.5094	3	.5178	3	.5822	3	.8136	3	.5246	3	.1016		.8074	3	.1026		.9780	3
40	.2199		.2946		.3046		.2370		.4851		.2221		.5980	3	.4952		.5147	3	.5415	
50	.1622		.2231		.2359		.1900		.3326		.1885		.3761		.3007		.3601		.2929	
60	.1761		.1685		.2065		.1767		.1792		.1836		.1652		.1414		.1993		.1267	
70	.1636		.8917	2	.2380		.1180		.9888	2	.1858		.4747	2	.1056		.3983	2	.6563	2
80	.8813	2	.2845		.1800		.4329	2	.8112		.1006		.2851		.9606	2	.1877	1	.7351	
90	.2637		.1758		.4976	2	.2152		.5959		.2733	2	.3076		.3689		.1173	2	.5063	
100	.2925		.1786		.8107	-1	.3089		.2780		.5680		.1838		.1797		.3360	1	.1682	
110	.3646		.5788	1	.2264	2	.1437		.5343	1	.5839		.6647	1	.4060		.1279		.2711	
120	.1809		.1710		.2118		.1629	-2	.6140		.5927	1	.5243		.1618		.2010		.2615	
130	.1546		.3472	0	.7419	0	.3168	1	.1232	2	.2318	2	.1066	2	.7590	1	.3999		.2324	1
140	.5839	1	.7784	1	.3861	2	.5050		.3006	1	.2392		.1510		.3568	2	.9274	-1	.1713	2
150	.4987	2	.5252		.8260	1	.7976	0	.7970		.1136	1	.2807		.1194		.4368	2	.1578	
160	.2019	3	.7482	2	.3298	3	.8589	2	.2522	3	.4383	2	.1960	3	.1137		.1469	3	.1597	
170	.6552		.4496		.6298		.8093		.3348		.2281	3	.5090		.8853		.7406		.1686	
180	.3172	2	.3172		.5607		.5607	3	.3166		.3166		.8314	2	.8314		.3462	2	.3462	

α =	22,2				22,4				22,6				22,8				23,0			
Streuquerschnitt Scattering	.2322 1				.2396 1				.2377 1				.2427 1				.2417 1			
φ°	i_1		i_2		i_1		i_2		i_1		i_2		i_1		i_2		i_1		i_2	
0	.8182	5	.8182	5	.9040	5	.9040	5	.9213	5	.9213	5	.9950	5	.9950	5	.1023	6	.1023	6
1	.7842		.7870		.8702		.8650		.8861		.8855		.9543		.9575		.9820	5	.9831	5
2	.6896		.6997		.7756		.7565		.7873		.7854		.8410		.8525		.8675		.8711	
3	.5549		.5726		.6381		.6019		.6440		.6408		.6781		.6996		.7031		.7091	
4	.4065		.4284		.4823		.4318		.4818		.4781		.4962		.5260		.5199		.5265	
5	.2697		.2898		.3323		.2753		.3263		.3233		.3254		.3586		.3477		.3524	
6	.1618		.1743		.2067		.1526		.1971		.1957		.1874		.2181		.2077		.2087	
7	.8907	4	.9092	4	.1149		.7112	4	.1038		.1043		.9176	4	.1154		.1088		.1059	
8	.4774		.4009		.5691	4	.2703		.4642	4	.4813	4	.3625		.5096	4	.4864	4	.4349	4
9	.2811		.1538		.2588		.9188	3	.1740		.1937		.1080		.1741		.1785		.1276	
10	.1945		.7176	3	.1212		.4973		.6212	3	.7488	3	.2757	3	.4041	3	.5015	3	.1837	3
20	.1994		.1874	4	.1815		.1751	4	.1907	4	.1661	4	.1986	4	.1642	4	.1348	4	.1618	4
30	.8960	3	.1004		.1136		.6456	3	.1196		.9467	3	.9805	3	.1061		.6536	3	.1037	
40	.5429		.4667	3	.5428	3	.2747		.4692	3	.4254		.3473		.4432	3	.2845		.4161	3
50	.2688		.2754		.2080		.2742		.1460		.2179		.1485		.1828		.9414	2	.1619	
60	.1312		.1508		.6592	2	.2912		.2697	2	.1841		.8673	1	.1212		.5044		.8764	2
70	.3818	2	.6649	2	.2190		.1374		.3204		.1398		.9021	2	.1153		.7686		.1232	3
80	.9530	1	.7977		.7348	0	.6479	2	.2077		.4363	2	.1232	3	.5077	2	.1287	3	.7281	2
90	.5464	2	.7921		.1802	2	.1140	3	.1101		.2749		.3297	2	.1773		.7191	2	.1951	
100	.2574		.2565		.3486		.4384	2	.4058		.2206		.5246		.1822		.7069	1	.3976	
110	.6412	1	.2679		.1079		.8090	1	.3955		.8068	0	.4210		.1335	1	.4200		.7623	1
120	.3900	2	.4250		.2743	1	.3612	2	.2189		.2412	1	.2320		.3264		.1627	2	.2106	2
130	.5901	1	.7905	1	.3831		.1320		.1248		.7072		.5243		.2504		.4133	1	.1170	
140	.3391	2	.1866	2	.3352		.1365		.1649	1	.1545	2	.5197	1	.1663	2	.1791	2	.1371	
150	.4322		.1898		.3518	2	.6900		.4484		.1146		.1645	2	.5122	1	.2649		.1741	
160	.1552	3	.4447		.2212	3	.3638		.2439	3	.3383		.1304	3	.1507	2	.1270	3	.2233	1
170	.4568		.3484		.3184		.2139	3	.3724		.1115	3	.6896		.2130		.4149		.2477	2
180	.7108		.7108	3	.4549		.4549		.3342	2	.3342	2	.6811	2	.6811		.6079		.6079	3

α =	23,2		23,4		23,6		23,8		24,0	
Streuquerschnitt Scattering	.2518 1		.2470 1		.2560 1		.2417 1		.2465 1	
φ^o	i_1	i_2	i_1	i_2	i_1	i_2	i_1	i_2	i_1	i_2
0	.1151 6	.1151 6	.1146 6	.1146 6	.1274 6	.1274 6	.1182 6	.1182 6	.1283 6	.1283 6
1	.1106	.1100	.1099	.1100	.1214	.1222	.1132	.1132	.1227	.1222
2	.9800 5	.9564 5	.9676 5	.9712 5	.1049	.1078	.9933 5	.9919 5	.1073	.1054
3	.7974	.7536	.7783	.7854	.8156 5	.8688 5	.7944	.7919	.8527 5	.8179 5
4	.5917	.5330	.5670	.5773	.5647	.6353	.5740	.5707	.6092	.5641
5	.3958	.3329	.3685	.3808	.3410	.4152	.3688	.3657	.3840	.3382
6	.2341	.1788	.2083	.2206	.1731	.2366	.2049	.2032	.2063	.1692
7	.1185	.7874 4	.9762 4	.1080	.6870 4	.1125	.9327 4	.9378 4	.8828 4	.6492 4
8	.4809 4	.2576	.3432	.4138 4	.1786	.4080 4	.3064	.3352	.2581	.1554
9	.1344	.4801 3	.6750 3	.1019	.1653 3	.9295 3	.4778 3	.9102 3	.4011 3	.2006 3
10	.1419 3	.1133 2	.1009 2	.7556 2	.1298	.1848	.7762 2	.4643	.4785	.5221
20	.1096 4	.1043 4	.1083 4	.8618 3	.9605	.7883	.3612 3	.8212	.2227	.3522
30	.6940 3	.4884 3	.6079 3	.6439	.4972	.7176	.2096	.7745	.2342	.4119
40	.2239	.3185	.1274	.3032	.7017 2	.2772	.1195	.2365	.2275	.4146
50	.6861 2	.3339	.9504 2	.2545	.2236	.2003	.1979	.1419	.3064	.3198
60	.7021	.1764	.1160 3	.1865	.2408 3	.1760	.2176	.2038	.2181	.1995
70	.6938	.1108	.8434 2	.6596 2	.3100	.7418 2	.1620	.1162	.1262	.2358
80	.1023 3	.1404	.3630	.6320	.2146 2	.5493	.5034 2	.6321 2	.4598 2	.6603 2
90	.9678 2	.2556 2	.6457	.3631	.4497	.5250	.1505	.1041 3	.8118 1	.8405
100	.3357	.6601	.1403	.2074	.2045 1	.2645	.9414 1	.2898 2	.4271 2	.3098
110	.4398 1	.4409	.7780 0	.3347	.4583 2	.3849	.2582	.5530	.1916	.8136 1
120	.1013 2	.2121	.3354 1	.6735 1	.1063	.1429	.1209 2	.1458	.1224	.4780
130	.1436	.5671	.2140	.1746 2	.7446	.2379	.2399 1	.2124	.1909	.1477 2
140	.2110	.7501 1	.1849 2	.3192 1	.8165 1	.1977	.2275	.4190	.1826	.6585 1
150	.4254	.1500 3	.3895	.5285 2	.5429 2	.1009	.1451 2	.1142	.8479 1	.1187 3
160	.1133 3	.3505 2	.1251 3	.5664	.7967	.6632	.2142 3	.6036	.1086 3	.7763 2
170	.4086	.1524 3	.3582	.1013 3	.5768 3	.3462	.2981	.4886	.4102	.9725
180	.4854	.4854	.9446 2	.9446 2	.5002	.5002 3	.4899	.4899 3	.3451	.3451 3

α =	24,2				24,4				24,6				24,8				25,0			
Streuquerschnitt Scattering	.2411 1				.2459 1				.2308 1				.2291 1				.2250 1			
φ^o	i_1		i_2		i_1		i_2		i_1		i_2		i_1		i_2		i_1		i_2	
0	.1269	6	.1269	6	.1386	6	.1386	6	.1245	6	.1245	6	.1283	6	.1283	6	.1275	6	.1275	6
1	.1211		.1213		.1312		.1323		.1186		.1184		.1220		.1217		.1208		.1211	
2	.1049		.1057		.1110		.1148		.1024		.1016		.1045		.1036		.1022		.1034	
3	.8196	5	.8350	5	.8319	5	.8996	5	.7950	5	.7816	5	.7992	5	.7847	5	.7653	5	.7863	5
4	.5699		.5909		.5425		.6288		.5467		.5312		.5364		.5188		.4953		.5227	
5	.3440		.3671		.2974		.3832		.3238		.3114		.3055		.2890		.2651		.2929	
6	.1722		.1929		.1277		.1954		.1564		.1512		.1380		.1262		.1064		.1287	
7	.6490	4	.7986	4	.3559	4	.7714	4	.5434	4	.5757	4	.4269	4	.3639	4	.2477	4	.3788	4
8	.1457		.2252		.2714	3	.2077		.9690	3	.1889		.8029	3	.5508	3	.3922	3	.7717	3
9	.2998	3	.4930	3	.2733		.6932	3	.3872		.1409		.1118	4	.9622		.1679	4	.1428	4
10	.9894		.8316		.1341	4	.1369	4	.1627	4	.2229		.2837		.2565	4	.3766		.3316	
20	.1575		.1843		.3031	3	.1440	3	.1306	3	.2584	3	.1751	3	.3685	3	.2628	3	.3222	3
30	.2979		.4328		.4039		.5338		.3685		.7213		.5816		.7077		.9095		.7702	
40	.3891		.4924		.3214		.5301		.5212		.3987		.6836		.5763		.9019		.7527	
50	.4378		.3824		.3699		.3709		.3848		.3258		.3566		.3139		.3383		.3322	
60	.1958		.1606		.3464		.1404		.1354		.1803		.8352	2	.2916		.1775	2	.1937	
70	.3227	2	.1329		.1063	2	.1017		.1629	1	.8384	2	.1166		.1122		.5739		.1170	
80	.2543		.7655	2	.1360	3	.8153	2	.6769	2	.1348	3	.6009		.7872	2	.3129		.4197	2
90	.3248	1	.3068		.3282	2	.2786		.9056		.2508	2	.1316	3	.2817		.6956		.3553	
100	.4870	2	.2119		.4312		.1873		.1621		.5433		.3612	2	.3340		.1738		.2592	
110	.4898		.3054	0	.1880		.5103	1	.1402		.1486		.1300	1	.1864		.2846	1	.2951	
120	.2779		.1166	1	.6406	1	.8445		.1885		.6517		.3454		.1882		.1937	2	.1969	
130	.1600		.3233		.1168	2	.7637		.7261	1	.1325		.4781		.7438	1	.4943	1	.1721	
140	.6139		.3710		.4430	1	.7063		.8674		.7291		.1427		.8422		.4529	2	.1909	
150	.3523		.8933	2	.1205	3	.5443	2	.6173	2	.3737		.4229	2	.4615	2	.3039		.6881	
160	.5561		.3628		.1991		.5786		.2139	3	.1465	3	.1843	3	.1840	3	.9365		.5960	
170	.4129	3	.8062		.2540		.5707		.1876		.8370	2	.2643		.9237	2	.3424	3	.4510	
180	.1259		.1259	3	.1104	4	.1104	4	.5544		.5544	3	.1279		.1279	3	.9757	2	.9757	

α =	25,2				25,4				25,6				25,8				26,0			
Streuquerschnitt Scattering	.2170 1				.2176 1				.2115 1				.2091 1				.1986 1			
φ°	i_1		i_2		i_1		i_2		i_1		i_2		i_1		i_2		i_1		i_2	
0	.1247	6	.1247	6	.1258	6	.1258	6	.1238	6	.1238	6	.1241	6	.1241	6	.1163	6	.1163	6
1	.1178		.1182		.1190		.1183		.1167		.1168		.1165		.1169		.1092		.1093	
2	.9890	5	.1004		.1004		.9822	5	.9716	5	.9749	5	.9593	5	.9731	5	.9013	5	.9050	5
3	.7299		.7569	5	.7464	5	.7099		.7048		.7112		.6811		.7053		.6429		.6489	
4	.4619		.4955		.4770		.4351		.4317		.4402		.4018		.4312		.3828		.3892	
5	.2382		.2707		.2489		.2148		.2087		.2174		.1810		.2077		.1760		.1807	
6	.8873	4	.1137		.9386	4	.7706	4	.6713	4	.7340	4	.4890	4	.6615	4	.5045	4	.5249	4
7	.1566		.3084	4	.1723		.1878		.7812	3	.9674	3	.1907	3	.7195	3	.3664	3	.3519	3
8	.3993	2	.7605	3	.2127	3	.1471		.8025		.4901		.1211	4	.7948		.1076	4	.9911	
9	.1567	4	.1858	4	.2071	4	.3322		.3526	4	.2840	4	.4366		.3570	4	.3944		.3921	4
10	.3734		.3882		.4630		.4985		.6130		.5329		.6820		.6212		.6358		.6433	
20	.9847	3	.3721	3	.1017		.4448	3	.1019		.1114		.1039		.1087		.2079		.1166	
30	.9682		.8976		.9641	3	.9574		.1262		.1058		.1755		.1206		.1370		.1313	
40	.7497		.8476		.7711		.6768		.7603	3	.6254	3	.7187	3	.6824	3	.4543	3	.6928	3
50	.3243		.3105		.2126		.3285		.1175		.3604		.1368	2	.2813		.7460	2	.2111	
60	.4527	2	.1478		.4014	2	.8084	2	.1042		.2170		.1669	3	.2104		.2198	3	.2196	
70	.1379	3	.1234		.1769	3	.2324	3	.1421		.1248		.8107	2	.8914	2	.1198		.7839	2
80	.8523	2	.4268	2	.1484		.5558	2	.1341		.9148	2	.6256		.9395		.5611	1	.9702	
90	.4970	0	.5023		.9733	1	.1589	3	.9479	1	.5076		.2840	0	.4269		.2744	2	.4113	
100	.4303	1	.3874		.6542		.3813	2	.5573	2	.3026		.6341	2	.2418		.9891	1	.1787	
110	.3173	2	.3366		.3944		.7370		.2665		.2245	1	.4815		.3117	1	.3309	2	.1514	
120	.4457	1	.1743		.1995	2	.1123		.3099		.4995	0	.7227	1	.4497		.1048		.1250	
130	.1087	2	.1704		.9427	1	.1450		.3676		.9406		.1501	2	.1245	2	.1014		.4964	
140	.5193	1	.1034		.1989	2	.3895		.1074		.6291	1	.2782	1	.6040	1	.2876	1	.1243	
150	.4429	2	.9521		.8286		.7694		.1382	3	.3890	2	.9517	2	.2831	2	.2257	2	.7191	
160	.2093	3	.3824		.1156	3	.2202	3	.1766		.2403	3	.1785	3	.1523	3	.3026	3	.9944	
170	.2591		.6301		.1919		.1061		.1499		.1340		.1716		.5176	2	.2338		.4246	
180	.7151		.7151	3	.9799		.9799		.1042		.1042		.8422	2	.8422	2	.4108		.4108	3

α =	26,2				26,4				26,6				26,8				27,0			
Streuquerschnitt Scattering	.2109	1			.2030	1			.2140	1			.1935	1			.2020	1		
φ^o	i_1		i_2		i_1		i_2		i_1		i_2		i_1		i_2		i_1		i_2	
0	.1330	6	.1330	6	.1266	6	.1266	6	.1444	6	.1444	6	.1214	6	.1214	6	.1362	6	.1362	6
1	.1249		.1236		.1183		.1187		.1336		.1351		.1137		.1136		.1274		.1268	
2	.1030		.9868	5	.9607	5	.9737	5	.1051		.1102		.9301	5	.9253	5	.1039		.1019	
3	.7336	5	.6614		.6639		.6864		.6857	5	.7684	5	.6532		.6438		.7250	5	.6939	5
4	.4350		.3533		.3730		.4000		.3491		.4396		.3803		.3670		.4171		.3845	
5	.1977		.1322		.1527		.1763		.1192		.1873		.1709		.1555		.1825		.1600	
6	.5452	4	.2158	4	.3210	4	.4530	4	.1654	4	.4445	4	.5188	4	.3715	4	.5093	4	.4399	4
7	.2438	3	.1208	3	.1366	3	.1605	3	.1011		.1568	3	.1475		.3201	3	.1160		.1667	
8	.1230	4	.2737	4	.2480	4	.1476	4	.4546		.2053	4	.2789		.2091	4	.2746		.3523	
9	.4595		.5811		.6122		.4714		.7568		.5690		.5480		.5237		.5682		.5873	
10	.7260		.6997		.8161		.7005		.7935		.7899		.6971		.7079		.7138		.6459	
20	.2030		.1194		.1725		.1807		.1300		.1615		.2360		.1613		.1997		.1715	
30	.1113		.9856	3	.1210		.9455	3	.1486		.1030		.8973	3	.1128		.5692	3	.6271	3
40	.3800	3	.5500		.3056	3	.5094		.1873	3	.5028	3	.1487		.4310	3	.1687		.4396	
50	.1064		.1975		.2918		.4174		.1852		.4426		.4076		.4457		.3957		.2930	
60	.2614		.2943		.2482		.2280		.4966		.2026		.2404		.1691		.2041		.4204	
70	.1568		.2060		.9324	2	.1884		.4449	2	.1625		.1203	2	.1429		.2077	2	.1214	
80	.1067	2	.2212		.5434	1	.5852	2	.6400		.5729	2	.1106	3	.5504	2	.2282	3	.1353	
90	.1049	3	.4005	2	.1444	3	.3875		.1949	3	.3662		.9532	1	.4616		.2357	2	.9225	2
100	.2223	2	.9552		.3647	2	.2034		.4300	1	.3135		.1055	2	.5263		.1020		.1909	
110	.2423		.4610		.1773	1	.2509		.2303	2	.3684		.1505		.2500		.1741		.1468	
120	.9044	1	.3713		.1270		.1856		.1127	3	.1997		.8647	1	.1967		.4214		.1090	
130	.7995	0	.6733		.3378	2	.1316		.3571	2	.6535	1	.1132	2	.8044	1	.1133		.1077	
140	.9173	1	.8148	1	.6603	1	.2613		.2999		.1099	2	.8090	1	.2542		.1804		.4912	1
150	.3889	2	.4958	2	.1352	3	.7061		.8061		.3867		.8217	2	.2525	2	.3881		.1889	
160	.1607	3	.3885	3	.1711		.1839	3	.4660	3	.1925	3	.3698	3	.2059	3	.3677	3	.3202	3
170	.2051		.1074		.1575		.1502		.9605	2	.6643	2	.1146		.6969	2	.1681		.4987	2
180	.1164	4	.1164	4	.2636		.2636		.1177	4	.1177	4	.3018		.3018	3	.3291		.3291	3

α =	27,2				27,4				27,6				27,8				28,0			
Streuquerschnitt Scattering	.2071 1				.2055 1				.2023 1				.2102 1				.2205 1			
φ°	i_1		i_2		i_1		i_2		i_1		i_2		i_1		i_2		i_1		i_2	
0	.1469	6	.1469	6	.1492	6	.1492	6	.1485	6	.1485	6	.1650	6	.1650	6	.1868	6	.1868	6
1	.1369		.1375		.1393		.1395		.1393		.1389		.1544		.1545		.1743		.1749	
2	.1103		.1121		.1127		.1132		.1144		.1132		.1260		.1264		.1412		.1430	
3	.7524	5	.7838	5	.7807	5	.7841	5	.8131	5	.7902	5	.8835	5	.8913	5	.9777	5	.1008	
4	.4178		.4530		.4510		.4465		.4877		.4578		.5173		.5288		.5638		.5952	5
5	.1737		.2010		.2104		.1931		.2372		.2064		.2401		.2533		.2597		.2806	
6	.4778	4	.5842	4	.8233	4	.5384	4	.9064	4	.6459	4	.8264	4	.9416	4	.9440	4	.9772	4
7	.1968		.1286		.4461		.1307		.3550		.1772		.2751		.3429		.4035		.2793	
8	.4227		.2475		.5230		.2794		.3426		.2513		.2978		.3063		.4210		.2292	
9	.6893		.5084		.6422		.5369		.4710		.4487		.4439		.4064		.5026		.3465	
10	.7360		.6293		.5967		.6291		.4927		.5158		.4567		.4033		.4217		.3598	
20	.1408		.1708		.1646		.1465		.1549		.1346		.1071		.1210		.4925	3	.1076	
30	.4666	3	.5103	3	.3047	3	.4341	3	.2396	3	.5424	3	.1839	3	.4526	3	.2078		.4044	3
40	.3808		.5303		.4166		.6520		.5532		.6891		.6083		.5913		.1104	4	.7478	
50	.5212		.4384		.5865		.5023		.5587		.5184		.4494		.5052		.2090	3	.4503	
60	.7056	2	.2914		.6431	2	.2281		.2859	2	.1655		.5765	2	.2321		.1438		.2558	
70	.3631		.1036		.1412	3	.1104		.1971	3	.1174		.3122	3	.2338		.1594		.1836	
80	.1699	3	.9756	2	.2406	2	.8820	2	.1373	2	.9412	2	.3453	2	.6618	2	.2680	2	.8200	2
90	.2641	2	.4751		.1028		.5515		.2096		.6051		.1114	3	.6518		.1258	3	.5865	
100	.6458		.4270		.6686		.2967		.1983		.2194		.2384	2	.2121		.3277	2	.1974	
110	.2293		.2978	1	.1822		.4623	1	.4299		.2664		.2663		.8966	1	.6819	1	.4082	
120	.3597		.4203		.9401	1	.2972	2	.6065	1	.5449		.7693	1	.1970	2	.2892	2	.1627	
130	.3289	1	.1069	2	.1385	2	.1101		.1077	2	.1026		.2643		.1171		.4131		.9526	1
140	.5647		.3165		.1021		.6277		.1262		.7110		.3543	2	.7792	1	.5023		.9100	
150	.4307	2	.4094		.2616		.7009		.9675		.2124		.6994		.2838	2	.2298		.1381	
160	.3705	3	.1251	3	.3480	3	.1380	3	.2996	3	.2234	3	.4931	3	.3082	3	.6198	3	.1824	3
170	.1596		.9794	2	.2001		.1566		.1045		.1445		.7785	2	.4180	2	.7911	2	.3974	2
180	.3782		.3782	3	.9584		.9584		.4517		.4517		.1011	3	.1011	3	.2930	3	.2930	3

α =	28,2				28,4				28,6				28,8				29,0			
Streuquerschnitt Scattering	.2168 1				.2207 1				.2280 1				.2369 1				.2299 1			
φ^o	i_1		i_2		i_1		i_2		i_1		i_2		i_1		i_2		i_1		i_2	
0	.1858	6	.1858	6	.1984	6	.1984	6	.2175	6	.2175	6	.2413	6	.2413	6	.2339	6	.2339	6
1	.1742		.1739		.1863		.1855		.2034		.2041		.2252		.2258		.2195		.2189	
2	.1431		.1419		.1537		.1511		.1657		.1679		.1822		.1845		.1809		.1789	
3	.1020		.9976	5	.1104		.1058		.1160		.1199		.1263		.1300		.1297		.1261	
4	.6210	5	.5882		.6753	5	.6207	5	.6805	5	.7273	5	.7318	5	.7703	5	.7948	5	.7497	5
5	.3162		.2781		.3408		.2907		.3195		.3611		.3399		.3671		.4044		.3601	
6	.1355		.9908	4	.1358		.1000		.1114		.1384		.1200		.1291		.1635		.1294	
7	.5850	4	.3052		.4460	4	.2511	4	.2940	4	.3975	4	.3550	4	.2967	4	.5094	4	.3130	4
8	.3952		.2342		.2185		.1464		.1604		.1494		.2010		.8741	3	.1520		.8065	3
9	.3616		.3112		.2198		.2134		.1968		.1502		.1946		.1135	4	.8333	3	.7958	
10	.2692		.2905		.1878		.2093		.1558		.1286		.1165		.9709	3	.4925		.5609	
20	.5960	3	.8478	3	.6872	3	.9218	3	.7223	3	.9143	3	.3418	3	.1029	4	.4462		.9096	
30	.4205		.4207		.5312		.4123		.5611		.6786		.8579		.7619	3	.1375	4	.1006	4
40	.9588		.9324		.9229		.1148	4	.8184		.7234		.1206	4	.7635		.7643	3	.8020	3
50	.1919		.3501		.1301		.2116	3	.1819		.4309		.1546	3	.4959		.2042		.4765	
60	.1950		.2717		.2668		.2712		.3160		.2895		.2301		.2823		.3394		.2435	
70	.9811	2	.1374		.6744	2	.8757	2	.9284	2	.1522		.6171	2	.1916		.2720	2	.1940	
80	.1898		.9317	2	.8640		.1058	3	.2059	3	.1284		.1319	3	.9450	2	.4581		.6134	2
90	.3427		.3939		.2366		.7375	2	.5158	2	.3343	2	.6280	2	.4454		.3637		.6099	
100	.5208		.2925		.1836		.8679		.1642		.4353		.5131		.6208		.4821		.3713	
110	.1487		.4784		.1956		.2730		.5397		.1303		.2931		.7190	1	.2741		.8030	1
120	.6597	1	.1803	1	.1694		.3880	0	.3098		.2030	1	.5481	1	.8721		.9974	1	.2957	2
130	.1092	2	.1582		.2482		.3474	2	.1714		.1492	2	.6354	2	.5206	2	.1512	2	.4482	
140	.3060	1	.4326	2	.3156	1	.1377	3	.1663		.2951		.8001		.2499		.2050		.3054	1
150	.1537	2	.9772	1	.2686	2	.1026	2	.2661		.6646		.3430		.5882		.5896		.2713	2
160	.4418	3	.1160	3	.3518	3	.1488	3	.4957	3	.2556	3	.5936	3	.2523	3	.6096	3	.1612	3
170	.2219		.1009		.1711		.1963		.1289		.7204	2	.1103		.4097	2	.1276		.3632	2
180	.4700		.4700		.9744		.9744		.3235		.3235	3	.2254		.2254	3	.2786		.2786	3

α =	29,2				29,4				29,6				29,8				30,0			
Streuquerschnitt Scattering	.2439 1				.2421 1				.2418 1				.2348 1				.2353 1			
φ^o	i_1		i_2		i_1		i_2		i_1		i_2		i_1		i_2		i_1		i_2	
0	.2707	6	.2707	6	.2738	6	.2738	6	.2827	6	.2827	6	.2734	6	.2734	6	.2824	6	.2824	6
1	.2536		.2511		.2550		.2564		.2636		.2638		.2559		.2553		.2637		.2637	
2	.2077		.1996		.2053		.2099		.2131		.2135		.2091		.2069		.2136		.2137	
3	.1469		.1341		.1408		.1484		.1476		.1479		.1474		.1437		.1481		.1484	
4	.8777	5	.7413	5	.7986	5	.8852	5	.8560	5	.8524	5	.8747	5	.8314	5	.8530	5	.8591	5
5	.4237		.3214		.3529		.4253		.3991		.3871		.4167		.3798		.3842		.3924	
6	.1516		.1005		.1064		.1494		.1382		.1224		.1435		.1211		.1172		.1245	
7	.3335	4	.2094	4	.1509	4	.2947	4	.3049	4	.1819	4	.2599	4	.1813	4	.1472	4	.1801	4
8	.4717	3	.5792	3	.2445	3	.8225	2	.4829	3	.1053	2	.5683	1	.1628	2	.2578	3	.1435	3
9	.6108		.3970		.7530		.3551	3	.5666		.5667	3	.6890	3	.6974	3	.1577	4	.1277	4
10	.6591		.9818	2	.6323		.5955		.9515		.6974		.1502	4	.1065	4	.2261		.2120	
20	.9684		.1052	4	.1895	4	.1532	4	.1605	4	.2017	4	.1665		.2016		.2352		.2058	
30	.1465	4	.1194		.1082		.1108		.1597		.1043		.1780		.1318		.1599		.1430	
40	.5251	3	.7975	3	.3799	3	.5643	3	.2734	3	.5359	3	.2179	3	.4841	3	.1516	3	.4440	3
50	.2247		.1098		.3549		.3714		.4965		.5103		.6738		.6493		.7019		.5564	
60	.3288		.4401		.2774		.3636		.1056		.3674		.4311	2	.2706		.3056	2	.2253	
70	.7644	2	.3926		.1285		.1661		.1627		.1302		.1436	3	.1033		.2634	3	.2119	
80	.8278		.8111	2	.1720		.7521	2	.7758	2	.1188		.4112	2	.1255		.3431	2	.1797	
90	.2127		.8012		.1104		.9967		.1082	3	.8401	2	.2956		.4440	2	.3196		.2830	2
100	.3904		.6177		.2010	2	.2040		.4257	2	.2323		.6599		.2602		.2765		.1469	
110	.3672		.8708		.1178		.1695		.3005	1	.3965		.1049		.4921		.4183		.2272	
120	.7087	0	.3081		.4931		.3738		.2467	2	.2295		.1341		.7738	1	.3153		.2141	1
130	.1407	2	.2974		.4346		.7688	0	.6742	1	.1491		.1391		.2947	2	.1341		.9537	
140	.3510	1	.7970		.7912	1	.8300	1	.6527		.1132		.2764		.8864	1	.1752		.1603	2
150	.6541		.5546		.1020	2	.4368	2	.2940	2	.1191	3	.6019		.1390	3	.3556		.8952	
160	.5658	3	.9093		.6061	3	.1209	3	.3715	3	.2162		.5272	3	.1832		.6997	3	.1213	3
170	.2061		.1059	3	.2636		.5360	2	.2738		.9215	2	.1397		.4421	2	.1683		.2173	1
180	.1200	4	.1200	4	.7310		.7310	3	.6614		.6614	3	.1908		.1908	3	.9704	2	.9704	2

α =	30,2		30,4		30,6		30,8		31,0	
Streuquerschnitt Scattering	.2436 1		.2357 1		.2286 1		.2274 1		.2320 1	
φ^o	i_1	i_2	i_1	i_2	i_1	i_2	i_1	i_2	i_1	i_2
0	.3112 6	.3112 6	.3025 6	.3025 6	.2910 6	.2910 6	.2956 6	.2956 6	.3174 6	.3174 6
1	.2882	.2900	.2812	.2807	.2707	.2701	.2738	.2744	.2918	.2935
2	.2276	.2338	.2250	.2230	.2168	.2150	.2162	.2184	.2251	.2306
3	.1505	.1606	.1523	.1491	.1470	.1441	.1428	.1464	.1420	.1509
4	.8003 5	.9116 5	.8441 5	.8074 5	.8134 5	.7834 5	.7529 5	.7933 5	.6900 5	.7845 5
5	.3125	.4012	.3550	.3269	.3386	.3178	.2868	.3187	.2216	.2935
6	.6948 4	.1182	.9281 4	.8076 4	.8573 4	.7795 4	.6028 4	.7593 4	.2632 4	.6327 4
7	.1853 3	.1613 4	.5470 3	.7985 3	.6931 3	.8009 3	.9078 3	.9528 3	.8087 3	.1801
8	.1087 4	.9067 3	.7475	.1526 4	.1705 4	.1856 4	.3440 4	.2748 4	.4843 4	.4812
9	.2702	.2469 4	.3046 4	.3253	.4435	.3993	.6116	.5560	.7343	.7398
10	.2908	.2970	.4402	.3430	.5528	.4448	.6203	.6215	.6844	.6956
20	.3611	.2600	.3123	.3238	.3035	.3217	.3504	.2873	.4108	.3028
30	.8962 3	.1186	.1118	.8218 3	.1032	.9099 3	.7714 3	.1007	.2602 3	.9042 3
40	.3165	.4336 3	.3585 3	.5910	.5308 3	.6887	.5143	.6024 3	.1086 4	.5821
50	.5869	.5612	.5073	.5026	.4131	.4397	.4185	.4817	.2409 3	.5544
60	.1128	.2500	.1614	.3273	.2337	.3224	.3168	.3302	.2674	.3422
70	.3172	.2445	.1615	.2691	.6869 2	.1913	.1998 2	.1450	.1281 2	.1471
80	.8366 2	.1385	.2364 2	.8821 2	.3013	.5827 2	.1676 3	.7042 2	.2908 3	.1198
90	.8471	.2587 2	.1173 3	.3896	.7752	.6203	.3268 2	.9534	.5884 2	.1397
100	.1775	.5802	.3789 2	.7519	.5160	.4634	.6806	.3145	.1600	.3327 2
110	.8679	.2309	.5056 1	.2129	.2744	.2243	.1502	.2837	.5538 1	.3275
120	.7873 0	.2687	.2772 2	.3342	.7818 1	.1371	.5711 1	.1055	.5332 2	.1499
130	.7322 1	.1147	.9246 1	.1084	.6270	.1199	.3818 2	.8963 1	.2300	.2074 1
140	.2369 2	.2411	.1294 2	.1074	.1086 2	.2976 1	.4466	.8113	.2255	.5078 2
150	.1339 3	.6327	.2379	.9325	.1121	.1671 3	.2720	.1393 3	.2302 3	.1609 3
160	.7452	.7480	.4264 3	.6423	.3977 3	.8748 2	.5142 3	.1078	.5863	.1100
170	.2891	.6834 1	.3637	.4669	.3209	.6894	.3058	.1258 2	.2882	.7397 1
180	.9270	.9270 3	.4605	.4605 3	.3691	.3691 3	.2214	.2214 3	.6668	.6668 3

α =	31,2				31,4				31,6				31,8				32,0			
Streuquerschnitt Scattering	.2218 1				.2193 1				.2155 1				.2150 1				.2067 1			
φ°	i_1		i_2		i_1		i_2		i_1		i_2		i_1		i_2		i_1		i_2	
0	.3007	6	.3007	6	.2969	6	.2969	6	.2946	6	.2946	6	.3051	6	.3051	6	.2882	6	.2882	6
1	.2776		.2765		.2736		.2724		.2698		.2711		.2782		.2791		.2638		.2624	
2	.2170		.2135		.2124		.2086		.2052		.2097		.2089		.2119		.2004		.1959	
3	.1404		.1348		.1353		.1299		.1256		.1326		.1247		.1293		.1222		.1155	
4	.7116	5	.6566	5	.6651	5	.6186	5	.5729	5	.6435	5	.5417	5	.5878	5	.5496	5	.4868	5
5	.2472		.2131		.2155		.1938		.1574		.2032		.1306		.1625		.1418		.1076	
6	.3631	4	.3059	4	.2681	4	.2842	4	.1304	4	.2471	4	.2219	3	.1733	4	.3479	3	.2511	3
7	.4992	3	.1790		.1694		.2470		.3382		.2176		.3561	4	.4031		.3219	4	.4843	4
8	.4734	4	.6040		.7114		.6771		.9366		.7779		.1003	5	.1009	5	.1026	5	.1137	5
9	.8542		.8446		.1074	5	.8817		.1167	5	.1117	5	.1249		.1224		.1354		.1294	
10	.9117		.7427		.1009		.7448		.9341	4	.1014		.1040		.9660	4	.1160		.9677	4
20	.3210		.3256		.2949	4	.3314		.3087		.2545	4	.2307	4	.2327		.1726	4	.1950	
30	.3693	3	.5938	3	.4321	3	.4556	3	.5472	3	.7931	3	.4995	3	.9485	3	.6365	3	.9678	3
40	.1120	4	.8660		.1204	4	.1449	4	.8509		.9048		.9592		.7032		.1029	4	.7751	
50	.1383	3	.5679		.8128	2	.3839	3	.6650	2	.2903		.2498		.3486		.3787	3	.6328	
60	.3773		.3079		.3918	3	.1397		.5143	3	.3448		.2334		.4529		.1045		.4248	
70	.1298	2	.1803		.7120	2	.1705		.2452		.2443		.2256		.2758		.2144		.1788	
80	.1806	3	.1512		.8048		.1650		.5480	1	.1263		.1825	2	.1253		.1196	2	.8528	2
90	.4863	2	.1014		.1821		.1282		.3057	2	.2693	2	.1133	3	.2700	2	.1789	3	.3575	
100	.5230		.2761	2	.7497		.8097	2	.3422		.2448		.2865	1	.6189		.2453	2	.7642	
110	.2107	1	.2234		.1605		.6618		.7104		.2444		.4798	2	.2337		.1797		.2552	
120	.2318	2	.5333	1	.3369		.3731		.4366		.1117		.8632	1	.6643		.2280		.6446	
130	.8425	1	.3210	2	.1473		.9162		.1467		.4357		.3793	2	.4423		.6167	1	.5984	1
140	.2251	2	.7320		.7363	1	.4473		.4337		.1371	1	.4065	1	.1651		.1198	2	.7049	2
150	.9816		.1039	3	.5270	2	.1569	3	.2374		.7405	2	.4792	2	.1531	3	.1073	3	.1378	3
160	.5976	3	.2848	2	.4862	3	.2827	2	.3167	3	.2002		.3761	3	.6165	2	.5210		.6836	2
170	.3053		.1927	1	.4260		.1648	3	.6744		.6338	1	.3309		.2319		.2632		.3890	
180	.3447		.3447	3	.1342	4	.1342	4	.6843		.6843	3	.8513		.8513	3	.1484		.1484	3

α =	32,2				32,4				32,6				32,8				33,0			
Streuquerschnitt Scattering	.2027 1				.2082 1				.2040 1				.1987 1				.1985 1			
φ°	i_1		i_2		i_1		i_2		i_1		i_2		i_1		i_2		i_1		i_2	
0	.2822	6	.2822	6	.3013	6	.3013	6	.2985	6	.2985	6	.2889	6	.2889	6	.2936	6	.2936	6
1	.2573		.2573		.2722		.2747		.2708		.2702		.2626		.2612		.2658		.2665	
2	.1932		.1931		.1981		.2062		.1999		.1979		.1950		.1907		.1949		.1970	
3	.1148		.1149		.1107		.1226		.1152		.1121		.1136		.1073		.1105		.1138	
4	.4887	5	.4923	5	.4153	5	.5236	5	.4667	5	.4344	5	.4664	5	.4100	5	.4285	5	.4605	5
5	.1077		.1117		.6273	4	.1172		.9644	4	.7364	4	.9630	4	.6823	4	.7569	4	.9308	4
6	.4558	2	.3631	2	.5367	3	.6857	2	.1227		.3154	3	.6829	3	.7896	3	.1184		.9545	3
7	.5108	4	.4412	4	.8394	4	.5052	4	.7300		.7310	4	.6641	4	.7915	4	.8652		.7074	4
8	.1263	5	.1145	5	.1502	5	.1264	5	.1386	5	.1395	5	.1361	5	.1413	5	.1528	5	.1358	5
9	.1491		.1379		.1445		.1484		.1434		.1401		.1449		.1365		.1468		.1381	
10	.1147		.1090		.8944	4	.1131		.9747	4	.9168	4	.9940	4	.8475	4	.8913	4	.8998	4
20	.1421	4	.1316	4	.1457		.1254	4	.6832	3	.1128		.3338	3	.6763	3	.1779	3	.3672	3
30	.1176		.1250		.1507		.1440		.1616	4	.1547		.1745	4	.1710	4	.2424	4	.1976	4
40	.8761	3	.8574	3	.5153	3	.7758	3	.3517	3	.6240	3	.2821	3	.5184	3	.1983	3	.5457	3
50	.5739		.5521		.5392		.5525		.7189		.4720		.6687		.5738		.6838		.5955	
60	.3524	2	.2626		.7304	2	.2226		.1041		.2802		.1781		.3884		.2757		.3730	
70	.1660	3	.1352		.3278	3	.1477		.1694		.2729		.1337		.2941		.4219	2	.2496	
80	.2387	2	.1091		.2503		.1383		.2135		.2102		.1895		.1364		.8271		.8828	2
90	.1265	3	.5908	2	.6513	2	.1044		.2592	2	.1797		.2485	2	.9581	2	.6646	1	.5017	
100	.6091	2	.5193		.1296	3	.4803	2	.3846	1	.5483	2	.5902		.2531		.7416	2	.1839	
110	.2338		.2379		.1601	1	.5605		.3649	2	.7833		.7244	0	.1576		.3163		.9436	1
120	.4462	1	.2474		.6755	2	.1305		.6797	1	.4211	1	.3683	2	.8759	1	.2733		.4276	
130	.2930	2	.2080	1	.3779	1	.1162		.2019	2	.3228	2	.1639		.6256		.4980	1	.1045	2
140	.1938		.1618	2	.2732	2	.9297	1	.1128		.2436	0	.5306	1	.2014	2	.1330	2	.2962	
150	.1554	3	.2572		.7730		.9113		.1794		.3745	2	.3998	2	.7754		.1498	3	.4874	
160	.5444		.1253	3	.3244	3	.5073	2	.3305	3	.2477		.2927	3	.4697		.3313		.1376	3
170	.4196		.5366	2	.9750		.5523	1	.5411		.1089		.4606		.7580		.4584		.1092	
180	.1292		.1292	3	.1386	4	.1386	4	.5837		.5837	3	.8845	2	.8845		.1506		.1506	

α =	33,2		33,4		33,6		33,8		34,0	
Streuquerschnitt Scattering	.2087 1		.2047 1		.2024 1		.2053 1		.2120 1	
φ°	i_1	i_2	i_1	i_2	i_1	i_2	i_1	i_2	i_1	i_2
0	.3315 6	.3315 6	.3268 6	.3268 6	.3264 6	.3264 6	.3439 6	.3439 6	.3757 6	.3757 6
1	.2971	.3007	.2963	.2941	.2961	.2950	.3110	.3122	.3382	.3405
2	.2109	.2218	.2185	.2114	.2187	.2152	.2272	.2312	.2443	.2509
3	.1123	.1276	.1263	.1156	.1266	.1217	.1289	.1347	.1369	.1448
4	.3892 5	.5128 5	.5264 5	.4211 5	.5248 5	.4811 5	.5149 5	.5676 5	.5579 5	.5982 5
5	.5945 4	.1009	.1350	.6582 4	.1260	.1042	.1175	.1431	.1647	.1419
6	.4035	.7549 3	.4401 4	.1772	.3018 4	.2869 4	.3650 4	.3188 4	.8629 4	.2547 4
7	.1265 5	.7328 4	.9291	.9132	.7867	.8387	.9122	.7115	.1168 5	.6721
8	.1638	.1109 5	.1357 5	.1367 5	.1235 5	.1238 5	.1274 5	.1111 5	.1153	.1068 5
9	.1216	.1400	.1164	.1123	.1067	.1013	.9772 4	.9419 4	.6390 4	.8825 4
10	.5241 4	.8826 4	.5981 4	.5758 4	.5373 4	.4885 4	.4136	.4611	.1365	.4263
20	.5127 3	.3245 3	.4407 3	.6606 3	.6180 3	.7021 3	.6128 3	.8285 3	.1822	.7665 3
30	.2047 4	.2249 4	.2224 4	.1906 4	.2121 4	.1908 4	.2482 4	.2019 4	.1347	.2174 4
40	.2774 3	.5155 3	.3579 3	.5912 3	.5708 3	.8317 3	.7459 3	.8755 3	.8053 3	.8286 3
50	.7304	.6066	.4779	.6963	.2873	.5667	.1158	.3941	.2210	.2913
60	.3385	.3616	.3670	.3835	.4002	.2772	.4655	.3240	.5393	.3557
70	.8865 1	.2181	.2300 2	.1824	.5316 2	.1077	.1437	.1819	.3277	.2537
80	.5000 2	.8387 2	.1134 3	.9411 2	.1174 3	.9659 2	.7273 2	.1566	.1104	.2108
90	.2231	.4528	.1275	.3907	.2299	.4121	.1755 3	.5692 2	.1516 2	.1097
100	.2322	.3244	.9392 0	.5694	.2220 2	.7727	.6796 2	.6243	.9197	.6787 2
110	.7246	.9838 1	.4301 2	.6054 1	.3737	.2440	.1942	.2701	.4351	.7828
120	.4157 0	.1274 2	.1053	.3872 2	.9067 1	.4042	.2979	.2997	.4297	.2283
130	.4074 2	.2173	.1811	.1468	.2014 2	.1377 1	.6121	.2332 1	.1123	.3971
140	.4822	.1536	.1641	.1544 1	.3563	.1174 2	.7089 1	.3150 2	.5107	.6665
150	.6558	.1218	.8466	.6805	.4413	.6610 1	.5225 2	.2064	.6480 1	.1039
160	.3882 3	.1760 3	.5200 3	.2233 3	.3057 3	.6793 2	.1371 3	.8406	.5209 3	.1919 3
170	.9350	.7124 2	.5827	.9110 2	.7289	.2104	.8106	.1219 3	.4880	.1430
180	.1738 4	.1738 4	.5423	.5423 3	.4064	.4064 3	.3100	.3100	.1309 4	.1309 4

α =	34,2		34,4		34,6		34,8		35,0	
Streuquerschnitt Scattering	.2147 1		.2139 1		.2191 1		.2206 1		.2263 1	
φ^{o}	i_1	i_2	i_1	i_2	i_1	i_2	i_1	i_2	i_1	i_2
0	.3943 6	.3943 6	.4004 6	.4004 6	.4301 6	.4301 6	.4460 6	.4460 6	.4803 6	.4803 6
1	.3583	.3548	.3634	.3633	.3890	.3911	.4043	.4046	.4370	.4331
2	.2667	.2555	.2691	.2689	.2852	.2915	.2988	.2992	.3267	.3145
3	.1580	.1414	.1576	.1577	.1639	.1730	.1757	.1748	.1955	.1782
4	.7026 5	.5474 5	.6807 5	.6896 5	.6853 5	.7658 5	.7867 5	.7510 5	.8877 5	.7337 5
5	.2166	.1227	.1906	.2041	.1813	.2215	.2576	.2016	.2767	.1924
6	.6737 4	.3762 4	.4600 4	.5615 4	.4320 4	.4290 4	.8278 4	.3002 4	.5904 4	.3895 4
7	.7646	.7760	.6006	.6122	.5953	.4235	.6125	.3381	.3433	.3835
8	.9098	.9155	.7643	.7049	.6905	.5826	.4891	.4940	.3717	.3552
9	.6111	.5567	.4855	.4219	.3650	.3734	.1710	.2989	.1654	.9959 3
10	.1779	.1877	.1224	.9487 3	.6682 3	.8992 3	.9768 1	.8153 3	.7211 1	.2963
20	.2080	.1443	.2283	.2271 4	.1974 4	.2301 4	.3780 4	.2001 4	.3906 4	.2651 4
30	.1336	.1491	.1164	.1223	.1368	.1285	.4892 3	.1464	.3659 3	.1088
40	.1116	.6944 3	.1500	.1239	.1614	.1436	.1271 4	.1361	.1180 4	.7442 3
50	.1286 3	.5699	.2491 3	.5911 3	.2790 3	.5803 3	.5595 3	.4553 3	.6221 3	.4903
60	.2685	.6203	.1097	.3957	.3369 2	.2832	.7099 2	.2084	.9117 2	.3873
70	.3152	.4170	.2782	.2332	.1563 3	.1652	.1251 3	.1415	.1010 3	.2593
80	.1036	.2663	.8993 2	.9764 2	.3906 2	.6429 2	.1403	.6938 2	.2824	.1262
90	.1595 2	.1909	.2640	.7699	.6821 1	.6552	.1421 2	.6788	.1258	.6356 2
100	.1362	.6770 2	.6165	.2140	.6147 2	.2388	.4924	.4681	.7796 1	.4356
110	.2703	.1122 3	.2565 1	.1887	.6369	.1364	.2880	.6978 1	.6637 2	.3311 1
120	.1420	.3495 2	.5029 2	.1491	.2995 1	.2851	.2893	.6147 2	.3826 1	.6153
130	.2534	.9640	.1369 1	.2254	.8118 2	.1442	.4307 1	.6095 1	.2534 2	.4911 2
140	.1061	.1623	.4755 2	.1887 1	.4669	.6893 1	.2389 2	.6552 2	.8239 1	.4238
150	.1016 3	.4919	.1085 3	.3679 2	.1048	.6140	.2150	.1693	.2297 2	.5552
160	.5188	.5037 3	.4683	.2878 3	.2972 3	.1448 3	.5021 3	.1828 3	.3297 3	.5083 3
170	.4505	.3735	.7416	.1870	.1251 4	.8159 2	.5130	.1352	.4791	.6618
180	.3608	.3608	.1566	.1566	.7448 3	.7448 3	.7167	.7167	.9190 2	.9190 2

α =	35,2		35,4		35,6		35,8		36,0	
Streuquerschnitt Scattering	.2272 1		.2344 1		.2291 1		.2321 1		.2341 1	
φ^o	i_1	i_2	i_1	i_2	i_1	i_2	i_1	i_2	i_1	i_2
0	.4955 6	.4955 6	.5394 6	.5394 6	.5275 6	.5275 6	.5544 6	.5544 6	.5770 6	.5770 6
1	.4493	.4503	.4857	.4900	.4788	.4774	.5032	.5002	.5209	.5230
2	.3320	.3353	.3513	.3645	.3554	.3510	.3732	.3641	.3795	.3860
3	.1940	.1991	.1971	.2157	.2103	.2031	.2198	.2071	.2156	.2251
4	.8387 5	.8903 5	.7910 5	.9523 5	.9391 5	.8620 5	.9620 5	.8564 5	.8806 5	.9673 5
5	.2317	.2655	.1862	.2691	.2824	.2237	.2663	.2147	.2072	.2560
6	.3475 4	.4531 4	.1842 4	.3139 4	.4663 4	.1787 4	.2646 4	.1799 4	.9570 3	.1965 4
7	.2465	.2054	.2172	.1031	.1304	.7105 3	.6752 3	.8885 3	.1346 4	.6343 3
8	.3020	.2451	.2387	.2101	.1661	.1658 4	.2138 4	.1577 4	.2811	.2379 4
9	.1001	.8845 3	.3849 3	.8311 3	.1157	.4660 3	.1548	.7955 3	.1737	.1856
10	.1073 3	.7281 2	.6480	.1282	.1780	.3080	.1428	.1620 4	.2034	.1748
20	.3432 4	.3355 4	.2276 4	.3165 4	.4105	.2561 4	.3870	.2860	.2783	.3119
30	.3798 3	.7545 3	.8272 3	.8576 3	.8615 3	.1170	.8935 3	.1513	.1161	.1244
40	.1197 4	.1088 4	.1010 4	.1196 4	.6874	.1216	.4847	.6972 3	.3289 3	.7726 3
50	.7674 3	.6998 3	.8112 3	.7539 3	.9088	.7726 3	.8086	.7194	.5383	.6650
60	.2227	.4224	.3207	.3963	.3608	.4154	.4114	.3838	.4063	.3523
70	.5898 2	.2748	.6187 2	.2673	.6470 2	.3295	.1266	.2223	.1403	.1549
80	.2665 3	.1532	.2131 3	.1650	.1260 1	.2484	.1452 2	.1611	.1093 2	.9217 2
90	.2433	.5783 2	.3518	.6038 2	.1011 2	.1264	.3518	.1127	.5836	.6399
100	.2687 2	.6228	.1156	.7010	.4253	.9138 2	.2658	.3599 2	.6025	.1474
110	.4345	.5146 1	.3567 1	.2793	.2799	.7440	.1403	.6576	.1759	.2871
120	.3248	.1332 2	.4444 2	.8173 1	.1398	.9020 0	.2767	.2110	.2756	.1700
130	.1727	.1112	.1321	.1706 2	.1590	.1530 2	.1348	.1356	.1639	.2202
140	.1440	.5079 1	.2333	.6104 1	.2306	.1165	.1222	.5125	.3086	.2022 1
150	.6093	.7453 2	.2453	.4649 2	.9856	.6245	.1469	.7789	.1634 1	.4647 2
160	.4469 3	.3819 3	.6425 3	.3119 3	.7347 3	.3777 3	.4502 3	.3276 3	.4157 3	.2673 3
170	.5719	.3621	.1849 4	.1380	.6735	.1499	.7670	.5886	.5813	.5537
180	.1677	.1677	.1962	.1962 4	.6647	.6647	.1592 2	.1592 2	.1123	.1123

α =	36,2				36,4				36,6				36,8				37,0			
Streuquerschnitt Scattering	.2415 1				.2315 1				.2291 1				.2307 1				.2266 1			
φ^o	i_1		i_2		i_1		i_2		i_1		i_2		i_1		i_2		i_1		i_2	
0	.6309	6	.6309	6	.5902	6	.5902	6	.5953	6	.5953	6	.6170	6	.6170	6	.6157	6	.6157	6
1	.5632		.5705		.5336		.5306		.5366		.5354		.5526		.5553		.5497		.5527	
2	.3962		.4179		.3907		.3814		.3890		.3855		.3922		.4004		.3864		.3951	
3	.2109		.2400		.2243		.2114		.2184		.2141		.2109		.2225		.2044		.2156	
4	.7694	5	.9991	5	.9336	5	.8268	5	.8661	5	.8357	5	.7654	5	.8645	5	.7231	5	.8079	5
5	.1452		.2445		.2272		.1793		.1853		.1745		.1278		.1768		.1135		.1516	
6	.5134	3	.1268	4	.1014	4	.9806	3	.5667	3	.3605	3	.3326	3	.8629	3	.1282	3	.1270	4
7	.2123	4	.1374		.1672		.2463	4	.3554	4	.3051	4	.5705	4	.4858	4	.5873	4	.6487	
8	.2743		.3480		.4978		.3754		.6787		.6057		.8311		.8160		.9710		.9426	
9	.2566		.2444		.5384		.2224		.5684		.5520		.6172		.6461		.9376		.6873	
10	.4968		.1906		.5120		.1837		.4093		.4669		.4602		.4108		.8112		.3992	
20	.1394		.2685		.2448		.2013		.2143		.1873		.1205		.1974		.6208	3	.1720	
30	.2036		.1395		.2145		.1603		.2001		.2008		.2459		.1946		.2655	4	.2061	
40	.2771	3	.7505	3	.3275	3	.7384	3	.4919	3	.9285	3	.9172	3	.1119		.8802	3	.1250	
50	.6782		.5281		.3154		.4721		.2511		.7302		.1317		.6758	3	.2331		.5748	3
60	.9452		.3325		.4924		.4318		.3687		.6075		.8292	2	.4405		.1012		.3154	
70	.4844		.1445		.2934		.2538		.3950		.3807		.2334	3	.2940		.1276		.2449	
80	.6354	2	.9761	2	.1528		.1456		.3739		.1921		.3060		.1491		.6521	2	.1382	
90	.3244		.7975		.1395	2	.9319	2	.1155		.9797	2	.2011		.8311	2	.1344	3	.7198	2
100	.3066		.3252		.7596		.7738		.1893	2	.3189		.2607	2	.7138		.1175		.7120	
110	.6550		.2298		.4205		.3572		.9262		.5827	1	.2536		.1631		.5260	1	.4371	
120	.6994		.4660		.2185		.1208	3	.6116	1	.5661		.9366		.8568	1	.1261	2	.3750	1
130	.7332		.1001		.1274		.1138	2	.4909	2	.1727	2	.5116	1	.3349	2	.5121		.7689	2
140	.3434	1	.7697	1	.1504		.3341		.3476	1	.3904		.7032	2	.3931		.8276	1	.1220	
150	.2123	2	.7506	2	.9657		.1258	3	.8121	2	.1149	3	.1154	3	.3909		.2668	2	.5593	
160	.1144	4	.3612	3	.8472	3	.6487		.8744	3	.3037		.7458		.1495	3	.7723	3	.2196	3
170	.1178		.3563		.5924		.4513		.9572		.6364		.8143		.5428		.3342		.5233	
180	.2044		.2044	4	.7926		.7926		.9480	2	.9480	2	.2017		.2017		.6045		.6045	

α =	37,2				37,4				37,6				37,8				38,0			
Streuquerschnitt Scattering	.2268 1				.2202 1				.2198 1				.2114 1				.2180 1			
φ^o	i_1		i_2		i_1		i_2		i_1		i_2		i_1		i_2		i_1		i_2	
0	.6237	6	.6237	6	.6035	6	.6035	6	.6153	6	.6153	6	.5853	6	.5853	6	.6361	6	.6361	6
1	.5590		.5533		.5377		.5385		.5450		.5478		.5190		.5195		.5633		.5542	
2	.3976		.3809		.3750		.3775		.3725		.3808		.3561		.3575		.3847		.3589	
3	.2144		.1930		.1939		.1975		.1845		.1956		.1779		.1796		.1896		.1588	
4	.7770	5	.6268	5	.6404	5	.6719	5	.5497	5	.6362	5	.5397	5	.5543	5	.5532	5	.3628	5
5	.1259		.8655	4	.7990	4	.9117	4	.4229	4	.7620	4	.4156	4	.5576	4	.3547	4	.4440	3
6	.8936	3	.3280		.2995		.2056		.4057		.3697		.3226		.4795		.5464		.8651	4
7	.8739	4	.9718		.1261	5	.1101	5	.1495	5	.1412	5	.1469	5	.1563	5	.1916	5	.1864	5
8	.1353	5	.1005	5	.1539		.1465		.1660		.1687		.1836		.1749		.2178		.1664	
9	.1121		.5804	4	.1042		.1090		.1063		.1122		.1364		.1099		.1408		.9100	4
10	.6879	4	.3058		.4982	4	.5851	4	.5159	4	.4903	4	.7190	4	.4379	4	.5558	4	.3432	
20	.8934	3	.1514		.1175		.1270		.9588	3	.1596		.8062	3	.1740		.1415		.2323	
30	.2480	4	.2040		.1781		.1788		.2225	4	.1652		.1835	4	.1729		.1380		.1762	
40	.1147		.8894	3	.1286		.1175		.2122		.1559		.1729		.1901		.1638		.1532	
50	.2902	3	.2344		.4714	3	.6844	3	.7422	3	.8240	3	.7932	3	.9271	3	.9927	3	.6569	3
60	.4356	2	.1883		.1198		.4372		.2501		.4653		.3676		.4623		.4227		.4295	
70	.4189		.2090		.2160	2	.2154		.2231	2	.2309		.8739	2	.2529		.1922		.5642	
80	.3759		.2334		.7858		.9185	2	.9020		.1236		.2099		.1519		.1009		.5439	
90	.2530		.1920		.6563		.4820		.1194	3	.5365	2	.8994		.8035	2	.3158	2	.1146	
100	.4079		.1262		.4067		.1949		.5869	2	.1414		.1016	3	.3663		.1018	3	.8017	2
110	.1035		.5309	2	.2544		.4538		.4008		.2781		.4649	1	.1822		.5844	2	.4822	
120	.3514		.5675		.1894		.1075		.8240	1	.3183		.3428	2	.2924		.1161		.5524	
130	.9974	1	.6557		.4680		.5256	1	.4755	2	.4308	0	.1702		.2868		.2161		.4245	
140	.1786	2	.7229		.2325		.2566	2	.4490		.7430	2	.1957		.8847		.2739		.2930	
150	.1673		.1362	3	.7445		.1752	3	.2537	3	.1408	3	.1061	3	.6935		.6304		.2919	
160	.6768	3	.6497		.1088	4	.3890		.1141	4	.2055		.9187		.1234	3	.6985	3	.2022	3
170	.4208		.1168	4	.8093	3	.7161		.9068	3	.4692		.4491		.4928		.4496		.2347	4
180	.8066		.8066	3	.1352		.1352		.3051		.3051		.1810		.1810		.1317	4	.1317	

α =	38,2		38,4		38,6		38,8		39,0	
Streuquerschnitt Scattering	.2105 1		.2107 1		.2001 1		.2027 1		.2056 1	
φ^o	i_1	i_2	i_1	i_2	i_1	i_2	i_1	i_2	i_1	i_2
0	.5992 6	.5992 6	.6118 6	.6118 6	.5643 6	.5643 6	.5902 6	.5902 6	.6158 6	.6158 6
1	.5263	.5290	.5340	.5378	.4958	.4948	.5173	.5143	.5345	.5385
2	.3493	.3574	.3473	.3580	.3296	.3267	.3407	.3324	.3407	.3522
3	.1614	.1719	.1535	.1665	.1529	.1490	.1544	.1451	.1434	.1573
4	.3978 5	.4708 5	.3361 5	.4171 5	.3801 5	.3522 5	.3567 5	.3093 5	.2704 5	.3511 5
5	.9546 3	.2211 4	.8232 2	.1078 4	.8433 3	.4229 3	.2163 3	.3673 3	.8107 3	.1714 3
6	.1000 5	.7197	.1199 5	.9899	.9396 4	.1053 5	.1184 5	.1268 5	.1760 5	.1270 5
7	.2342	.2078 5	.2436	.2398 5	.2310 5	.2380	.2613	.2452	.2934	.2640
8	.2207	.2196	.2099	.2314	.2304	.2221	.2399	.2083	.2202	.2306
9	.1156	.1317	.1011	.1246	.1316	.1157	.1197	.9760 4	.8191 4	.1079
10	.3175 4	.4523 4	.2595 4	.3466 4	.3990 4	.3051 4	.2659 4	.2084	.8531 3	.2327 4
20	.2838	.2315	.2898	.2991	.2689	.3170	.3523	.3433	.5727 4	.4121
30	.5936 3	.1059	.9638 3	.7948 3	.6107 3	.8148 3	.6090 3	.1357	.4690 3	.1020
40	.1341 4	.1198	.1719 4	.1275 4	.1046 4	.1449 4	.8033	.1047	.5432	.9789 3
50	.1029	.8453 3	.9351 3	.8639 3	.8295 3	.8066 3	.7370	.8940 3	.5029	.8749
60	.4421 3	.4276	.4448	.3944	.6139	.3496	.6429	.7920	.3937	.6398
70	.2980	.2862	.2017	.2063	.3051	.1448	.3228	.3366	.2897	.3411
80	.2762	.2008	.2317	.1312	.6824 2	.1062	.1351	.6834 2	.2884	.1126
90	.9662 2	.1365	.1906	.1107	.7373	.9648 2	.3052 2	.7066	.9555 2	.3058 2
100	.2419	.4751 2	.1514 2	.8686 2	.5858	.7882	.5795	.6916	.4594	.2387
110	.9103	.5177 1	.1611 1	.3433	.1119	.8092	.2755 1	.2264	.8189	.5240
120	.2952	.1020 2	.1149 3	.3176 1	.3279	.1152	.5218 2	.2963	.2671 1	.3685
130	.1308	.1516	.1474 2	.1954 2	.2197	.1847	.8730 1	.8059 1	.7895 2	.3829 1
140	.5023	.2274 1	.1072	.2239	.8275 1	.7878	.2820 2	.4392 0	.2687	.1353 2
150	.5967	.1028 3	.2546 3	.1933 3	.1251 3	.1687 3	.1759 3	.6819 1	.1435 3	.1320
160	.9867 3	.3002	.1056 4	.2670	.1177 4	.1654	.1153 4	.7591 2	.1025 4	.1003 3
170	.5307	.1068 4	.1005	.6363	.5445 3	.4495	.7160 3	.1515 4	.4189 3	.1266 4
180	.7521 2	.7521 2	.7616 3	.7616	.2386	.2386	.1976	.1976 3	.1751 2	.1751 2

α =	39,2				39,4				39,6				39,8				40,0			
Streuquerschnitt Scattering	.2065 1				.1976 1				.2008 1				.2080 1				.2040 1			
φ^o	i_1		i_2		i_1		i_2		i_1		i_2		i_1		i_2		i_1		i_2	
0	.6391	6	.6391	6	.5897	6	.5897	6	.6213	6	.6213	6	.6797	6	.6797	6	.6682	6	.6682	6
1	.5514		.5565		.5154		.5132		.5412		.5414		.5881		.5920		.5818		.5806	
2	.3452		.3587		.3369		.3302		.3493		.3504		.3716		.3824		.3766		.3723	
3	.1418		.1550		.1511		.1425		.1522		.1543		.1556		.1673		.1685		.1609	
4	.2807	5	.3170	5	.3563	5	.2926	5	.3298	5	.3522	5	.3242	5	.3718	5	.4408	5	.3550	5
5	.5371	4	.4141	3	.2993	4	.7850	3	.2437	4	.3290	4	.5955	4	.2469	4	.9944	4	.3791	4
6	.2026	5	.1552	5	.1413	5	.1448	5	.1580	5	.1464	5	.2041	5	.1459	5	.1762	5	.1548	5
7	.2737		.2821		.2529		.2566		.2616		.2410		.2637		.2420		.2212		.2277	
8	.1836		.2241		.2046		.2012		.1917		.1780		.1519		.1715		.1306		.1445	
9	.6228	4	.9176	4	.8374	4	.8276	4	.6702	4	.6379	4	.3180	4	.5817	4	.2669	4	.4041	4
10	.4621	3	.1616		.1292		.1902		.1480		.1313		.1105		.2084		.5723	3	.2080	
20	.4837	4	.4941		.4447		.4785		.4846		.4186		.6575		.4630		.5131	4	.5101	
30	.9909	3	.9154	3	.1046		.7739	3	.1548		.1743		.1817		.1864		.2339		.2073	
40	.3989		.8964		.3126	3	.8092		.3149	3	.8035	3	.7016	3	.9525	3	.8408	3	.1260	
50	.4590		.7800		.2028		.5367		.1787		.6604		.4075		.7769		.3301		.9206	3
60	.2243		.5165		.5441	2	.3223		.5550	2	.3975		.1535		.4788		.2817		.5485	
70	.1154		.3413		.5672		.3248		.1325		.2692		.1631	2	.2283		.1165		.2059	
80	.2414		.1615		.9124		.1991		.3544		.2775		.7331		.1885		.3816	2	.1210	
90	.1937		.4736	2	.1740	3	.7781	2	.6862		.1297		.4999		.1703		.1125	3	.1290	
100	.1708	0	.1368		.1213		.4834		.1219	3	.1535	2	.1559		.6354	2	.1128	2	.9775	2
110	.9318	2	.1924		.1839	2	.6776	1	.6206	2	.9433	1	.4626		.1286		.5317		.3874	
120	.4846		.7138		.1642		.4311	2	.4706		.1392	2	.4134		.4864	0	.1137		.9286	1
130	.1669		.5412	1	.2822		.7102		.1222		.1771		.7235		.5837	2	.2095		.2514	2
140	.1186		.8691		.1764		.1608		.1924		.9952	1	.4189		.1619	1	.1690		.3279	
150	.1997		.8022	2	.3969		.1747	3	.1437	3	.4402	2	.1617	3	.3776	2	.9606		.1148	1
160	.5819	3	.1829	3	.9912	3	.1590		.1342	4	.1351	3	.1223	4	.4237		.8444	3	.2523	2
170	.3769		.1068	4	.3859		.7039		.7753	3	.1053	4	.4374	3	.1118	4	.1373		.1287	4
180	.9902		.9902	3	.3662		.3662		.8392	2	.8392	2	.1335	1	.1335	1	.9132	2	.9132	2

α =	40,2				40,4				40,6				40,8				41,0			
Streuquerschnitt Scattering	.2062 1				.2098 1				.2165 1				.2126 1				.2239 1			
φ^o	i_1		i_2		i_1		i_2		i_1		i_2		i_1		i_2		i_1		i_2	
0	.6943	6	.6943	6	.7331	6	.7331	6	.7962	6	.7962	6	.7833	6	.7833	6	.8851	6	.8851	6
1	.6070		.6022		.6376		.6406		.6912		.6935		.6856		.6823		.7737		.7624	
2	.3977		.3842		.4107		.4193		.4433		.4492		.4522		.4423		.5076		.4773	
3	.1815		.1649		.1805		.1913		.1952		.2004		.2124		.1985		.2341		.2011	
4	.4753	5	.3626	5	.4320	5	.5037	5	.4992	5	.4973	5	.6282	5	.5119	5	.6425	5	.4711	5
5	.7092	4	.3416	4	.5848	4	.6950	4	.1042		.5477	4	.1270		.6960	4	.8646	4	.7277	4
6	.1361	5	.1355	5	.1423	5	.1191	5	.1598		.1124	5	.1139		.1047	5	.8978		.1039	5
7	.1980		.1958		.1886		.1711		.1667		.1566		.1227		.1293		.1145	5	.8917	4
8	.1229		.1200		.9947	4	.9978	4	.6343	4	.8045	4	.4847	4	.5437	4	.4269	4	.1817	
9	.2791	4	.3758	4	.2095		.2267		.5072	3	.1972		.9771	2	.1037		.3599	3	.1522	
10	.1850		.3195		.4051		.2980		.4805	4	.4922		.3933	4	.5412		.5921	4	.7308	
20	.4044		.4846		.3880		.3344		.4441		.3155		.2731		.3125		.1826		.2476	
30	.2847		.1691		.2927		.2579		.2776		.2443		.3006		.2607		.3360		.2221	
40	.1241		.1429		.1130		.1110		.1944		.1196		.1780		.1685		.2039		.2055	
50	.5677	3	.9381	3	.7163	3	.7365	3	.1230		.8871	3	.1132		.1062		.1120		.1029	
60	.4327		.5361		.5184		.5428		.3989	3	.4951		.6209	3	.4271	3	.6807	3	.6165	3
70	.1911		.2206		.4361		.4016		.3434		.3909		.3678		.2858		.2782		.1960	
80	.1912	2	.1203		.2303		.1379		.4122		.1858		.3303		.1766		.1641		.5096	
90	.4314		.1925	-	.2222	2	.3702	2	.1174		.3629	2	.2640		.4535	2	.2667		.7518	2
100	.4382		.9407	2	.9783		.7096		.3941	2	.3411		.3648	2	.1118		.1320		.1370	3
110	.9360	1	.1449	3	.1528		.4784		.1082	3	.6506		.3894		.2024		.4829	2	.1292	1
120	.4839	2	.1565	2	.2304		.1684		.1140	2	.3888		.1650		.5519		.1809		.2064	2
130	.1956		.4116		.5127		.3787	1	.6002	1	.3113		.2814		.3816		.2116		.2544	1
140	.2869		.8757		.4658	1	.4258	2	.1090	3	.3078		.1572		.1158		.2670		.1739	3
150	.4333		.8038		.2078	2	.7378	1	.4388	2	.4418		.1089	3	.6080		.1097	3	.1116	
160	.7507	3	.4299		.9463	3	.1218	3	.1015	4	.9751		.1163	4	.2134		.8639		.2368	
170	.2093		.1189	4	.5637		.1153	4	.3859	3	.9942	3	.2813	3	.1070	4	.1812		.2106	4
180	.5489		.5489	3	.5031	2	.5031	2	.1837	1	.1837	1	.1516	2	.1516	2	.1415	4	.1415	

α =	41,2				41,4				41,6				41,8				42,0			
Streuquerschnitt Scattering	.2234 1				.2333 1				.2218 1				.2252 1				.2332 1			
φ^o	i_1		i_2		i_1		i_2		i_1		i_2		i_1		i_2		i_1		i_2	
0	.8986	6	.8986	6	.9991	6	.9991	6	.9215	6	.9215	6	.9689	6	.9689	6	.1058	7	.1058	7
1	.7801		.7864		.8606		.8693		.8077		.8038		.8461		.8457		.9144	6	.9238	6
2	.5005		.5181		.5390		.5619		.5356		.5241		.5538		.5532		.5780		.6037	
3	.2204		.2413		.2277		.2515		.2543		.2395		.2546		.2554		.2473		.2766	
4	.5475	5	.6736	5	.5378	5	.6421	5	.7553	5	.6477	5	.6902	5	.7128	5	.5737	5	.7403	5
5	.6267	4	.7906	4	.7162	4	.5520	4	.1062		.6733	4	.6210	4	.7833	4	.3412	4	.5420	4
6	.8687		.5910		.8428		.5661		.3978	4	.4039		.3167		.2809		.4618		.2126	
7	.9260		.8386		.6236		.7270		.4862		.5012		.5020		.3961		.4676		.4738	
8	.2081		.2901		.3766	3	.1521		.1139		.6582	3	.9980	3	.9200	3	.7598	3	.1078	
9	.1479		.6224	3	.3073	4	.1553		.1523		.1720	4	.2082	4	.2449	4	.5161	4	.1941	
10	.9369		.6396	4	.1073	5	.9242		.8200		.9249		.9854		.9023		.1365	5	.8885	
20	.1589		.1596		.2326	4	.1274		.6196	3	.1057		.2834	3	.9230	3	.5186	3	.7150	3
30	.2591		.2761		.1989		.2060		.1758	4	.1795		.1872	4	.2005	4	.1134	4	.2113	4
40	.1506		.1454		.2611		.1227		.1314		.1306		.1065		.1294		.6637	3	.1114	
50	.1106		.9912	3	.6659	3	.1013		.7105	3	.7834	3	.4750	3	.7959	3	.5321		.7821	3
60	.8956	3	.7145		.1766		.7642	3	.1871		.5736		.4871	2	.3758		.1120		.4034	
70	.2884		.2537		.3414		.3347		.5823	2	.3397		.3596		.4799		.9434	2	.3745	
80	.1389	2	.1769		.6839	2	.1426		.3861		.1261		.2726		.2189		.2389	3	.2725	
90	.1187	3	.1401		.7049		.1874		.5593		.1327		.2389		.8875	2	.8642	1	.6292	2
100	.1286		.1932	2	.4350	1	.7329	2	.8123	0	.1076		.4386		.9382		.1654	3	.1045	3
110	.3803	2	.1711		.4006		.3959		.5343	2	.3369	2	.2596	1	.1508		.4502	2	.5187	2
120	.1367	3	.1259		.9371		.1434		.2732		.5402		.2750	2	.1905		.3349		.5640	
130	.8674	1	.2014		.1031	3	.1948		.1740		.7251	1	.5394		.1142		.4623		.1005	
140	.1818		.4129		.2650		.8736		.2891		.3131	2	.2414		.2298		.8347	1	.1267	
150	.1297	2	.3396		.2438	2	.1291		.1895		.7320		.6255		.1125	3	.6351	2	.1545	3
160	.6144	3	.2195		.1209	3	.6367		.9787	3	.7261		.9538	3	.3155		.7925	3	.1167	
170	.3137		.1475	4	.4186		.1150	4	.2911		.8846	3	.3162		.1210	4	.1809		.1422	4
180	.8455	2	.8455	2	.7241		.7241	3	.2850	1	.2850	1	.2938		.2938	3	.2103		.2103	3

α =	42,2		42,4		42,6		42,8		43,0	
Streuquerschnitt Scattering	.2300 1		.2254 1		.2269 1		.2324 1		.2259 1	
φ^0	i_1	i_2	i_1	i_2	i_1	i_2	i_1	i_2	i_1	i_2
0	.1055 7	.1055 7	.1031 7	.1031 7	.1065 7	.1065 7	.1142 7	.1142 7	.1105 7	.1105 7
1	.9184 6	.9153 6	.9000 6	.8965 6	.9244 6	.9275 6	.9806 6	.9894 6	.9570 6	.9510 6
2	.5951	.5857	.5885	.5787	.5920	.6009	.6069	.6307	.6085	.5919
3	.2702	.2571	.2701	.2588	.2592	.2704	.2473	.2737	.2626	.2437
4	.7329 5	.6260 5	.7250 5	.6560 5	.6157 5	.6901 5	.4958 5	.6394 5	.6023 5	.4974 5
5	.7524 4	.3089 4	.5106 4	.3670 4	.2124 4	.3709 4	.4666 3	.2547 4	.1462 4	.8350 3
6	.2875	.2777	.2036	.2291	.4345	.3042	.6918 4	.5941	.6255	.8020 4
7	.4735	.4378	.5978	.4963	.7955	.7413	.9424	.9664	.1286 5	.1092 5
8	.3529	.9999 3	.3996	.2364	.4239	.4823	.6544	.4749	.1062	.6012 4
9	.6607	.3741 4	.4807	.4312	.5120	.4937	.9408	.3998	.9126 4	.5849
10	.1192 5	.1078 5	.9487	.1009 5	.1038 5	.8813	.1283 5	.8015	.9205	.8520
20	.1057 4	.9912 3	.1455	.1121 4	.1395 4	.1716	.2120 4	.1642	.3533	.2528
30	.7448 3	.1601 4	.6134 3	.1112	.8624 3	.1422	.1232	.1848	.1177	.2102
40	.5279	.9785 3	.4301	.8784 3	.3416	.9386 3	.5430 3	.8373 3	.6806 3	.1097
50	.1838	.9565	.1893	.9188	.1895	.6155	.6723	.6238	.8502	.9781 3
60	.1396	.5646	.3019	.6069	.4989	.6468	.5315	.6219	.5988	.5346
70	.1540	.2896	.2147	.1856	.3460	.2982	.5506	.4065	.3807	.4829
80	.2958	.2697	.3115	.1622	.1440	.1213	.8318 2	.1078	.2096	.1183
90	.1241	.5997 2	.3138	.6119 2	.3402	.8119 2	.8934	.1507	.1164 2	.1676
100	.2576 2	.4506	.5088 2	.1190	.1279	.8933 1	.1035 3	.2373 2	.4689	.6379 2
110	.4112	.5206	.5929	.2090	.8834 2	.6287	.1950 1	.4733	.5705	.8164
120	.4064	.2326	.1094	.9274 1	.5180	.7970	.6410 2	.8478 0	.3131	.1140
130	.1589	.8028	.3019	.8033 2	.1663	.3608 2	.9661	.1595 2	.1389	.2006
140	.2834	.4230	.2162	.4514	.7199	.4753 1	.2058 1	.2019	.2539	.3799
150	.1032 3	.1535 3	.2839	.6459	.2113 1	.4408 2	.6294 2	.1598 3	.1045 3	.3043 3
160	.8297	.4538 2	.5738 3	.4092	.5666 3	.2976 3	.1010 4	.3628	.1127 4	.2869
170	.2392 2	.1677 4	.1587	.1067 4	.2888	.8245	.1409 3	.1044 4	.4287 2	.1474 4
180	.7685 3	.7685 3	.3609 2	.3609 2	.1984 2	.1984 2	.3943	.3943 3	.6597 3	.6597 3

α =	43,2		43,4		43,6		43,8		44,0	
Streuquerschnitt Scattering	.2225 1		.2221 1		.2231 1		.2156 1		.2150 1	
φ^o	i_1	i_2	i_1	i_2	i_1	i_2	i_1	i_2	i_1	i_2
0	.1087 7	.1087 7	.1105 7	.1105 7	.1141 7	.1141 7	.1092 7	.1092 7	.1105 7	.1105 7
1	.9392 6	.9361 6	.9475 6	.9533 6	.9718 6	.9764 6	.9353 6	.9283 6	.9412 6	.9364 6
2	.5933	.5851	.5818	.5979	.5839	.5962	.5727	.5540	.5641	.5526
3	.2511	.2429	.2308	.2490	.2204	.2340	.2247	.2053	.2097	.1995
4	.5385 5	.5061 5	.4142 5	.5132 5	.3375 5	.4160 5	.3774 5	.2963 5	.2945 5	.2589 5
5	.1230 4	.1561 4	.1348 4	.1713 4	.8338 3	.3324 4	.8029 3	.2735 4	.3412 4	.2656 4
6	.1013 5	.9502	.1502 5	.1273 5	.1730 5	.1827 5	.1912 5	.2104 5	.2589 5	.2346 5
7	.1627	.1329 5	.1838	.1858	.2085	.2072	.2638	.2303	.2930	.2687
8	.1048	.7528 4	.9730 4	.1127	.1316	.1001	.1716	.1197	.1506	.1530
9	.6291 4	.5306	.5708	.5680 4	.9068 4	.4030 4	.7969 4	.5399 4	.4716 4	.5981 4
10	.6406	.6859	.6451	.5091	.7035	.3970	.3733	.3623	.2002	.1936
20	.4360	.2840	.3762	.3991	.4627	.3343	.6004	.4200	.6097	.5443
30	.1518	.1743	.2279	.2213	.3248	.2684	.2934	.3162	.3233	.2420
40	.1123	.1422	.1350	.1503	.1982	.1287	.1971	.1516	.2272	.2075
50	.1071	.1376	.1056	.1022	.1240	.9614 3	.1303	.1013	.1135	.1062
60	.6152 3	.3423 3	.8736 3	.6045 3	.7026 3	.8252	.5013 3	.8820 3	.1806 3	.4160 3
70	.3293	.3630	.2038	.2971	.1079	.2798	.3080 2	.3023	.2573 2	.5929
80	.2439	.1381	.1601	.2847	.6190 2	.3860	.1073 3	.2578	.1225 3	.1765
90	.5537 2	.1570	.3679 2	.8760 2	.4162 1	.9450 2	.1177	.9725 2	.3236	.9440 2
100	.1816 1	.1272	.4828	.1195 3	.1224 3	.1495 3	.2048 2	.4658	.6113 2	.3785
110	.3574 2	.4812 2	.7831 1	.3693 2	.6024 2	.3299 2	.4333	.2026	.1042 3	.1870
120	.3217	.8875	.1984	.5175	.1264 3	.1064 3	.2463	.2566	.4621 2	.2418
130	.3798	.7959	.1278 2	.2307	.3064 2	.3485 2	.2492	.8592 1	.1427	.2191
140	.4290 1	.2273	.1135 3	.1448	.2337 1	.9312 1	.2490	.7530 2	.1612	.1008
150	.1171 3	.2461 3	.1053	.2819	.1201 3	.5705 2	.1417	.2128 3	.9527	.5526
160	.6471	.1292	.3529	.1876 3	.7668	.4391 3	.1049 4	.5695	.9537 3	.6706 3
170	.4660 2	.1255 4	.1526	.9646	.1112	.8801	.1049 3	.9003	.1891 2	.9001
180	.2468 3	.2468 3	.4218 2	.4218 2	.3745	.3745	.4157	.4157	.1264 4	.1264 4

α =	44,2		44,4		44,6		44,8		45,0	
Streuquerschnitt Scattering	.2143 1		.2111 1		.2047 1		.2041 1		.2096 1	
φ°	i_1	i_2	i_1	i_2	i_1	i_2	i_1	i_2	i_1	i_2
0	.1109 7	.1109 7	.1105 7	.1105 7	.1055 7	.1055 7	.1061 7	.1061 7	.1135 7	.1135 7
1	.9340 6	.9437 6	.9315 6	.9305 6	.8917 6	.8854 6	.8901 6	.8934 6	.9381 6	.9535 6
2	.5390	.5644	.5392	.5363	.5208	.5045	.5048	.5136	.5052	.5436
3	.1826	.2086	.1844	.1814	.1804	.1647	.1615	.1708	.1418	.1768
4	.1827 5	.2886 5	.1877 5	.1868 5	.1823 5	.1322 5	.1109 5	.1441 5	.4726 4	.1338 5
5	.7393 4	.4473 4	.5908 4	.8833 4	.6368 4	.8961 4	.1161	.8664 4	.1949 5	.1093
6	.3152 5	.2815 5	.3152 5	.3329 5	.3445 5	.3525 5	.4111	.3732 5	.4516	.4141
7	.2891	.3123	.3333	.3032	.3645	.3261	.3677	.3628	.3150	.3763
8	.1181	.1548	.1797	.1208	.1790	.1386	.1416	.1586	.8436 4	.1458
9	.2996 4	.3778 4	.5935 4	.2015 4	.3793 4	.2587 4	.1433 4	.2412 4	.2543 3	.1527 4
10	.1566	.8759 3	.1011	.4275 3	.8972 2	.1555 3	.2093 3	.4745 2	.5395	.5526 3
20	.4242	.5255 4	.5693	.3885 4	.5833 4	.4251 4	.4793 4	.4690 4	.2201 4	.4346 4
30	.4081	.3339	.4023	.3472	.3412	.3319	.3200	.2852	.3341	.3087
40	.1955	.2065	.2058	.1640	.1847	.1427	.1606	.1734	.9752 3	.1641
50	.1110	.9877 3	.6931 3	.1051	.4366 3	.1039	.1676 3	.7374 3	.2836	.5984 3
60	.9167 2	.4025	.7756 2	.4204 3	.1214	.6387 3	.3334	.6925	.6087	.6840
70	.1737 3	.4245	.1929 3	.5481	.3076	.3546	.3239	.2496	.6544	.2359
80	.4871 2	.1013	.1796	.1339	.4330	.1683	.4874	.2475	.2772	.2863
90	.4416 3	.1036	.4124 2	.1700	.2791 2	.1058	.9085 2	.8579 2	.9054 2	.9889 2
100	.1025	.1155 2	.1368 3	.2900 2	.7913	.5018 2	.3989 1	.6760	.1089 3	.1352 3
110	.1246	.8070 1	.9850 1	.7404	.4605	.9437	.9249	.5999	.8792 2	.7315 2
120	.8928 2	.1195	.2708 2	.4454	.5542	.2540	.6739	.1799	.3023	.4047
130	.6119	.2728 2	.3481	.3675 1	.2433	.1777	.6206 2	.1339	.4940	.7697
140	.7501	.5705	.2655	.2542 2	.2771	.3760	.3336	.1680	.1959	.3684
150	.2155 3	.9507	.1068 3	.2889	.6718	.3632	.5080	.7470	.1315 3	.1225 3
160	.9471	.2962 3	.1026 4	.4248 3	.7052 3	.5156 3	.8768 3	.5786 3	.1895 4	.5953
170	.4135 2	.1030 4	.5248 2	.1132 4	.1142	.6262	.6215 2	.4844	.1158 2	.6991
180	.2215 3	.2215 3	.2161 4	.2161	.1668	.1668	.1371 3	.1371	.8426 3	.8426

α =	45,2		45,4		45,6		45,8		46,0	
Streuquerschnitt Scattering	.2041 1		.1994 1		.2017 1		.2066 1		.2048 1	
φ°	i_1	i_2	i_1	i_2	i_1	i_2	i_1	i_2	i_1	i_2
0	.1098 7	.1098 7	.1063 7	.1063 7	.1103 7	.1103 7	.1179 7	.1179 7	.1178 7	.1178 7
1	.9187 6	.9104 6	.8897 6	.8854 6	.9160 6	.9218 6	.9694 6	.9820 6	.9833 6	.9697 6
2	.5177	.4963	.5004	.4899	.5010	.5159	.5151	.5445	.5511	.5168
3	.1648	.1439	.1572	.1479	.1465	.1606	.1436	.1657	.1762	.1436
4	.1304 5	.5744 4	.1054 5	.8332 4	.7534 4	.1094 5	.1143 5	.1004 5	.1886 5	.7595 4
5	.1365	.1684 5	.1396	.1548 5	.1998 5	.1487	.2747	.1611	.1859	.2176 5
6	.4145	.4313	.4279	.4214	.4686	.4267	.4570	.4360	.4041	.4128
7	.3591	.3194	.3607	.3306	.3337	.3426	.2572	.3277	.2805	.2388
8	.1349	.9337 4	.1232	.1039	.8432 4	.1085	.3906 4	.9496 4	.6160 4	.4437 4
9	.1088 4	.5781 3	.8989 3	.6477 3	.7621 3	.1237 4	.6967 3	.2216	.1150	.3029
10	.8874 3	.1186 4	.2513 4	.1903 4	.4340 4	.3781	.4955 4	.5628	.7598	.7274
20	.3267 4	.2770	.3318	.2741	.2343	.2958	.6390 3	.2863	.9855 3	.1975
30	.2647	.2964	.1803	.2200	.1453	.1760	.1265 4	.1808	.8290	.2128
40	.7334 3	.1381	.5783 3	.1029	.4830 3	.1251	.5523 3	.1233	.7246	.1243
50	.3365	.6813 3	.5393	.1200	.7911	.1060	.6677	.9715 3	.1148 4	.7312 3
60	.6069	.7131	.6257	.5452 3	.6275	.5223 3	.1172 4	.5809	.7803 3	.1095 4
70	.4299	.4258	.3753	.4404	.2077	.4458	.4491 2	.4249	.2206 2	.3744 3
80	.4320 1	.3755	.1476 2	.1697	.2499 2	.1317	.2479	.1757	.1456 3	.3232
90	.2469 2	.1223	.1039 3	.1407	.2723 3	.1381	.3605 3	.1477	.5016 2	.1677
100	.9431	.1852	.3175 2	.4343 2	.6666 2	.1619 2	.5667 2	.2420 2	.1749 3	.3171 2
110	.1045	.2545 2	.6903	.6471 1	.1241 3	.1594 1	.4457	.6168 1	.2619 2	.6133
120	.3603	.4649	.2667	.7619	.9130 2	.3378	.6896 1	.1360 2	.4523	.1241 3
130	.5369	.1138 3	.7691 1	.9827 0	.9658	.3827	.1299 0	.1142	.3240	.8786 2
140	.2283	.5180 2	.3233 2	.1410 1	.1032	.2775 2	.3874 2	.3825	.2869	.1895
150	.1259 3	.3275	.2119 3	.1520 2	.1522 3	.5138 1	.1090	.7689	.2568	.1686
160	.1422 4	.6343 3	.9639	.3005 3	.8190	.3689 3	.1882 4	.6445 3	.1553 4	.9019 3
170	.1306 2	.1040 4	.7082 2	.7216	.8490 2	.4028	.1857 2	.3619	.4106 1	.5428
180	.2298 4	.2298	.1742 3	.1742	.3469	.3469 2	.1488 4	.1488 4	.2027 4	.2027 4

α =	46,2				46,4				46,6				46,8				47,0			
Streuquerschnitt Scattering	.2086 1				.2068 1				.2084 1				.2112 1				.2126 1			
φ^o	i_1		i_2		i_1		i_2		i_1		i_2		i_1		i_2		i_1		i_2	
0	.1240	7	.1240	7	.1240	7	.1240	7	.1282	7	.1282	7	.1339	7	.1339	7	.1378	7	.1378	7
1	.1032		.1019		.1027		.1035		.1063		.1066		.1120		.1106		.1148		.1152	
2	.5726	6	.5412	6	.5605	6	.5789	6	.5864	6	.5903	6	.6351	6	.5991	6	.6394	6	.6503	6
3	.1771		.1511		.1678		.1841		.1880		.1833		.2133		.1806		.2049		.2167	
4	.1532	5	.8817	4	.1547	5	.1825	5	.2985	5	.1661	5	.3009	5	.1967	5	.2397	5	.2940	5
5	.1805		.1933	5	.2180		.1583		.2526		.1535		.1633		.1909		.1475		.1357	
6	.4011		.3646		.3911		.3576		.3319		.3348		.2889		.2873		.2628		.2399	
7	.2565		.2063		.2088		.2278		.1450		.1971		.1475		.1147		.1104		.1069	
8	.4901	4	.4234	4	.2696	4	.4521	4	.4474	3	.4225	4	.1136	4	.1584	4	.1481	4	.1022	4
9	.3810		.3552		.5382		.4625		.5116	4	.6941		.6861		.9156		.1158	5	.9312	
10	.1131	5	.7108	4	.1264	5	.1190	5	.1333	5	.1345	5	.1672	5	.1498	5	.1999		.1785	5
20	.1703	4	.1572		.1998	4	.2407	4	.1658	4	.3018	4	.1793	4	.3213	4	.3434	4	.3164	4
30	.6544	3	.1347		.5503	3	.1218		.1456		.1325		.1709		.2547		.1916		.2123	
40	.9855		.1275		.1503	4	.1768		.1661		.1948		.2229		.1535		.2559		.2163	
50	.1438	4	.1500		.1577		.1312		.1401		.1292		.1201		.1223		.8527	3	.1070	
60	.5873	3	.9222	3	.1554	3	.6062	3	.1513	3	.3878	3	.5131	2	.5641	3	.1473		.6819	3
70	.2137	2	.8507	2	.7435	2	.3063		.3473		.3985		.3963	3	.6709		.4837		.4259	
80	.4820	3	.3503	3	.5268	3	.2190		.1530		.2369		.6973	2	.1753		.1538		.1170	
90	.6041	2	.2167		.1580		.5966	2	.1820		.9713	2	.7686		.1413		.8125	2	.1782	
100	.1078	3	.1850		.5067	1	.8034		.8338	2	.1414	3	.6391		.1602		.5401		.5132	2
110	.2001	2	.1315		.6934		.7894		.8020		.1097		.1336		.1795	2	.1148	3	.1426	1
120	.3999		.2920	2	.2623	2	.5190		.3890		.4293	2	.2168		.4588	1	.8541	2	.6809	
130	.2804		.4722	1	.1781		.2127		.2861		.2191		.3113		.1817	2	.2755		.1917	2
140	.4504		.3505		.5923		.1227		.2680		.9739		.2974		.5573		.3131		.3286	
150	.1515	3	.4474	2	.2310	3	.1547		.8914		.2993		.4429		.6625		.1787		.1150	
160	.1772	4	.2615	3	.1389	4	.1812	3	.1249	4	.3680	3	.1211	4	.7085	3	.1917	4	.4178	3
170	.4512	2	.4333		.8870	2	.5303		.5752	2	.3510		.1758	2	.1878		.1434	1	.2792	
180	.2454	4	.2454	4	.1539	3	.1539		.2621	4	.2621	4	.1223	4	.1223	4	.3959	3	.3959	

α =	47,2				47,4				47,6				47,8				48,0			
Streuquerschnitt Scattering	.2172 1				.2160 1				.2189 1				.2230 1				.2297 1			
φ^o	i_1		i_2		i_1		i_2		i_1		i_2		i_1		i_2		i_1		i_2	
0	.1463	7	.1463	7	.1473	7	.1473	7	.1538	7	.1538	7	.1623	7	.1623	7	.1751	7	.1751	7
1	.1213		.1223		.1231		.1226		.1289		.1278		.1350		.1359		.1440		.1462	
2	.6664	6	.6911	6	.6992	6	.6829	6	.7357	6	.7102	6	.7500	6	.7723	6	.7721	6	.8242	6
3	.2083		.2296		.2413		.2198		.2531		.2312		.2418		.2631		.2306		.2743	
4	.2421	5	.2861	5	.4036	5	.2451	5	.3657	5	.3055	5	.2827	5	.3577	5	.2262	5	.3318	5
5	.1548		.1044		.1427		.8737	4	.8296	4	.9986	4	.7782	4	.5429	4	.8406	4	.3808	4
6	.2338		.2170		.1748		.1827	5	.1515	5	.1421	5	.1373	5	.1206	5	.1073	5	.1161	5
7	.7269	4	.9294	4	.4842	4	.6654	4	.4427	4	.2666	4	.2128	4	.2779	4	.3934	3	.2243	4
8	.1830		.1497		.9598	3	.2553		.1292		.2637		.3992		.2263		.7927	4	.3191	
9	.1395	5	.1158	5	.1225	5	.1369	5	.1426	5	.1535	5	.1986	5	.1575	5	.2191	5	.1774	5
10	.1959		.1954		.1918		.1912		.2162		.1907		.2308		.2105		.1875		.2160	
20	.4781	4	.4042	4	.4698	4	.4954	4	.4850	4	.5575	4	.7225	4	.5635	4	.8066	4	.6400	4
30	.1736		.2117		.3439		.2101		.4023		.3644		.3701		.3336		.3251		.3111	
40	.3125		.2539		.2315		.2782		.2258		.1563		.2108		.1930		.2098		.2088	
50	.4857	3	.9316	3	.5263	3	.7074	3	.3714	3	.1230		.4307	3	.1147		.1055	3	.1083	
60	.3506		.7088		.5682		.7666		.6894		.7513	3	.6332		.6022	3	.1067	4	.5202	3
70	.3678		.3214		.4679		.2563		.3748		.3739		.2303		.4444		.1655	3	.4520	
80	.2721		.1731		.4032	2	.3076		.8411	2	.4327		.2712		.2907		.3482		.1940	
90	.2257		.1796		.1722	3	.2240		.4102		.8514	2	.9019	2	.3203	2	.2417		.4853	2
100	.9386	2	.2949	2	.9681	2	.4714	2	.2181	3	.1509		.1118	3	.3060		.1363	2	.8960	
110	.9486		.2664	1	.5212		.3228		.3588	2	.3251		.6125	1	.6264		.8404		.7831	
120	.4212		.3819		.2495		.1955		.3774		.5517		.7309		.4672		.1970	3	.6444	
130	.1261	3	.1426		.1437		.3463		.5547		.6330		.4210	0	.5076		.2430		.6802	
140	.1795		.7763		.2031		.6114		.2306		.8738		.5622	1	.4501		.1915		.5700	
150	.1088		.3355	2	.1101	3	.2078		.1269	3	.1915	3	.4001	2	.2712		.3449	2	.2547	1
160	.2015	4	.2390	3	.1624	4	.1758	3	.1321	4	.2399		.1567	4	.2942	3	.1717	4	.2808	3
170	.1007	3	.4031		.5063	2	.3772		.4408	2	.3345		.9717	1	.1918		.1448	3	.1498	
180	.2138		.2138		.2797	4	.2797	4	.5678	3	.5678		.2319	3	.2319		.1251	4	.1251	4

α =	48,2		48,4		48,6		48,8		49,0	
Streuquerschnitt Scattering	.2235 1		.2238 1		.2280 1		.2284 1		.2265 1	
φ^o	i_1	i_2	i_1	i_2	i_1	i_2	i_1	i_2	i_1	i_2
0	.1687 7	.1687 7	.1721 7	.1721 7	.1817 7	.1817 7	.1866 7	.1866 7	.1857 7	.1857 7
1	.1412	.1399	.1437	.1432	.1503	.1515	.1535	.1550	.1545	.1523
2	.8041 6	.7710 6	.8099 6	.7986 6	.8201 6	.8484 6	.8231 6	.8569 6	.8584 6	.8059 6
3	.2770	.2440	.2696	.2609	.2528	.2784	.2480	.2722	.2758	.2314
4	.3970 5	.2497 5	.3209 5	.3040 5	.2323 5	.3127 5	.2396 5	.2698 5	.2797 5	.1608 5
5	.3941 4	.2930 4	.2279 4	.2457 4	.4256 4	.1852 4	.4980 4	.2868 4	.3235 4	.6104 4
6	.9372	.9057	.1036 5	.8783	.1144 5	.1067 5	.1127 5	.1227 5	.1638 5	.1286 5
7	.3250	.8838 [illegible]	.3101 4	.2217	.3253 4	.3583 4	.8274 4	.4253 4	.1069	.4070 4
8	.5408	.4821 4	.5049	.5870	.9219	.5611	.1549 5	.6654	.9687 4	.8237
9	.1699 5	.1789 5	.1769 5	.1738 5	.2189 5	.1704 5	.2071	.1769 5	.1537 5	.1609 5
10	.1847	.1842	.1875	.1674	.1765	.1672	.1159	.1585	.1156	.1130
20	.6821 4	.6566 4	.6443 4	.6682 4	.8706 4	.6405 4	.7260 4	.6789 4	.5633 4	.5967 4
30	.4139	.2795	.4069	.3659	.3040	.3025	.2760	.2669	.2455	.2528
40	.1204	.2388	.8378 3	.1231	.5617 3	.1313	.5569 3	.1344	.6437 3	.1566
50	.4902 3	.6880 3	.7303	.1007	.1492 4	.1337	.1328 4	.1588	.1617 4	.1445
60	.8844	.6361	.9636	.1185	.5295 3	.9081 3	.4352 3	.6719 3	.9865 2	.3227 3
70	.1231 2	.6236	.5208 2	.4239 3	.1030	.3140	.4908	.2575	.4568 3	.4489
80	.1103 3	.1838	.1620 3	.8823 2	.4070	.1566	.4069	.2163	.2041	.5547
90	.2981	.8878 2	.1568	.1511 3	.3705 2	.1993	.2982	.2033	.1070	.3581
100	.2873 2	.1540 3	.5935 2	.1220	.6999	.6596 2	.3136 2	.4396 2	.1194	.9291 2
110	.3105	.1141	.3757	.3140 1	.1240 3	.2314 1	.2366	.1552	.8575 2	.1209 3
120	.2012	.5856 2	.5908	.2022 2	.1129	.2128	.4295	.5251	.4904	.1024
130	.2259	.3054	.4974	.5303	.4196 2	.1208 2	.5320	.5631	.3546	.4368 2
140	.2878	.1522	.3741	.8686	.1519	.2321	.5162	.2787	.2110	.1315
150	.1349	.1904	.5242	.2782 3	.1235 3	.1802 3	.1305 3	.8249	.4257	.2665
160	.1985 4	.1778 3	.2045 4	.4616 2	.1535 4	.5656 2	.1029 4	.1332 3	.1578 4	.8242
170	.3092 2	.1582	.6364 2	.4012 3	.4510 2	.4341 3	.1385 3	.1949	.1005 2	.1337 3
180	.3259 4	.3259 4	.5601 3	.5601	.4421 3	.4421	.2797 4	.2797 4	.3394 4	.3394 4

α =	49,2		49,4		49,6		49,8		50,0	
Streuquerschnitt Scattering	.2227 1		.2248 1		.2190 1		.2214 1		.2171 1	
φ^o	i_1	i_2	i_1	i_2	i_1	i_2	i_1	i_2	i_1	i_2
0	.1830 7	.1830 7	.1899 7	.1899 7	.1844 7	.1844 7	.1909 7	.1909 7	.1861 7	.1861 7
1	.1511	.1514	.1555	.1566	.1514	.1515	.1568	.1543	.1511	.1521
2	.8198 6	.8263 6	.8184 6	.8448 6	.8033 6	.8060 6	.8314 6	.7739 6	.7690 6	.7926 6
3	.2466	.2539	.2280	.2508	.2296	.2306	.2339	.1905	.1927	.2125
4	.1883 5	.2156 5	.1194 5	.1848 5	.1370 5	.1460 5	.1222 5	.5313 4	.5510 4	.8929 4
5	.7252 4	.5412 4	.1095	.9352 4	.1002	.1234	.1604	.1949 5	.2579 5	.2092 5
6	.2003 5	.1856 5	.2292	.2303 5	.2675	.2562	.3520	.2875	.3954	.3866
7	.9857 4	.1097	.1185	.1136	.1972	.1244	.2062	.1360	.1777	.2049
8	.8092	.8862 4	.1171	.7286 4	.1455	.7501 4	.9460 4	.9326 4	.6871 4	.7352 4
9	.1449 5	.1313 5	.1581	.1187 5	.1184	.1090 5	.8254	.8676	.6948	.5607
10	.1033	.8865 4	.7888 4	.7991 4	.3998 4	.6546 4	.3428	.2780	.2317	.1986
20	.4596 4	.4426	.5934	.4263	.4002	.4362	.2391	.3448	.1460	.1951
30	.1911	.2248	.8918 3	.1785	.9773 3	.1456	.1000	.2155	.1423	.2110
40	.8527 3	.1495	.1515 4	.1716	.1475 4	.2040	.2023	.1721	.2144	.1924
50	.1536 4	.1284	.1355	.1296	.1338	.1231	.1049	.1340	.9438 3	.1397
60	.7341 2	.6421 3	.1441 3	.7148 3	.3471 3	.7705 3	.6199 3	.9620 3	.7840	.7880 3
70	.6963 3	.5702	.4825	.5062	.3737	.4327	.2943	.4009	.2234	.3557
80	.4193 2	.3608	.4629 2	.2427	.4155 2	.1785	.1203 2	.1678	.2309	.2322
90	.1973	.5428 2	.1016 3	.4324 2	.3271 3	.5245 2	.4145 3	.8653 2	.2373	.1543
100	.2516 3	.5036 1	.9917 2	.4137	.6072 1	.9666	.9132 1	.1492 3	.8452 2	.1277
110	.3169 2	.2470 2	.3359	.8601	.7971 2	.6946	.2694 2	.4497 2	.8262	.7182 1
120	.3786 1	.3093	.6728	.4073	.4581	.1493	.3304	.1347 0	.8954	.3697
130	.2523 2	.2040	.2571	.3037	.3826	.2239	.1874	.6504 1	.1132 3	.4623
140	.6166	.2136	.1164	.6108	.4080	.5257	.1332	.4009	.1115	.2617
150	.1392	.7357	.8219	.2387 3	.1170 3	.3006 3	.1427 3	.5832 2	.1974	.3330 2
160	.2199 4	.1602 3	.1801 4	.2946 2	.1472 4	.2742 1	.1178 4	.2311	.1446 4	.1231 3
170	.6993 2	.4693	.1066 3	.5393 3	.3790 2	.4214 3	.4544 1	.9286 3	.6668 2	.4327
180	.5756 3	.5756	.7146	.7146	.1959 4	.1959 4	.2420 4	.2420 4	.5027 3	.5027

α =	50,2				50,4				50,6				50,8				51,0			
Streuquerschnitt Scattering	.2164 1				.2087 1				.2094 1				.2104 1				.2132 1			
φ^{o}	i_1		i_2		i_1		i_2		i_1		i_2		i_1		i_2		i_1		i_2	
0	.1883	7	.1883	7	.1787	7	.1787	7	.1824	7	.1824	7	.1863	7	.1863	7	.1943	7	.1943	7
1	.1520		.1529		.1450		.1445		.1474		.1462		.1482		.1498		.1525		.1550	
2	.7577	6	.7778	6	.7351	6	.7249	6	.7345	6	.7092	6	.6977	6	.7347	6	.6839	6	.7368	6
3	.1786		.1945		.1812		.1736		.1704		.1537		.1353		.1622		.1149		.1473	
4	.2277	4	.5863	4	.2848	4	.3927	4	.1715	4	.5310	3	.7731	3	.1225	4	.2462	4	.7172	3
5	.2888	5	.2814	5	.2740	5	.3106	5	.3692	5	.3657	5	.5028	5	.4227	5	.5469	5	.5148	5
6	.4183		.4320		.4738		.4474		.5417		.4859		.5624		.5710		.5152		.6039	
7	.1959		.1959		.2706		.1973		.2515		.2182		.1964		.2432		.1593		.2183	
8	.8479	4	.5319	4	.8943	4	.4660	4	.4689	4	.5263	4	.2553	4	.3080	4	.2388	4	.1544	4
9	.6269		.4175		.2800		.2985		.1481		.1421		.1357		.5260	3	.4126	3	.4973	3
10	.1008		.1166		.6210	2	.5396	3	.1416	3	.8203	2	.1784	3	.1707		.1515	4	.6014	
20	.2034		.1528		.1164	4	.1612	4	.7509		.1879	4	.6344		.1364	4	.1886		.1390	4
30	.8352	3	.2040		.1481		.1744		.2225	4	.2773		.3798	4	.3474		.2322		.3943	
40	.3633	4	.2342		.2808		.3017		.2759		.2143		.2025		.1898		.3349		.1852	
50	.2977	3	.1326		.2517	3	.1037		.1711	3	.7437	3	.5876	3	.1093		.9753	3	.1511	
60	.5730		.6747	3	.9449		.5191	3	.9928		.1183	4	.1091	4	.1093		.3951		.1021	
70	.1168		.3888		.3243	2	.4037		.9705	2	.7940	3	.2806	3	.5260	3	.1907		.3899	3
80	.5711		.2562		.5144	3	.2520		.3237	3	.3778		.4129	2	.2091		.1142		.1680	
90	.1927	2	.1971		.8906	2	.2100		.7446	2	.1839		.4373	1	.8481	2	.9205	2	.8267	2
100	.7514		.7674	2	.6540	1	.5823	2	.1282	3	.2183	2	.2474	3	.6907	1	.6651		.4871	
110	.1096	3	.1116	1	.8422	2	.2230		.9650	2	.5711		.8189	1	.5070	2	.1215	3	.1120	3
120	.4445	2	.1184	2	.5442		.8315		.3123		.1939		.4764	2	.6028		.1667		.4266	2
130	.1395		.3273		.4610		.1245	3	.2266		.5669	0	.1006	3	.3743		.8204	2	.3476	1
140	.8019	1	.5374		.3593		.1634		.2103		.8700		.9818	2	.2512		.7672		.2980	
150	.1463	3	.1095	3	.7892	1	.3282		.9466		.7218	2	.3041	3	.1280	3	.3494	3	.5389	2
160	.1378	4	.9961	2	.1992	4	.6888	2	.1466	4	.2023	3	.9890		.2813	2	.3272		.5849	
170	.2263	3	.3846	3	.3710	1	.4380	3	.5366	1	.1451	4	.5208	2	.9268	3	.8340		.5497	3
180	.4311		.4311		.2064	4	.2064	4	.8326	3	.8326	3	.8165	3	.8165		.1955	4	.1955	4

α =	51,2				51,4				51,6				51,8				52,0			
Streuquerschnitt Scattering	.2010 1				.2018 1				.2065 1				.2025 1				.2009 1			
φ^o	i_1		i_2		i_1		i_2		i_1		i_2		i_1		i_2		i_1		i_2	
0	.1752	7	.1752	7	.1791	7	.1791	7	.1900	7	.1900	7	.1864	7	.1864	7	.1846	7	.1846	7
1	.1403		.1394		.1424		.1424		.1491		.1508		.1469		.1470		.1466		.1452	
2	.6754	6	.6567	6	.6679	6	.6688	6	.6644	6	.7019	6	.6704	6	.6678	6	.6858	6	.6540	6
3	.1402		.1270		.1263		.1287		.1076		.1303		.1234		.1150		.1322		.1107	
4	.4713	3	.6902	3	.1078	4	.1167	4	.6606	4	.1312	4	.1057	5	.3835	4	.5643	4	.4229	4
5	.4686	5	.4983	5	.5549	5	.5155	5	.6654	5	.5736	5	.6050		.6105	5	.5653	5	.5806	5
6	.6058		.5713		.6225		.5898		.5895		.6187		.5681		.5875		.5785		.5351	
7	.2568		.2043		.2106		.2119		.1409		.1967		.1634		.1586		.1646		.1388	
8	.2466	4	.1176	4	.5828	3	.1006	4	.8673	1	.7765	3	.8900	2	.6321	3	.1091	4	.1883	4
9	.5830	3	.4148	3	.2135	4	.1473		.3168	4	.3076	4	.4287	4	.4327	4	.8100		.5701	
10	.3509	4	.1179	4	.3897		.4252		.4991		.4264		.1060	5	.5571		.1119	5	.5884	
20	.2443		.1463		.2874		.3260		.3106		.3313		.5770	4	.3987		.6861	4	.3647	
30	.3939		.3676		.4698		.4006		.5446		.4551		.4844		.4797		.4669		.4631	
40	.1716		.2290		.1345		.1921		.7685	3	.1535		.6360	3	.1285		.5093	3	.1245	
50	.1240		.1823		.1327		.1174		.1560	4	.1269		.1765	4	.1468		.1812	4	.1737	
60	.3584	3	.6977	3	.1142	3	.6244	3	.1173	3	.6790	3	.1477	3	.7994	3	.3637	3	.8376	3
70	.4577		.2563		.6186		.4449		.7667		.5190		.3918		.5517		.2383		.5836	
80	.1059		.1761		.6018	2	.3440		.1662		.4075		.3536		.3344		.4048		.3589	
90	.3838		.8125	2	.5168	3	.1022		.2258		.1566		.6737	1	.1633		.6578	2	.2788	
100	.3082	2	.1120	3	.2744	1	.1239		.1303		.1610		.1432	3	.8104	2	.1893		.1108	
110	.4088		.8029	2	.7459	2	.3230	2	.9296	2	.1003	2	.7135	1	.9944	1	.1064	3	.3834	2
120	.2458		.7546	1	.9424		.4665	1	.1604		.2568		.5125	2	.4615	2	.4647	2	.5019	
130	.2397		.5490	2	.5515		.1449	2	.1570		.4242		.3410		.3222		.3692		.8107	1
140	.3260		.1170	3	.1743		.2788		.5361		.4131		.1095		.1730		.4862		.1729	2
150	.6905		.1402		.2655		.4093		.1174	3	.1180	3	.6466		.1077	3	.2129	3	.3207	
160	.1610	4	.1087		.1569	4	.4804	3	.1438	4	.2154		.1624	4	.7182	2	.9871		.1452	3
170	.5828	2	.3243		.8096	2	.1500	4	.2740	2	.1434	4	.3637	3	.1114	4	.1406		.8378	
180	.2120	4	.2120	4	.5848	3	.5848	3	.1559	4	.1559		.2040	4	.2040		.2541	4	.2541	4

α =	52,2		52,4		52,6		52,8		53,0	
Streuquerschnitt Scattering	.2023 1		.2076 1		.2034 1		.2114 1		.2101 1	
φ°	i_1	i_2	i_1	i_2	i_1	i_2	i_1	i_2	i_1	i_2
0	.1902 7	.1902 7	.2034 7	.2034 7	.1985 7	.1985 7	.2171 7	.2171 7	.2177 7	.2177 7
1	.1499	.1507	.1593	.1604	.1572	.1562	.1720	.1685	.1712	.1728
2	.6815 6	.7002 6	.7104 6	.7315 6	.7339 6	.7082 6	.8020 6	.7303 6	.7755 6	.8124 6
3	.1200	.1335	.1241	.1316	.1514	.1284	.1608	.1193	.1441	.1682
4	.7171 4	.6247 4	.1600 5	.5977 4	.1690 5	.9752 4	.1142 5	.1293 5	.1218 5	.1027 5
5	.6113 5	.5498 5	.6445	.5711 5	.5355	.5517 5	.5207	.5289	.5089	.4403
6	.5374	.5278	.4602	.4958	.4273	.4304	.4147	.3147	.3294	.3456
7	.1147	.1325	.5697 4	.1045	.6503 4	.6954 4	.5809 4	.3644 4	.3435 4	.4895 4
8	.3111 4	.2359 4	.3676	.5015 4	.3328	.5828	.8032	.9255	.1360 5	.1033 5
9	.1153 5	.1023 5	.1262 5	.1314 5	.1567 5	.1486 5	.2127 5	.1471 5	.2355	.2229
10	.1054	.1126	.1217	.1042	.1725	.1169	.1657	.9628 4	.1341	.1563
20	.6579 4	.6178 4	.6266 4	.5702 4	.8436 4	.6351 4	.9417 4	.5284	.7491 4	.7675 4
30	.4949	.4275	.3840	.4036	.3036	.3417	.2413	.2876	.2767	.3138
40	.5813 3	.1468	.1206	.1557	.1573	.1983	.2120	.2263	.1920	.2099
50	.1801 4	.1648	.1369	.1649	.9633 3	.1408	.4567 3	.6343 3	.4468 3	.1024
60	.6941 3	.9296 3	.7693 3	.8961 3	.9947	.7295 3	.9395	.5585	.1339 4	.9983 3
70	.1111	.4764	.3728 2	.4077	.4967 2	.3457	.1222	.5997	.4421 3	.6266
80	.2423	.1453	.1195 3	.1250	.2937 3	.1474	.4403	.3594	.3099	.4259
90	.8612 2	.1151	.1412 2	.1248	.7474 2	.1328	.3813	.1336	.6243	.1442
100	.1209 3	.3040 1	.2031 3	.1038 2	.1717 3	.4467 2	.6203 2	.1019	.9617 1	.1508
110	.5785 2	.3339 2	.3092 1	.6380	.1847 2	.9950	.4491	.3771 2	.1821 3	.4352 2
120	.1134	.3110	.8789 2	.4146	.3161	.1695	.6209	.1078 3	.1294	.3660 1
130	.1557	.3134	.9137	.1997	.3264	.1242 1	.5474	.1176	.5169 2	.3179 2
140	.4967 1	.4764	.6518	.2956	.3199	.8570	.6219	.2308 2	.3249	.4343
150	.9957 2	.1141	.4876 1	.1592	.1229	.4204 2	.1640 3	.2238 0	.1355 3	.5037
160	.9633 3	.4781 3	.1713 4	.5503 3	.2074 4	.3729 3	.1235 4	.8601 3	.8717	.3078 3
170	.2879	.1163 4	.1064 3	.1433 4	.6878 2	.1575 4	.1288 3	.3380 4	.5455	.1547 4
180	.5996	.5996 3	.1793 4	.1793	.1260 4	.1260	.4132 4	.4132	.7446	.7446 3

α =	53,2				53,4				53,6				53,8				54,0			
Streuquerschnitt Scattering	.2139 1				.2103 1				.2146 1				.2209 1				.2243 1			
φ°	i_1		i_2		i_1		i_2		i_1		i_2		i_1		i_2		i_1		i_2	
0	.2291	7	.2291	7	.2249	7	.2249	7	.2377	7	.2377	7	.2556	7	.2556	7	.2681	7	.2681	7
1	.1805		.1806		.1791		.1777		.1885		.1880		.2003		.2031		.2101		.2111	
2	.8286	6	.8282	6	.8566	6	.8244	6	.8864	6	.8794	6	.9043	6	.9634	6	.9580	6	.9688	6
3	.1684		.1604		.1946		.1689		.1885		.1897		.1736		.2096		.2041		.1941	
4	.1958	5	.9081	4	.1785	5	.1186	5	.1150	5	.1554	5	.1118	5	.8709	4	.2249	5	.7236	4
5	.4625		.4257	5	.3521		.3682		.3356		.3140		.3310		.2699	5	.2632		.2642	5
6	.2534		.2792		.2219		.21[illegible]3		.1933		.1593		.1226		.1593		.7046	4	.1062	
7	.6779	3	.3496	4	.4386	3	.1546	4	.8893	3	.4609	3	.2963	4	.1305	4	.4952		.2916	4
8	.1364	5	.1540	5	.1335	5	.1600	5	.1941	5	.1723	5	.2697	5	.2047	5	.2495	5	.2617	5
9	.2365		.2444		.2705		.2540		.3045		.2654		.2931		.2970		.2561		.2916	
10	.1499		.1324		.1841		.1391		.1553		.1444		.9827	4	.1425		.1052		.1041	
20	.6441	4	.6081	4	.7462	4	.6026	4	.7398	4	.6085	4	.4438		.6245	4	.3262	4	.4248	4
30	.1471		.3046		.1100		.2161		.8016	3	.1926		.1928		.2335		.1656		.3347	
40	.3103		.1910		.3113		.2612		.3576	4	.3132		.2420		.2816		.3399		.1940	
50	.5523	3	.1349		.4928	3	.1669		.7396	3	.9539	3	.5839	3	.1044		.1241		.1150	
60	.8264		.1265		.7622		.1107		.3348		.6605		.2481		.6447	3	.1406	3	.7762	3
70	.4666		.6754	3	.5135		.4820	3	.4839		.3748		.7074		.3744		.8682		.4961	
80	.4836	2	.4821		.8909	2	.3056		.1246		.2053		.6140	2	.1542		.3875		.2060	
90	.2126	3	.1593		.1784		.1083		.1102		.1702		.1550	3	.1113		.6451	2	.1570	
100	.9638	2	.2024		.6304		.8508	2	.3732	2	.4049	2	.9402	2	.1191	2	.7067		.9667	1
110	.5235		.2335	2	.4617		.3442		.8877		.4075		.1104		.7135		.1983	3	.6134	2
120	.1692		.9151		.6283		.1064	3	.8642	1	.3388		.1342	3	.4086		.4656	2	.4476	-1
130	.1203	3	.1224	3	.5292		.5989	2	.2558	2	.5350		.1493		.1085	1	.8199		.5792	2
140	.1109		.1124		.3215		.3265		.4865		.4169		.1135		.4296		.1991	3	.1186	3
150	.1089		.8308	2	.4866		.1852		.1873		.4890	1	.5839	2	.3122	2	.2483		.1941	
160	.1231	4	.5995	3	.1842	4	.6389	3	.1747	4	.8222	3	.2163	4	.4501	3	.1980	4	.4513	
170	.3393	3	.1393	4	.1165	3	.1427	4	.1022	3	.3319	4	.6918	3	.2417	4	.1691		.2053	4
180	.1059	4	.1059		.1273	4	.1273		.6039		.6039	3	.1846	4	.1846		.4624		.4624	

α =	54,2				54,4				54,6				54,8				55,0			
Streuquerschnitt Scattering	.2175 1				.2207 1				.2274 1				.2234 1				.2230 1			
φ^o	i_1		i_2		i_1		i_2		i_1		i_2		i_1		i_2		i_1		i_2	
0	.2554	7	.2554	7	.2669	7	.2669	7	.2879	7	.2879	7	.2828	7	.2828	7	.2857	7	.2857	7
1	.2037		.2024		.2112		.2121		.2247		.2279		.2239		.2219		.2261		.2237	
2	.9804	6	.9516	6	.9876	6	.1009		.1003		.1068		.1055		.1008		.1059		.1012	
3	.2260		.2053		.2078		.2250	6	.1890	6	.2257	6	.2315	6	.1968	6	.2231	6	.1985	6
4	.1125	5	.7835	4	.5369	4	.7752	4	.6067	4	.3267	4	.8064	4	.1854	4	.2579	4	.1732	4
5	.1847		.1923	5	.1976	5	.1669	5	.2133	5	.1789	5	.1625	5	.1770	5	.1848	5	.1620	5
6	.9438	4	.7867	4	.8005	4	.8087	4	.5526	4	.8064	4	.1047		.6080	4	.1199		.8755	4
7	.1898		.2589		.3850		.3008		.1047	5	.3341		.9825	4	.7359		.7718	4	.8837	
8	.2316	5	.2481	5	.2858	5	.2423	5	.3385		.2593	5	.2692	5	.2860	5	.2555	5	.2356	5
9	.3023		.2854		.3047		.2788		.2448		.2743		.2296		.2307		.2268		.1820	
10	.1295		.1075		.9526	4	.1023		.3797	4	.9079	4	.5064	4	.5200	4	.5249	4	.4631	4
20	.3905	4	.3829	4	.3519		.3759	4	.1701		.4059		.1182		.2984		.1922		.3596	
30	.2453		.3227		.2535		.2891		.4451		.3226		.4689		.4653		.4905		.5327	
40	.2100		.1896		.1854		.2379		.1048		.2233		.9876	3	.1739		.7290	3	.8688	3
50	.1660		.1739		.2070		.1726		.1975		.1779		.1965	4	.1639		.1548	4	.1654	4
60	.1340	3	.8641	3	.3745	3	.9697	3	.7210	3	.1006		.9601	3	.9660	3	.9788	3	.7294	3
70	.3323		.4961		.1144		.7105		.1945	2	.6601	3	.2255	2	.5169		.1144		.3824	
80	.5278		.2150		.7321		.3712		.3630	3	.4091		.3760		.3490		.2079	2	.2419	
90	.6412	2	.1892		.3136		.2013		.5898		.2146		.1314	3	.1414		.4276		.1283	
100	.2367	3	.4319	2	.8627	2	.4294	2	.3278	2	.1753		.1156		.2184		.5047		.9880	2
110	.5409	1	.7321		.8954		.2932		.2301	3	.3561	2	.4510	2	.2336	2	.7745		.1111	
120	.5192	2	.1029		.9462		.1291		.1634	2	.2000		.5385		.7495		.3156		.2307	3
130	.5194		.8495		.2884		.2706		.3929		.3295		.4397		.2004		.2700		.3471	2
140	.2960		.1276	3	.2756		.3126		.9644		.1264		.4897		.2716		.2945		.3352	3
150	.1388	3	.2177		.2942		.3023		.1303	3	.1233		.1782		.1368	3	.6061		.4143	
160	.1297	4	.5199		.1609	4	.7864	3	.3256	4	.8732	3	.2348	4	.5575		.1791	4	.1102	
170	.4549	3	.1256	4	.3786	3	.2208	4	.6878	3	.2760	4	.5215	3	.3010	4	.6803	3	.2200	4
180	.1071	4	.1071		.6474		.6474	3	.3422	4	.3422		.1061	4	.1061		.6361		.6361	3

α =	55,2		55,4		55,6		55,8		56,0	
Streuquerschnitt Scattering	.2226 1		.2251 1		.2200 1		.2253 1		.2189 1	
φ°	i_1	i_2	i_1	i_2	i_1	i_2	i_1	i_2	i_1	i_2
0	.2888 7	.2888 7	.3007 7	.3007 7	.2922 7	.2922 7	.3100 7	.3100 7	.2970 7	.2970 7
1	.2265	.2282	.2338	.2356	.2296	.2271	.2417	.2371	.2292	.2316
2	.1025	.1062	.1026	.1063	.1046	.9945 6	.1068	.9803 6	.9729 6	.1022
3	.1941 6	.2189 6	.1803 6	.2000 6	.2015 6	.1706	.1848 6	.1427	.1471	.1762 6
4	.2046 3	.1532 4	.8886 3	.1041 4	.2230 3	.4337 3	.1545 4	.3038 4	.4405 4	.3151 4
5	.2380 5	.2073 5	.2685 5	.2688 5	.2947 5	.3032 5	.4168 5	.3493 5	.4738 5	.4491 5
6	.1259	.1405	.1721	.1439	.2521	.1746	.2701	.1746	.2652	.3016
7	.9875 4	.7889 4	.1810	.7191 4	.1491	.1174	.1085	.1242	.1179	.9918 4
8	.2824 5	.2321 5	.2844	.2236 5	.2020	.2163	.1843	.1684	.1808	.1405 5
9	.2059	.1958	.1329	.1703	.1120	.1139	.1014	.6371 4	.7540 4	.7712 4
10	.3922 4	.4838 4	.9768 3	.5063 4	.9254 3	.2736 4	.2266 4	.3735	.3867	.2936
20	.2958	.3213	.3200 4	.4394	.2590 4	.4534	.4096	.3642	.6798	.5449
30	.4969	.4429	.6391	.4419	.5833	.4963	.4587	.5227	.4304	.3967
40	.6085 3	.1713	.8308 3	.1684	.1285	.1948	.2093	.2114	.2694	.2862
50	.1071 4	.1331	.1135 4	.1344	.6897 3	.1747	.5117 3	.1406	.1642 3	.1124
60	.1043	.8374 3	.1373	.1075	.1018 4	.1418	.7484	.7308 3	.3627	.7914 3
70	.2788 3	.4303	.7840 3	.6032 3	.7153 3	.7445 3	.6710	.8416	.4362	.4948
80	.7013 2	.1893	.5298 1	.3079	.1258	.4039	.5192	.8196	.7334	.3289
90	.1899 3	.6193 2	.2882 3	.1000	.1618	.1664	.6114 2	.2320	.2364	.2687
100	.6153 2	.4897	.5004 2	.2597 2	.2089	.4151 1	.2805 3	.1691	.1184	.5451 2
110	.4794	.5546	.8419	.1463 3	.5476 2	.6015 2	.1634 2	.7867 2	.1353	.2420
120	.3365	.6124	.1637 3	.4793 2	.2225	.1668	.1136 3	.1067 3	.3725 2	.3976
130	.8088	.2198	.4352 2	.1019 1	.2480	.7235	.7541 2	.7667 2	.2436	.8703
140	.4886	.2535	.5633	.1364 2	.2492	.1768	.4790	.1077 3	.4977	.8141
150	.8929	.1485 3	.2884 3	.1164 3	.5105	.6026	.1062	.6032	.4984	.1896 3
160	.1531 4	.4578	.2643 4	.9225	.2512 4	.7739 3	.2960 4	.1580	.2488 4	.2035
170	.9647 3	.1791 4	.7462 3	.2435 4	.2990 3	.3100 4	.6812 3	.4858 4	.1430	.2313 4
180	.6255	.6255 3	.3347 4	.3347	.6373	.6373 3	.4473 4	.4473	.8358 3	.8358 3

α =	56,2				56,4				56,6				56,8				57,0			
Streuquerschnitt Scattering	.2187 1				.2119 1				.2115 1				.2134 1				.2089 1			
φ^o	i_1		i_2		i_1		i_2		i_1		i_2		i_1		i_2		i_1		i_2	
0	.3014	7	.3014	7	.2880	7	.2880	7	.2904	7	.2904	7	.2990	7	.2990	7	.2920	7	.2920	7
1	.2315		.2320		.2229		.2208		.2222		.2230		.2252		.2289		.2219		.2199	
2	.9663	6	.9765	6	.9545	6	.9119	6	.9084	6	.9267	6	.8661	6	.9378	6	.8846	6	.8454	6
3	.1382		.1447		.1450		.1237		.1156		.1262		.8644	5	.1202		.1015		.8456	5
4	.4608	4	.8809	4	.4882	4	.8266	4	.1305	5	.8997	4	.2250		.1486	5	.1644	5	.2525	
5	.5111	5	.5418	5	.6021	5	.5899	5	.7245		.6762	5	.7909		.7840		.8271		.8308	
6	.3301		.2874		.4376		.3527		.4110		.4370		.3638		.4505		.5241		.3820	
7	.1648		.7701	4	.1380		.1138		.8600	4	.1082		.7375	4	.6961	4	.1278		.4257	4
8	.1506		.1188	5	.8486	4	.9512	4	.6942		.5581	4	.6021		.3933		.2769	4	.2714	
9	.3409	4	.5468	4	.1838		.1945		.1060		.6263	3	.2660	3	.5127	3	.7110	3	.1334	3
10	.3868		.5531		.3060		.5286		.5859		.4850	4	.1039	5	.5593	4	.9976	4	.9442	4
20	.7869		.7321		.6740		.7964		.8093		.7110		.1101		.8001		.1050	5	.9268	
30	.4956		.3936		.3530		.3513		.1898		.2608		.1826	4	.2171		.1213	4	.2540	
40	.2861		.2594		.3197		.2417		.3794		.3210		.3874		.3771		.3437		.3398	
50	.8058	3	.7839	3	.6599	3	.1408		.1400		.1587		.1471		.1848		.2021		.1529	
60	.2451		.6499		.9194	2	.9152	3	.1642	3	.9843	3	.4178	3	.9792	3	.6921	3	.1116	
70	.3773		.4489		.3366	3	.4318		.1787		.6620		.1845		.6544		.1073		.9412	3
80	.2997		.3088		.1408		.1433		.2213		.1494		.4645		.2596		.9527	2	.5603	
90	.3333		.3086		.1028		.1000		.5433	2	.4677	2	.2712		.4602	2	.4564	3	.8629	2
100	.1071	2	.1947		.6176	2	.1954		.5768		.1218	3	.1341		.8758		.2269	2	.4163	
110	.1659	3	.6742	1	.8931	2	.8151	1	.7438		.7185	1	.7337	1	.7840		.1014	3	.2101	3
120	.4377	2	.1036	3	.4796		.2241	2	.2893		.2686	2	.1093	3	.2687		.4121	2	.4561	1
130	.1427	3	.7350	2	.2274		.1165		.9625		.7176	1	.7906	1	.3542		.4636		.1049	3
140	.4984	2	.2713		.3003		.1975		.9221		.1149	2	.2795	2	.1039	3	.4476		.1794	
150	.3515	3	.2091	3	.1606	3	.1233	3	.2390	3	.2821	1	.7207		.8618	2	.1077		.1842	
160	.2032	4	.4784		.1974	4	.6116		.3034	4	.4082	3	.3418	4	.2876	3	.2415	4	.1715	
170	.1234		.2453	4	.6361	3	.2300	4	.6397	3	.2939	4	.1723		.2863	4	.1368		.3456	4
180	.1203		.1203		.5240		.5240	3	.4602		.4602	3	.2655		.2655		.2336		.2336	

α =	57,2		57,4		57,6		57,8		58,0	
Streuquerschnitt Scattering	.2037 1		.2051 1		.2088 1		.2039 1		.2006 1	
φ°	i_1	i_2	i_1	i_2	i_1	i_2	i_1	i_2	i_1	i_2
0	.2808 7	.2808 7	.2878 7	.2878 7	.3025 7	.3025 7	.2923 7	.2923 7	.2856 7	.2856 7
1	.2134	.2119	.2157	.2176	.2228	.2275	.2197	.2160	.2138	.2133
2	.8462 6	.8198 6	.8087 6	.8457 6	.7823 6	.8659 6	.8369 6	.7665 6	.7979 6	.7892 6
3	.9156 5	.8102 5	.6757 5	.8395 5	.5029 5	.7806 5	.7877 5	.4993 5	.6577 5	.6362 5
4	.2064	.2341	.3373	.2509	.4753	.3133	.3268	.4354	.3752	.3695
5	.9129	.8789	.1005 6	.9560	.9946	.1022 6	.1004 6	.9848	.1040 6	.9931
6	.5266	.4624	.4559 5	.5051	.3576	.4808 5	.4931 5	.3575	.4501 5	.4213
7	.7069 4	.6169 4	.2924 4	.4721 4	.2210 4	.2508 4	.3255 4	.5584 3	.1435 4	.1446 4
8	.1189	.1255	.1916	.8828 3	.1796	.1779	.2600	.2520 4	.5847	.4023
9	.1050	.5633 3	.1561	.1716 4	.4475	.2069	.8084	.3682	.8120	.6544
10	.8418	.1001 5	.1220 5	.9446	.1930 5	.9488	.1452 5	.1297 5	.1115 5	.1193 5
20	.8705	.9486 4	.9586 4	.7985	.1064	.7968	.8291 4	.7651 4	.5861 4	.7307 4
30	.1412	.2365	.1128	.2198	.1776 4	.1876	.2145	.2712	.3158	.3571
40	.2946	.2258	.2482	.2602	.1671	.2733	.1254	.2713	.1057	.1720
50	.2115	.1632	.2100	.1750	.2059	.1717	.1652	.1897	.1496	.1989
60	.9870 3	.9907 3	.9565 3	.8655 3	.1853	.7945 3	.1203	.1418	.1188	.1478
70	.2110	.6005	.2678	.4114	.7031 3	.3548	.8018 3	.6009 3	.9747 3	.5767 3
80	.7896 2	.4766	.2409	.4050	.3522	.2967	.1445	.1884	.2043	.1287
90	.3060 3	.1651	.5305 2	.2487	.2834	.3192	.1981	.3625	.6477 2	.1147
100	.2505	.2869 1	.2745 3	.7421 1	.1078	.5749 2	.6376 1	.1889	.3311	.1832
110	.2608 2	.5448 2	.6550 2	.3993 2	.9392 2	.2124	.8955 2	.1002 2	.1563 3	.1010 2
120	.6121	.1464	.9086	.1189	.4206	.8703	.7412	.1663 3	.1113 2	.8186 1
130	.4409	.1056	.3162	.3200	.7388	.3318	.5123	.1153 2	.3764	.1631 2
140	.3220	.4630 0	.1053 3	.1038	.6345 1	.2021	.4378	.1830 3	.2778	.3949
150	.9237	.1558 3	.4019	.8176	.9631 2	.1440	.6566	.1092	.2100	.5056
160	.2168 4	.1878	.2289 4	.2386 3	.2585 4	.2955 3	.2951 4	.1797	.3179 4	.1696
170	.1353	.1816 4	.1157	.1846 4	.1881	.2527 4	.9719 3	.3990 4	.1708	.2109 4
180	.2850 3	.2850 3	.7990 3	.7990 3	.5141	.5141	.9386	.9386 3	.6505 3	.6505 3

α =	58,2				58,4				58,6				58,8				59,0			
Streuquerschnitt Scattering	.2033 1				.2043 1				.2041 1				.2046 1				.2073 1			
φ°	i_1		i_2		i_1		i_2		i_1		i_2		i_1		i_2		i_1		i_2	
0	.2974	7	.2974	7	.3047	7	.3047	7	.3079	7	.3079	7	.3131	7	.3131	7	.3256	7	.3256	7
1	.2201		.2224		.2249		.2268		.2306		.2264		.2327		.2330		.2407		.2429	
2	.7866	6	.8277	6	.8024	6	.8289	6	.8683	6	.7923	6	.8493	6	.8598	6	.8647	6	.9034	6
3	.5539	5	.6915	5	.6802	5	.6443	5	.8592	5	.5694	5	.7220	5	.8261	5	.7577	5	.8531	5
4	.5040		.3827		.5553		.4125		.4114		.5103		.4512		.4335		.5135		.3899	
5	.1057	6	.1023	6	.9617		.9982		.9347		.8959		.9138		.8477		.8453		.8368	
6	.3559	5	.4204	5	.2858		.3656		.3265		.2308		.2557		.2413		.1746		.2341	
7	.3612	3	.1685	4	.5946	2	.2516	4	.1164	4	.2545	4	.4536	4	.2824	4	.6335	4	.6281	4
8	.8351	4	.7785		.9824	4	.1070	5	.1571	5	.1375	5	.2161	5	.1925	5	.2338	5	.2362	5
9	.9072		.9211		.1580	5	.9328	4	.1877		.1250		.1639		.1834		.1597		.1687	
10	.1438	5	.1074	5	.1947		.9754		.1307		.1193		.8566	4	.1001	5	.9662	4	.7039	4
20	.6420	4	.5411	4	.5827	4	.5128		.3399	4	.4079	4	.1610		.2443	4	.1923		.2074	
30	.3676		.3771		.4854		.3569		.5569		.4332		.6357		.5295		.5907		.5372	
40	.8675	3	.1995		.9182	3	.2007		.1043		.2208		.1468		.2062		.2642		.2742	
50	.7197		.1591		.7852		.1116		.2732	3	.1182		.4679	3	.1440		.8535	3	.1792	
60	.6223		.1097		.6906		.7840	3	.2402		.8356	3	.1468		.1018		.1656		.9968	3
70	.6540		.6942	3	.1918		.6822		.1442		.6242		.8841	2	.4670	3	.6948	2	.4536	
80	.5309		.2264		.6012		.3611		.3792		.6508		.8618		.5267		.1865		.2993	
90	.4756	2	.5548	2	.3345		.6067	2	.6061		.8723	2	.4582	3	.1565		.7633		.2335	
100	.6997		.1455	3	.9207	2	.1389	3	.4809	2	.2897		.2851		.4106	1	.2439	3	.1590	2
110	.3244		.3119	2	.5083		.8648	2	.5948		.1546	3	.2649	2	.5476	2	.1366		.5081	
120	.1505	3	.3322		.3198		.3114	1	.5594		.5431	2	.1013	3	.1733		.1196	2	.4374	
130	.1291		.5190	1	.6193		.8503	2	.7840		.1209	3	.4792	1	.8916		.2066	3	.3588	
140	.6398	2	.2356	2	.1075		.1336		.6565		.6058	2	.1129	2	.1931		.1247		.1154	
150	.2152	3	.1326	3	.3537		.6080		.2127	3	.8603		.1311	3	.2740	1	.2399	2	.3805	
160	.2166	4	.1402	2	.1630	4	.6513		.2299	4	.1448	3	.3228	4	.3283	3	.2466	4	.7678	
170	.1818		.1518	4	.1613		.1794	4	.8661	3	.3096	4	.1413		.2563	4	.1883		.1856	4
180	.5089	3	.5089	3	.3498		.3498		.3807		.3807	3	.1902	2	.1902	2	.5342	3	.5342	3

α =	59,2				59,4				59,6				59,8				60,0			
Streuquerschnitt Scattering	.2067 1				.2087 1				.2123 1				.2159 1				.2137 1			
φ^o	i_1		i_2		i_1		i_2		i_1		i_2		i_1		i_2		i_1		i_2	
0	.3284	7	.3284	7	.3392	7	.3392	7	.3554	7	.3554	7	.3725	7	.3725	7	.3701	7	.3701	7
1	.2448		.2440		.2544		.2513		.2639		.2663		.2754		.2785		.2782		.2750	
2	.9204	6	.8938	6	.9735	6	.9194	6	.9705	6	.1016		.1000		.1053		.1083		.1019	
3	.1108		.8091	5	.1126		.9428	5	.9679	5	.1167	6	.1010	6	.1157	6	.1448	6	.1047	6
4	.4896	5	.3793		.3519	5	.4147		.3750		.3017	5	.3720	5	.2702	5	.2833	5	.2366	5
5	.7140		.7520		.6668		.6246		.6040		.5766		.5044		.5276		.4203		.4291	
6	.1329		.1827		.1292		.8659	4	.6840	4	.8792	4	.2842	4	.6293	4	.2349	4	.3831	4
7	.5294	4	.9924	4	.9518	4	.1154	5	.1830	5	.1340	5	.2114	5	.1810	5	.1741	5	.2247	5
8	.2696	5	.2606	5	.3407	5	.3007		.3935		.3617		.3661		.3923		.4006		.3780	
9	.2478		.1533		.2405		.1872		.1862		.2123		.1504		.1885		.2214		.1495	
10	.1156		.5484	4	.6349	4	.6121	4	.2668	4	.3857	4	.2387	4	.1950	4	.2699	4	.1022	4
20	.1816	4	.2278		.1625		.2648		.1280		.2254		.1104		.2054		.3573		.2303	
30	.5659		.4772		.6237		.4755		.5766		.5305		.4436		.4730		.3364		.3991	
40	.2827		.3346		.3479		.2807		.3534		.2983		.5188		.3453		.3627		.4524	
50	.1063		.1767		.1486		.1259		.1872		.1774		.2488		.2048		.2291		.2288	
60	.3483	3	.1052		.7155	3	.1165		.9987	3	.1005		.9529	3	.8943	3	.1428		.7859	3
70	.2431		.5784	3	.3976		.9963	3	.6692		.7221	3	.4539		.5303		.6539	3	.4036	
80	.4850	2	.2566		.2163	1	.2495		.2045		.3535		.8216		.3674		.6646		.5314	
90	.1374	3	.3610		.1306	3	.2393		.3759	2	.1051		.3263	2	.1081		.3586		.1075	
100	.1044		.6110	2	.1936	2	.1396		.3263		.1626		.8557		.1633		.4867	2	.2120	
110	.1484	2	.3598		.1450	3	.3083	2	.1701	3	.8104	1	.3860	1	.6975	2	.5238		.1061	
120	.7394		.6801		.3588	2	.4898		.4695	2	.4057	2	.2720	3	.2064		.3126		.3141	2
130	.3410		.1145		.4915		.1009	3	.5374		.3159		.4958	2	.6073		.4917		.2828	
140	.2595		.2115		.6394		.5556	2	.4074	1	.7874		.2588	3	.9337		.3233		.2737	
150	.4736	1	.8505		.1406	3	.5779		.1372	3	.8870		.6295	2	.4578		.5905		.4006	
160	.2356	4	.5113		.1776	4	.4489		.2009	4	.1397	3	.1608	4	.1702	3	.3037	4	.3914	3
170	.1942		.1766	4	.1535		.1646	4	.1463		.1675	4	.1650		.1812	4	.1846		.2187	4
180	.3115		.3115		.1056	3	.1056	3	.7232	3	.7232	3	.2214		.2214		.1627		.1627	

α =	60,2				60,4				60,6				60,8				61,0			
Streuquerschnitt Scattering	.2152 1				.2206 1				.2250 1				.2207 1				.2237 1			
φ^o	i_1		i_2		i_1		i_2		i_1		i_2		i_1		i_2		i_1		i_2	
0	.3802	7	.3802	7	.4051	7	.4051	7	.4276	7	.4276	7	.4164	7	.4164	7	.4333	7	.4333	7
1	.2855		.2841		.3004		.3038		.3134		.3192		.3129		.3074		.3231		.3193	
2	.1103		.1081		.1107		.1169		.1112		.1207		.1217		.1116		.1217		.1157	
3	.1348	6	.1298	6	.1162	6	.1401	6	.1115	6	.1348	6	.1541	6	.1089	6	.1326	6	.1143	6
4	.1972	5	.2180	5	.2320	5	.1464	5	.2557	5	.1385	5	.1075	5	.1274	5	.1070	5	.1022	5
5	.3831		.3493		.3325		.3292		.2426		.3122		.2805		.2340		.2949		.2136	
6	.1318	4	.6069	3	.2331	2	.4054	3	.2998	4	.2900	2	.2894	4	.6325	3	.2086	4	.1461	4
7	.2315	5	.2317	5	.3456	5	.2598	5	.3864	5	.3044	5	.2818	5	.3295	5	.3298	5	.3048	5
8	.4522		.4045		.4643		.4429		.3675		.4465		.4097		.3704		.4188		.3325	
9	.1985		.1703		.1304		.1710		.7397	4	.1417		.1299		.9196	4	.1023		.8450	4
10	.9675	3	.1066	4	.1538	3	.1121	4	.1248	3	.1323	4	.1463	4	.2525		.4385	4	.2650	
20	.5174	4	.4950		.5472	4	.5665		.5815	4	.5773		.9022		.4811		.1022	5	.7659	
30	.3224		.3325		.2325		.3514		.1720		.2986		.1337		.2719		.1607	4	.2070	
40	.3621		.2934		.2998		.2773		.3427		.2680		.1651		.3669		.1203		.1515	
50	.2366		.2030		.2161		.2100		.1888		.1870		.1138		.1320		.7737	3	.2528	
60	.1418		.1568		.1154		.1382		.8599	3	.1176		.5717	3	.6252	3	.3122		.8345	3
70	.7575	3	.4783	3	.8648	3	.6309	3	.7503		.6734	3	.1274		.1055	4	.1461	2	.6770	
80	.4999		.3411		.1252		.2205		.1588		.1902		.1841		.2779	3	.1342	3	.3671	
90	.7067		.1160		.4945		.1515		.1696		.1887		.6836	2	.4604		.1507		.4193	
100	.5757	2	.9015	1	.2832		.9538	1	.1652		.2494	2	.1671	3	.6407	2	.4238	2	.2532	
110	.2146		.9382	2	.9567	2	.6683	2	.2734		.3433		.4804	2	.4936		.1834	3	.4162	2
120	.1154	3	.5684		.3820		.4591		.1789		.1206	3	.6376		.5472		.3794	2	.1573	
130	.4842	2	.3464		.3589		.3741		.1007		.1554	2	.2810		.2308		.1125	3	.9592	
140	.6325		.6527		.3843		.4046		.3184		.1518	3	.3413		.1530	3	.6327	2	.2617	3
150	.1042		.1197		.9840	1	.9227		.1288		.1889		.1673	3	.1661		.3660		.2894	
160	.2238	4	.2336	3	.1487	4	.5290		.1306	4	.8119	2	.2397	4	.6844		.2415	4	.6063	
170	.2292		.1104	4	.1999		.8579	3	.1735		.1125	4	.1324		.2058	4	.2302		.1048	4
180	.1142	1	.1142	1	.6107	3	.6107		.5196		.5196		.1392		.1392		.1832		.1832	

α =	61,2		61,4		61,6		61,8		62,0	
Streuquerschnitt Scattering	.2240 1		.2210 1		.2226 1		.2195 1		.2207 1	
φ^o	i_1	i_2	i_1	i_2	i_1	i_2	i_1	i_2	i_1	i_2
0	.4411 7	.4411 7	.4372 7	.4372 7	.4484 7	.4484 7	.4415 7	.4415 7	.4536 7	.4536 7
1	.3254	.3288	.3234	.3243	.3337	.3266	.3247	.3269	.3310	.3333
2	.1177	.1236	.1190	.1198	.1246	.1126	.1155	.1197	.1142	.1181
3	.1127 6	.1339 6	.1270 6	.1209 6	.1291 6	.8805 5	.9682 5	.1141 6	.8422 5	.9792 5
4	.1531 5	.9130 4	.1243 5	.1103 5	.1226 5	.1835	.2178	.1613 5	.2660	.2499
5	.2771	.2870 5	.3060	.2979	.4058	.3008	.4413	.4381	.4830	.4927
6	.6502 4	.3020 4	.1644	.4990 4	.1231	.9445 4	.1047	.1249	.1777	.1134
7	.4149 5	.3147 5	.3749	.3282 5	.2949	.3385 5	.3047	.2599	.3352	.2532
8	.3766	.3758	.2895	.3441	.2893	.2357	.2558	.2329	.1938	.2061
9	.4934 4	.9055 4	.2923 4	.7134 4	.4371 4	.3801 4	.4095 4	.3860 4	.1927 4	.4262 4
10	.5578	.6052	.5358	.7863	.1018 5	.1086 5	.1662 5	.1330 5	.1755 5	.1757 5
20	.9439	.9148	.1085 5	.9200	.1236	.7079 4	.1154	.1014	.8830 4	.9124 4
30	.2119	.3427	.2447 4	.3417	.2987 4	.2980	.4270 4	.4662 4	.6384	.5869
40	.8442 3	.1965	.1041	.1896	.1072	.2636	.1173	.2237	.2007	.2336
50	.6202	.1858	.3965 3	.1908	.6095 3	.8741 3	.6575 3	.1473	.1690	.1824
60	.1980	.1057	.1837	.1076	.3848	.1285 4	.7630	.1124	.8745 3	.1104
70	.7513 1	.5278 3	.1814	.3871 3	.3703	.7076 3	.9068	.8397 3	.9356	.8272 3
80	.9598 2	.5361	.3575	.4626	.4687	.6358	.3148	.1770	.1760	.1429
90	.6239	.1443	.2667 2	.1735	.3409	.1833	.7611	.1775	.4470	.1522
100	.4746	.1816	.2543 3	.1657	.3025 2	.2467	.6020 2	.2004 2	.2416	.2009 2
110	.9588	.2517 2	.9933 2	.1163	.3046	.7785 2	.3982	.8753	.1510	.6550
120	.1242 3	.8404 1	.3146	.6899 1	.8223	.3926	.8090	.2684	.3258 1	.7114
130	.5325 1	.7343 2	.8968	.1403 3	.4538	.2470	.9788	.2501	.9458 2	.4164 1
140	.6656 2	.1479	.6153	.5026 2	.3067	.1412 3	.9232	.1875	.3707	.2442 2
150	.1359 3	.2742	.3379	.1885 3	.7753	.3127	.7478	.2016 3	.4418 3	.1636 3
160	.2238 4	.3492 3	.2630 4	.1685	.1547 4	.8207	.1643 4	.6549	.2490 4	.7325
170	.2272	.7291	.1695	.5276	.1297	.1025 4	.1643	.1001 4	.1700	.8640
180	.1504 3	.1504	.2346	.2346 4	.1283	.1283	.3881 3	.3881 3	.7373 2	.7373 2

α =	62,2		62,4		62,6		62,8		63,0	
Streuquerschnitt Scattering	.2149 1		.2156 1		.2155 1		.2142 1		.2073 1	
φ^o	i_1	i_2	i_1	i_2	i_1	i_2	i_1	i_2	i_1	i_2
0	.4371 7	.4371 7	.4454 7	.4454 7	.4492 7	.4492 7	.4504 7	.4504 7	.4277 7	.4277 7
1	.3211	.3198	.3258	.3219	.3227	.3268	.3224	.3240	.3089	.3067
2	.1138	.1114	.1130	.1068	.1037	.1108	.1022	.1047	.1013	.9764 6
3	.9323 5	.8470 5	.8042 5	.6373 5	.4893 5	.7060 5	.4344 5	.5121 5	.4972 5	.4254 5
4	.2449	.2980	.3781	.3916	.5840	.4734	.6027	.6161	.5876	.6563
5	.5992	.5374	.7152	.6287	.7577	.7881	.7999	.8313	.9576	.8628
6	.2662	.1380	.2097	.2118	.1684	.1984	.2155	.1706	.2872	.1777
7	.2549	.2346	.1931	.2125	.1889	.1401	.1640	.1201	.9134 4	.8993 4
8	.1315	.1670	.1175	.8542 4	.8024 4	.7868 4	.4090 4	.4987 4	.1982	.2943
9	.7147 3	.3959 4	.2483 4	.3621	.6676	.4121	.7370	.6607	.5522	.6996
10	.1659 5	.1902 5	.2290 5	.2100 5	.3062 5	.2462 5	.2834 5	.2846 5	.2575 5	.2754 5
20	.9053 4	.8646 4	.9802 4	.6919 4	.7577 4	.8025 4	.4626 4	.6247 4	.4040 4	.5474 4
30	.6061	.6252	.6116	.4546	.7201	.6164	.9094	.7244	.7280	.7746
40	.2489	.2861	.3449	.3185	.3170	.3206	.5225	.3155	.4299	.3923
50	.1657	.2390	.2259	.1776	.2309	.2089	.2815	.2214	.2631	.2228
60	.1525	.8956 3	.1469	.1506	.1886	.1488	.8305 3	.1553	.9353 3	.1209
70	.7368 3	.6794	.5290 3	.6119 3	.5239 3	.4957 3	.6501	.5392 3	.2554	.5501 3
80	.4016	.1753	.6220	.5150	.4423	.5622	.1193	.5377	.4794 2	.4403
90	.2331 2	.1411	.9587 2	.2617	.2455	.1242	.1633	.1682	.4926	.2323
100	.2647 3	.3250 2	.2284 3	.1718 2	.5649 2	.1176	.2046 2	.2006	.1272 3	.1725
110	.4691 2	.9794 1	.1049	.1312	.1225 3	.1512 2	.3023	.4398 2	.8806 2	.1480
120	.7308	.1294 3	.2507 2	.1344 1	.1867	.3327	.1027 3	.4131 1	.4852	.8542 2
130	.4336	.1035	.7037	.2145 2	.2548 2	.4169	.6124 2	.3515 2	.5843	.2289
140	.4150	.5696 2	.4216	.1809	.1090 3	.4987	.9589	.5586 -1	.4423	.9521
150	.3735	.1039 3	.6338 1	.1535 3	.2024 2	.1959 3	.5272 3	.3292 3	.1659 3	.2403 3
160	.3300 4	.5964	.2025 4	.7259	.1828 4	.3841	.1821 4	.6536	.2894 4	.8511
170	.2062	.4581	.1937	.2470	.1625	.3849	.9197 3	.5518	.1630	.4945
180	.6389 3	.6389	.5804 3	.5804	.5171 3	.5171	.9651	.9651	.2410 3	.2410

α =	63,2				63,4				63,6				63,8				64,0			
Streuquerschnitt Scattering	.2071 1				.2101 1				.2095 1				.2021 1				.2024 1			
φ^o	i_1		i_2		i_1		i_2		i_1		i_2		i_1		i_2		i_1		i_2	
0	.4322	7	.4322	7	.4496	7	.4496	7	.4554	7	.4554	7	.4253	7	.4253	7	.4318	7	.4318	7
1	.3092		.3087		.3148		.3202		.3161		.3205		.3016		.2984		.3026		.3043	
2	.9688	6	.9652	6	.8996	6	.9849	6	.8787	6	.9351	6	.9081	6	.8602	6	.8626	6	.8920	6
3	.3456	5	.3492	5	.1418	5	.3089	5	.1540	5	.1808	5	.2210	5	.1433	5	.1187	5	.1756	5
4	.7885		.7333		.1041	6	.8865		.1047	6	.1035	6	.9659		.1019	6	.1145	6	.1035	6
5	.1028	6	.9756		.1016		.1087	6	.1005		.1086		.1164	6	.1047		.1134		.1130	
6	.2088	5	.2246		.1536	5	.1914	5	.2137	5	.1529	5	.2069	5	.1376	5	.1260	5	.1612	5
7	.6177	4	.6116	4	.6793	4	.3136	4	.3767	4	.2848	4	.1152	4	.1345	4	.3106	4	.1621	4
8	.1564		.8027	3	.2654	3	.6690	3	.2520		.4988	3	.4153		.1009		.4657		.5042	
9	.7670		.8046	4	.1585	5	.8827	4	.2177	5	.1316	5	.1295	5	.1254	5	.1420	5	.1322	5
10	.3049	5	.2680	5	.3546		.2874	5	.2737		.3072		.2549		.2693	5	.2718		.2301	
20	.4507	4	.4186	4	.3558	4	.5220	4	.1715	4	.4358	4	.1885	4	.4128	4	.3200	4	.3872	4
30	.6192		.5026		.5800		.5469		.4325		.5354		.3983		.5803		.3022		.3822	
40	.4273		.3775		.2763		.3276		.4632		.2614		.2681		.2926		.1970		.3083	
50	.2037		.2158		.1789		.2114		.8695	3	.2193		.8707	3	.1849		.3812	3	.1462	
60	.5388	3	.9856	3	.5101	3	.1042		.2626		.1185		.2167		.1149		.4208		.1228	
70	.1137		.1068	4	.2471		.9186	3	.1297		.6837	3	.2959		.3971	3	.5336		.5419	3
80	.1276		.2416	3	.5887	2	.2334		.4301		.2768		.6137		.3387		.9847		.5010	
90	.2792		.2748		.7105	3	.2647		.6720		.1482		.4874	2	.1717		.1525		.7408	2
100	.3389	2	.9660	2	.5192	2	.4551	2	.2633	2	.2546	2	.3462	3	.5837	2	.2869		.1545	
110	.6739	1	.3174		.1630	3	.1172	3	.6593		.6284		.6907	2	.6203	1	.1625		.1508	1
120	.1096	3	.1930		.1457	2	.8184	2	.1442	3	.5628		.2935		.3878	2	.8030	2	.2462	2
130	.2819	2	.3304		.1540	3	.1561		.2700	2	.1659		.6343		.1539	3	.5820		.4562	
140	.6886		.2095		.5554	2	.1149	3	.9093		.6185		.5307		.4896	2	.8312		.3036	
150	.1887	3	.1235		.4900		.4643	2	.1817	3	.1921	3	.1026	3	.3654	3	.3668	3	.4262	
160	.2878	4	.9677	3	.3688	4	.5087	3	.2958	4	.3734		.2139	4	.5927		.2720	4	.9364	3
170	.2120		.2770		.1938		.1276		.1047		.1338		.1086		.1722		.1379		.4240	
180	.1377	3	.1377		.4552	3	.4552		.2803		.2803	4	.6644	3	.6644		.3335	3	.3335	

α =	64,2				64,4				64,6				64,8				65,0			
Streuquerschnitt Scattering	.2063 1				.2015 1				.2048 1				.2035 1				.2067 1			
φ^o	i_1		i_2		i_1		i_2		i_1		i_2		i_1		i_2		i_1		i_2	
0	.4543	7	.4543	7	.4394	7	.4394	7	.4573	7	.4573	7	.4570	7	.4570	7	.4777	7	.4777	7
1	.3134		.3177		.3073		.3050		.3204		.3134		.3166		.3200		.3301		.3312	
2	.8398	6	.8999	6	.8790	6	.8373	6	.9174	6	.8187	6	.8646	6	.9175	6	.9042	6	.9110	6
3	.1092	5	.1195	5	.2525	5	.1024	5	.2010	5	.7354	4	.1551	5	.2211	5	.3226	5	.1659	5
4	.1318	6	.1173	6	.1155	6	.1215	6	.1184	6	.1235	6	.1254	6	.1114	6	.1262	6	.1173	6
5	.1046		.1131		.1083		.1045		.1093		.8963	5	.9501	5	.9892	5	.8231	5	.8842	5
6	.7785	4	.1167	5	.1212	5	.8212	4	.8962	4	.5168	4	.4356	4	.7453	4	.1089	4	.5391	4
7	.4694		.3898	4	.4137	4	.5607		.1068	5	.8548		.1659	5	.1392	5	.1798	5	.2008	5
8	.7020		.5406		.1491	5	.8303		.1701		.8818		.1647		.1799		.2175		.1720	
9	.2312	5	.1265	5	.2235		.1628	5	.1543		.1534	5	.1496		.1345		.2121		.1121	
10	.2702		.2231		.1869		.2077		.1570		.1605		.1512		.1231		.1192		.1004	
20	.5232	4	.5554	4	.4481	4	.6308	4	.5104	4	.6400	4	.7875	4	.6976	4	.1170		.9229	4
30	.2382		.3807		.1743		.3295		.1524		.3617		.1352		.2726		.2630	4	.3638	
40	.8681	3	.2546		.1000		.1959		.9978	3	.1761		.1184		.2594		.1742		.2686	
50	.7504		.1508		.5151	3	.2075		.1143	4	.2714		.1380		.1791		.2190		.1775	
60	.7215		.1252		.1280	4	.1147		.1427		.5711	3	.1794		.1383		.1744		.1722	
70	.1173	4	.7163	3	.1097		.8234	3	.8652	3	.1103	4	.4037	3	.7659	3	.1393	3	.6462	3
80	.5003	3	.4893		.1234	3	.3434		.4315	2	.3922	3	.1132		.2630		.2762	2	.4546	
90	.3967		.1003		.3359		.1747		.1031	3	.2711		.2127		.3597		.4221	3	.3548	
100	.2252	2	.1424		.6307	2	.2022		.7367	2	.2663		.6106	2	.1231		.2966	2	.6175	2
110	.2842		.5342	2	.1359	3	.6746	2	.6297		.2364		.1476		.6261	2	.2011	3	.1002	3
120	.1721	3	.8969	1	.5022	2	.1089		.1012	3	.2651		.4404		.4955		.1544		.1554	
130	.1430		.1141	3	.6234		.2349		.2994	2	.1834		.1400	3	.9947	1	.2309	2	.9166	2
140	.7066	1	.6684	2	.6873		.1206	3	.4362		.5062	2	.7065	2	.3424	2	.2530		.4737	
150	.1178	3	.4407	1	.5779		.1847	2	.1589		.2027	3	.2427	3	.6080		.6508		.1947	
160	.4701	4	.9678	3	.3555	4	.4469	3	.2922	4	.2716		.2720	4	.4963	3	.3674	4	.9629	3
170	.1683		.2853		.1809		.5591	2	.1178		.6763	2	.7938	3	.1438		.8818	3	.2754	
180	.4299	3	.4299		.4171	3	.4171	3	.2469		.2469	4	.2041		.2041		.4588		.4588	

α =	65,2				65,4				65,6				65,8				66,0			
Streuquerschnitt Scattering	.2030 1				.2074 1				.2103 1				.2125 1				.2089 1			
φ°	i_1		i_2		i_1		i_2		i_1		i_2		i_1		i_2		i_1		i_2	
0	.4663	7	.4663	7	.4921	7	.4921	7	.5119	7	.5119	7	.5294	7	.5294	7	.5176	7	.5176	7
1	.3270		.3234		.3435		.3404		.3533		.3588		.3679		.3669		.3649		.3614	
2	.9566	6	.8974	6	.9808	6	.9464	6	.9663	6	.1047		.1050		.1025		.1104		.1048	
3	.4332	5	.2554	5	.3383	5	.3819	5	.3142	5	.3957	5	.5176	5	.3294	5	.6132	5	.4634	5
4	.1059	6	.1113	6	.1076	6	.1062	6	.1078	6	.9279		.9367		.9155		.7473		.7815	
5	.8098	5	.7710	5	.7475	5	.6311	5	.5682	5	.6512		.4632		.4947		.4399		.4076	
6	.2286	4	.3094	4	.3359	4	.1687	4	.5397	4	.4922	4	.3427	4	.7609	4	.3146	4	.5953	4
7	.2188	5	.2300	5	.3332	5	.2832	5	.4096	5	.3735	5	.4012	5	.4435	5	.4661	5	.4583	5
8	.2996		.2136		.2936		.2708		.2534		.2969		.2974		.2614		.3748		.2967	
9	.1693		.1285		.1034		.1283		.8452	4	.7780	4	.1074		.5143	4	.6998	4	.5321	4
10	.5676	4	.7461	4	.4067	4	.3134	4	.3192		.2193		.1430	4	.9880	3	.1749	2	.1555	3
20	.9853		.1046	5	.9728		.9194		.1311	5	.1012	5	.1635	5	.1193	5	.1197	5	.1243	5
30	.3277		.4442	4	.4219		.4283		.3645	4	.3969	4	.6809	4	.5030	4	.7240	4	.7025	4
40	.2370		.2938		.3375		.3266		.3515		.3747		.4321		.3423		.4871		.3814	
50	.2633		.2292		.3021		.2627		.2819		.2424		.2240		.2376		.2175		.2297	
60	.1285		.1670		.8202	3	.9022	3	.7107	3	.1019		.4332	3	.1158		.2287	3	.1308	
70	.1383	3	.4805	3	.8844	2	.8770		.3341		.8929	3	.5203		.1127		.6569		.8127	3
80	.7109	2	.4891		.4987	3	.8442		.9141		.4450		.4463		.3110	3	.2337		.1592	
90	.2273	3	.1422		.4671	2	.1448		.2173		.4384	2	.5591		.8370	2	.5513		.1677	
100	.1254		.3015	2	.4053	3	.1185	2	.3594		.2818		.2454	2	.1572	3	.3702	2	.1909	
110	.6517	2	.4655		.1487		.2446		.1995		.1232		.4485		.1268		.1370	3	.9059	2
120	.8399		.5391		.3560	2	.5952		.2132		.2173	1	.4492		.4024	2	.1027		.3668	
130	.5814		.7946		.5297		.4225		.4473	2	.4283	2	.1170	3	.2715		.5354	2	.1841	
140	.7439		.5618		.3692		.1794		.1657	3	.3999	1	.3329	2	.9609		.6926		.9930	
150	.2061	3	.7990		.1516	3	.3894		.4566	2	.5214	2	.2773		.1928	1	.1316	3	.1219	3
160	.3725	4	.6767	3	.4329	4	.2447	3	.4148	4	.1820	3	.2850	4	.4069	3	.2969	4	.5204	
170	.1652		.2335		.1487		.6126		.1028		.1312		.3485	3	.8411	2	.9294	3	.1786	
180	.2695	3	.2695		.1478		.1478	4	.3388	3	.3388		.2971		.2971	3	.1681		.1681	

α =	66,2				66,4				66,6				66,8				67,0			
Streuquerschnitt Scattering	.2126 1				.2191 1				.2176 1				.2152 1				.2184 1			
φ^o	i_1		i_2		i_1		i_2		i_1		i_2		i_1		i_2		i_1		i_2	
0	.5429	7	.5429	7	.5832	7	.5832	7	.5833	7	.5833	7	.5766	7	.5766	7	.6016	7	.6016	7
1	.3792		.3812		.4012		.4092		.4086		.4044		.4066		.4040		.4190		.4230	
2	.1102		.1137		.1102		.1213		.1226		.1147		.1237		.1198		.1211		.1273	
3	.4725	5	.5886	5	.4329	5	.5207	5	.7887	5	.4320	5	.6322	5	.5433	5	.4598	5	.5933	5
4	.7565		.6850		.7641		.6283		.5751		.5969		.4603		.4642		.5087		.4308	
5	.3567		.3491		.2101		.3147		.2054		.1886		.2041		.1713		.1561		.1809	
6	.9055	4	.6163	4	.1843		.1048		.1399		.1749		.1333		.1527		.2200		.1563	
7	.5727	5	.5077	5	.6088		.5789		.5742		.6056		.6234		.5960		.6741		.6077	
8	.3228		.3336		.2342		.3147		.3233		.2481		.3185		.2714		.2382		.2692	
9	.2389	4	.3910	4	.1308	4	.1734	4	.2384	4	.5355	3	.1261	4	.9820	3	.1042	4	.1613	4
10	.4794	3	.3678	3	.5557	3	.8065	3	.3858		.1823	4	.6747		.3871	4	.8466		.8422	
20	.1031	5	.9499	4	.1267	5	.9337	4	.1092	5	.9880		.8112		.9788		.6052		.6331	
30	.7862	4	.6297		.6412	4	.5745		.7014	4	.5708		.7456		.7160		.6541		.5890	
40	.5640		.4659		.3989		.4743		.4096		.3400		.3265		.2665		.3153		.3593	
50	.1568		.1960		.1497		.1723		.4705	3	.2053		.4790	3	.2417		.5284	3	.1720	
60	.2732	3	.1366		.5074	3	.1319		.7416		.1337		.1181	4	.1124		.1380	4	.1247	
70	.5707		.5913	3	.7469		.4864	3	.1170	4	.6214	3	.1078		.6245	3	.7665	3	.1008	
80	.3421		.1929		.5753		.3835		.1490	3	.6744		.7945	2	.5540		.1552		.5294	3
90	.1653		.2827		.2169		.4224		.4478		.3791		.1532	3	.1851		.2100	2	.6300	2
100	.5226	2	.1841		.1668		.1807		.4525	2	.6027	2	.1519		.5846	2	.3986	3	.7978	1
110	.1487		.7250	2	.9437	2	.8039	2	.4251		.3828		.1176		.3482		.1925		.3498	
120	.5944		.3657		.1893		.6923		.7250		.8620		.4167	2	.3038		.1406		.2794	2
130	.8895		.2605		.7952		.2028		.5754		.1559	3	.9730		.9236		.2514	2	.7642	
140	.8852	1	.7629		.3107	3	.4477		.7887		.3944	2	.6962		.1692	3	.1601		.6335	
150	.2124	3	.8748		.1464	2	.1031	3	.7843		.1192	3	.3001	1	.5775	2	.4557		.9614	
160	.4288	4	.4203	3	.5038	4	.2974		.3307	4	.7428	2	.3230	4	.1424	3	.3102	4	.1750	3
170	.1093		.8014		.1401		.5917		.1987		.2962	3	.7893	3	.1039		.4737	3	.5245	
180	.7328	3	.7328		.1184		.1184	4	.1957		.1957	4	.2655	2	.2655	2	.3461		.3461	

α =	67,2		67,4		67,6		67,8		68,0	
Streuquerschnitt Scattering	.2228 1		.2191 1		.2201 1		.2198 1		.2202 1	
φ^o	i_1	i_2	i_1	i_2	i_1	i_2	i_1	i_2	i_1	i_2
0	.6343 7	.6343 7	.6220 7	.6220 7	.6333 7	.6333 7	.6405 7	.6405 7	.6519 7	.6519 7
1	.4364	.4428	.4364	.4299	.4421	.4380	.4414	.4464	.4476	.4489
2	.1210	.1292	.1309	.1208	.1288	.1234	.1218	.1293	.1223	.1235
3	.4523 5	.4757 5	.6311 5	.3818 5	.4500 5	.3742 5	.2929 5	.4284 5	.3039 5	.2922 5
4	.5215	.4542	.4022	.4472	.4734	.4362	.5616	.4994	.5892	.6066
5	.1259	.1595	.2161	.1274	.2259	.1462	.2243	.2586	.3394	.2473
6	.3369	.1922	.2400	.2736	.2332	.2372	.3109	.2214	.3795	.2304
7	.6246	.6199	.5687	.5829	.5850	.5329	.5645	.5178	.4551	.4696
8	.1435	.2282	.1916	.1497	.1722	.1535	.1085	.1448	.4501 4	.1127
9	.1053 4	.3165 4	.1807 4	.3688 4	.7105 4	.5833 4	.1084	.9595 4	.1060 5	.1465
10	.1008 5	.9547	.1679 5	.1221 5	.2116 5	.1292 5	.2120	.2180 5	.2426	.2154
20	.6589 4	.5429	.4803 4	.4889 4	.2634 4	.5876 4	.1576 4	.2926 4	.2067 4	.2734 4
30	.5122	.5135	.4571	.4407	.3735	.5336	.2337	.3546	.1681	.3137
40	.1752	.3802	.1268	.3016	.1006	.1523	.1062	.2525	.1524	.2906
50	.6250 3	.1472	.1371	.1669	.2018	.3135	.2949	.2642	.2602	.2533
60	.2541 4	.1417	.1717	.2037	.1449	.1807	.6839 3	.1223	.8680 3	.9589 3
70	.1718 3	.1062	.1543 2	.8818 3	.3419 1	.4126 3	.2359 2	.5360 3	.5115	.7696
80	.3181	.3881 3	.1874 3	.2081	.2074 3	.1777	.6852 3	.3357	.8080	.5837
90	.2710	.7025 2	.7012	.9453 2	.7389	.1605	.2567	.2673	.5786 2	.4676
100	.2997	.3218	.6942 2	.1328 3	.2016 2	.2030	.3695 2	.2057	.1709 3	.2560
110	.5595 2	.2597	.8741	.1536	.8165	.1292	.1754	.1199	.9436 2	.1125
120	.8042	.7251 1	.5786	.1349	.1265 3	.1074	.5337 1	.9486 2	.1238 3	.8542 2
130	.1996 3	.2666 2	.3848	.6598 2	.1035	.2114	.2623 2	.5434	.8597 2	.8745
140	.2299	.1363 3	.3572	.7796 1	.8992 2	.2148	.3762	.3679	.9986	.7450
150	.4617 2	.1607	.1783 3	.2885 3	.9117	.3227	.7867	.1349	.5355 1	.1269 3
160	.3651 4	.2870	.4206 4	.1625	.4433 4	.7477 2	.2898 4	.3362 1	.2501 4	.2153 2
170	.1241	.8739	.1879	.9047	.1298	.1020 4	.7577 3	.3997 3	.9013 3	.7460 3
180	.2251	.2251 4	.1940	.1940 4	.1626	.1626	.3604 2	.3604 2	.2326 4	.2326 4

α =	68,2		68,4		68,6		68,8		69,0	
Streuquerschnitt Scattering	.2162 1		.2169 1		.2167 1		.2200 1		.2096 1	
φ^o	i_1	i_2	i_1	i_2	i_1	i_2	i_1	i_2	i_1	i_2
0	.6369 7	.6369 7	.6487 7	.6487 7	.6542 7	.6542 7	.6855 7	.6855 7	.6289 7	.6289 7
1	.4417	.4357	.4440	.4441	.4416	.4479	.4527	.4605	.4271	.4231
2	.1250	.1166	.1181	.1190	.1106	.1192	.1041	.1128	.1090	.1038
3	.3370 5	.2123 5	.1845 5	.2089 5	.8695 4	.1969 5	.2568 4	.9982 4	.8389 4	.5117 4
4	.6350	.6605	.8419	.7601	.9756 5	.9330	.1047 6	.1147 6	.1194 6	.1175 6
5	.4413	.3270	.4297	.4657	.4465	.5086	.5573 5	.4785 5	.7283 5	.6257 5
6	.2607	.2836	.2436	.2611	.2760	.1894	.3398	.1832	.1699	.1852
7	.3843	.3889	.3738	.3095	.3110	.2947	.1483	.2364	.1565	.1536
8	.5451 4	.4954 4	.4739 4	.2955 4	.3439 4	.4641 4	.2436 4	.5347 4	.9055 3	.2275 4
9	.1360 5	.1600 5	.2305 5	.1850 5	.2771 5	.2411 5	.2404 5	.3085 5	.2982 5	.3049 5
10	.3091	.2455	.3217	.2937	.2769	.3082	.2327	.2697	.3525	.2937
20	.2422 4	.2942 4	.2630 4	.4275 4	.1788 4	.3407 4	.6097 4	.4023 4	.7580 4	.6481 4
30	.1681	.3196	.2328	.4402	.1894	.3535	.2850	.3178	.3540	.4590
40	.2003	.3344	.2984	.3244	.4375	.4068	.4296	.4236	.4581	.3858
50	.2839	.2228	.2861	.2577	.2757	.2473	.1829	.2363	.1465	.2589
60	.4497 3	.1359	.3250 3	.1496	.3142 3	.1408	.6681 2	.1480	.7683 3	.1356
70	.9146	.1079	.1296 4	.1185	.9094	.8055 3	.9872 3	.6811 3	.6451	.5320 3
80	.5816	.5932 3	.1648 3	.6380 3	.2427 1	.3560	.3346 2	.3223	.8444 1	.3449
90	.2130	.2917	.1271	.1926	.9319 0	.1273	.2907 3	.1385	.8009 3	.1430
100	.7723 1	.4702 2	.1747	.3784 1	.3470 3	.2007 2	.7956 2	.3075 2	.1416	.9585 2
110	.4162 2	.6267 1	.2312	.9163	.1546	.1121 1	.1534 3	.4077	.9056 2	.1165 3
120	.3777	.1085 2	.1263	.2590 2	.1416	.5951	.2254	.2521	.1091 3	.9263 2
130	.6945	.1294	.4613 2	.4697	.9208 2	.4086 2	.2832 2	.7136 1	.3827 2	.4447
140	.3615	.4493	.1087 3	.5277	.9551 1	.7254	.5492	.1075 3	.4269	.2631
150	.8395	.2779 3	.1380	.1250 3	.4657 3	.8020	.1056 3	.4487 2	.1101	.9330
160	.3273 4	.1610	.4230 4	.5435	.3128 4	.2172 3	.2101 4	.2039 3	.2587 4	.3768
170	.1200	.1122 4	.1449	.2023 4	.1682	.9698	.4284	.9722	.9521 3	.7461 3
180	.1936	.1936	.1894	.1894	.1762 3	.1762	.4920	.4920 4	.1135 4	.1135 4

α =	69,2				69,4				69,6				69,8				70,0			
Streuquerschnitt Scattering	.2108 1				.2126 1				.2076 1				.2034 1				.2057 1			
φ°	i_1		i_2		i_1		i_2		i_1		i_2		i_1		i_2		i_1		i_2	
0	.6422	7	.6422	7	.6604	7	.6604	7	.6387	7	.6387	7	.6185	7	.6185	7	.6393	7	.6393	7
1	.4280		.4327		.4315		.4415		.4256		.4176		.4099		.4083		.4155		.4214	
2	.9982	6	.1063		.9200	6	.1043		.9905	6	.8899	6	.9210	6	.9041	6	.8495	6	.9234	6
3	.2062	4	.4836	4	.1288	4	.4074	4	.5161	3	.3670	4	.5736	3	.6447	3	.5897	4	.1189	4
4	.1454	6	.1346	6	.1575	6	.1551	6	.1606	6	.1659	6	.1786	6	.1720	6	.1983	6	.1877	6
5	.6597	5	.7378	5	.6015	5	.7422	5	.9084	5	.6294	5	.8635	5	.8023	5	.7334	5	.8401	5
6	.1439		.1271		.1554		.8182	4	.1268		.6770	4	.4098	4	.5007	4	.3355	4	.1627	4
7	.1369		.1129		.7792	4	.9412		.4760	4	.4714		.4669		.3287		.4601		.4185	
8	.3494	4	.1965	4	.8659		.3344		.6322		.8257		.6149		.7227		.1231	5	.7854	
9	.4018	5	.3233	5	.4151	5	.3614	5	.3498	5	.3862	5	.3795	5	.3669	5	.4553		.3658	5
10	.3200		.3111		.2134		.2950		.2582		.2142		.2637		.2311		.2079		.2220	
20	.9014	4	.8351	4	.6159	4	.8034	4	.1124		.7532	4	.1459		.1147		.1482		.1320	
30	.6040		.6007		.5102		.6509		.7647	4	.5220		.7889	4	.7241	4	.9689	4	.8165	4
40	.5329		.4400		.6917		.5296		.4880		.5634		.3871		.3505		.3247		.3325	
50	.9069	3	.2119		.2778	3	.1834		.5643	3	.1174		.6466	3	.2153		.1605		.2494	
60	.1079	4	.1190		.1925	4	.1171		.2003	4	.1791		.2098	4	.2146		.1324		.1647	
70	.6805	3	.7544	3	.7742	3	.8698	3	.1151	3	.1471		.1684	3	.1023		.2513	3	.7115	3
80	.1193		.5353		.9529		.5638		.8051		.7690	3	.7155		.3300	3	.2373		.2341	
90	.8063		.1674		.4391		.2351		.3119	2	.4785		.1916		.2003		.1761		.1688	
100	.8293	1	.1368		.5846	2	.2321		.1716	3	.3191		.7640	1	.6145	2	.1739		.4497	2
110	.2421	2	.8855	2	.2028	3	.1542		.5484	2	.1222		.8823	2	.3883	1	.2958		.2746	1
120	.3448		.5304		.2393		.1318		.8116		.7626	2	.4251		.1628	2	.2483		.2389	
130	.1410	3	.2352		.6203	2	.1284		.9479		.1439	3	.2949		.7250	1	.1904		.1581	2
140	.1514		.2049		.6247		.2451	2	.6085		.2763		.5254		.5208	2	.1003		.7915	
150	.4998	2	.2355	3	.6590	3	.2986	3	.1594	3	.3499	2	.1940	3	.6280	1	.1181		.7220	
160	.2559	4	.2129		.2251	4	.3594		.4436	4	.9201	3	.3246	4	.2955	3	.2091	4	.1273	3
170	.1048		.1440	4	.2674		.1633	4	.2683		.1983	4	.1919		.6137		.1388		.8549	
180	.9570	3	.9570	3	.1745		.1745		.4902		.4902		.1707	3	.1707		.6312	3	.6312	

α =	70,2		70,4		70,6		70,8		71,0	
Streuquerschnitt Scattering	.2066 1		.2035 1		.2037 1		.2041 1		.2030 1	
φ°	i_1	i_2	i_1	i_2	i_1	i_2	i_1	i_2	i_1	i_2
0	.6532 7	.6532 7	.6398 7	.6398 7	.6454 7	.6454 7	.6560 7	.6560 7	.6564 7	.6564 7
1	.4192	.4271	.4198	.4098	.4191	.4158	.4208	.4261	.4235	.4238
2	.8171 6	.8995 6	.9030 6	.7841 6	.8520 6	.8198 6	.8123 6	.8709 6	.8579 6	.8448 6
3	.1602 5	.3441 4	.6730 4	.1274 5	.9602 4	.9211 4	.2297 5	.1021 5	.3094 5	.1296 5
4	.1965 6	.1979 6	.1969 6	.1982 6	.2104 6	.1965 6	.2117 6	.2043 6	.1943 6	.1977 6
5	.6749 5	.7777 5	.8508 5	.6084 5	.7386 5	.6558 5	.5848 5	.6985 5	.5529 5	.5920 5
6	.4629 4	.3199 3	.4921 3	.7315 3	.1034 4	.6419 3	.2941 4	.2411 4	.2720 4	.5812 4
7	.4288	.5007 4	.9774 4	.5402 4	.1356 5	.7543 4	.1529 5	.1601 5	.2260 5	.1876 5
8	.2296 5	.9082	.1606 5	.1634 5	.1369	.1294 5	.2100	.1430	.2890	.1417
9	.4032	.3673 5	.3143	.3378	.3162	.2909	.3417	.2715	.2545	.2447
10	.1000	.1942	.1238	.1047	.1166	.1147	.7484 4	.9542 4	.2395 4	.8312 4
20	.1121	.1227	.1426	.9543 4	.1565	.1180	.1347 5	.1301 5	.1017 5	.1181 5
30	.7196 4	.8451 4	.8464 4	.5837	.8150 4	.7634 4	.7886 4	.7402 4	.4907 4	.6994 4
40	.3089	.3596	.1909	.4549	.1362	.2474	.9780 3	.2596	.1589	.2452
50	.1173	.2786	.2312	.1808	.2439	.2192	.3401 4	.2776	.3622	.3135
60	.1185	.1231	.7179 3	.1070	.5783 3	.1251	.3470 3	.1519	.4054 3	.1512
70	.2926 3	.4959 3	.6263	.7050 3	.1319 4	.5495 3	.1490 4	.1025	.8775	.1050
80	.2446	.2137	.2944	.4065	.2278 3	.4476	.6251 2	.7016 3	.2263	.7256 3
90	.2033 2	.2050	.2711	.2271	.8413	.2260	.7452 3	.1895	.1569	.2240
100	.2295 3	.3289 2	.3395	.1306 2	.2307	.1879	.1048 2	.1458	.1856	.2510
110	.3960 2	.2725	.1226	.5982	.4761 2	.2660	.5398	.1194	.2532	.1366
120	.1750	.5724	.1003	.9904	.5600	.8369 2	.6125	.7315 2	.2148	.4972 2
130	.4076 1	.3395	.6238 2	.1962 3	.6892	.4347 1	.6021	.5999	.7177 2	.2746
140	.1049 3	.1616	.6550	.1859	.5652	.2378 3	.3489	.8043	.1290 3	.8253
150	.2160	.3237 3	.9335	.8401 2	.2868 3	.8558 2	.3012 3	.5252 1	.6149 2	.9609
160	.2803 4	.2202	.3428 4	.1236 4	.3468 4	.7584 3	.3154 4	.5493 3	.3942 4	.4393 3
170	.2917	.1537 4	.2287	.2805	.2983	.1935 4	.2735	.7826	.2371	.1127 4
180	.4378	.4378	.5326	.5326	.2642	.2642	.3115 3	.3115	.2654	.2654

α =	71,2				71,4				71,6				71,8				72,0			
Streuquerschnitt Scattering	.2033	1			.2050	1			.2126	1			.2059	1			.2074	1		
φ°	i_1		i_2		i_1		i_2		i_1		i_2		i_1		i_2		i_1		i_2	
0	.6656	7	.6656	7	.6828	7	.6828	7	.7431	7	.7431	7	.7047	7	.7047	7	.7228	7	.7228	7
1	.4339		.4259		.4392		.4436		.4620		.4795		.4593		.4542		.4718		.4680	
2	.9153	6	.8270	6	.8688	6	.9267	6	.8147	6	.9716	6	.1001		.9193	6	.1023		.9845	6
3	.2015	5	.2695	5	.2345	5	.2155	5	.5070	5	.2141	5	.4366	5	.2002	5	.2652	5	.3118	5
4	.1895	6	.1866	6	.1905	6	.1798	6	.1593	6	.1823	6	.1549	6	.1586	6	.1457	6	.1409	6
5	.5691	5	.4253	5	.4163	5	.4664	5	.1728	5	.3879	5	.2787	5	.2985	5	.2361	5	.1873	5
6	.6764	4	.8434	4	.1673		.1186		.1795		.2052		.1931		.2665		.3138		.3017	
7	.3234	5	.2524	5	.3513		.3527		.2999		.3871		.5089		.3971		.5704		.4948	
8	.2102		.2100		.1578		.1795		.2022		.1461		.2603		.1245		.1622		.1677	
9	.1724		.1849		.1575		.1269		.9269	4	.1097		.6551	4	.8321	4	.3410	4	.3967	4
10	.2277	4	.3076	4	.2663	4	.2015	4	.3109		.2605	4	.1795		.3698		.1930		.3686	
20	.1085	5	.8074		.1029	5	.9378		.1136	5	.8560		.4339		.7865		.4784		.4859	
30	.4204	4	.4290		.3958	4	.5260		.2852	4	.4982		.2477		.4790		.1733		.3634	
40	.1644		.3461		.2024		.3106		.4069		.3779		.4466		.4467		.5271		.4428	
50	.3336		.2963		.2678		.2761		.1782		.2548		.1507		.1912		.9297	3	.2132	
60	.5179	3	.1623		.8089	3	.1250		.7372	3	.1239		.1944		.1054		.2159	4	.2231	
70	.4986		.1003		.2281		.6302	3	.3709		.5627	3	.1041	3	.6821	3	.1967	3	.1343	
80	.4692		.4949	3	.4105		.2111		.7178		.1844		.5050		.2734		.8677		.5264	3
90	.5463	2	.2671		.2691		.1471		.3040		.1866		.1006		.2654		.2107		.3299	
100	.1086	3	.2304		.1657	2	.7306	2	.8932	2	.7619	2	.2089		.5148	2	.4195		.1190	2
110	.3485	2	.4158	2	.1633	3	.1374		.6778	3	.1331	1	.1234		.9482		.1460		.3577	
120	.4297		.4700	1	.1441		.2139		.2737		.7657		.8331	2	.1520	3	.1109		.5240	
130	.7140		.4112	2	.5262	2	.4791		.3713	2	.9165		.3836		.6578	2	.1260		.6919	
140	.6909		.2310		.5857		.4783		.1875	3	.6311	2	.7876		.3331		.5856	2	.2847	
150	.4192	1	.9491		.1393	3	.7792		.9843	2	.6898		.2238	3	.2644		.1314	3	.1243	3
160	.2371	4	.7981	3	.2604	4	.8195	3	.1771	4	.9445	3	.4842	4	.1147	4	.3245	4	.6224	
170	.1816		.2311	4	.3012		.2008	4	.4646		.1443	4	.3697		.1500		.2783		.1176	4
180	.4138		.4138		.1347		.1347		.8083		.8083		.4699		.4699		.1711		.1711	

α =	72,2				72,4				72,6				72,8				73,0			
Streuquerschnitt Scattering	.2122 1				.2152 1				.2126 1				.2134 1				.2188 1			
φ^o	i_1		i_2		i_1		i_2		i_1		i_2		i_1		i_2		i_1		i_2	
0	.7649	7	.7649	7	.7956	7	.7956	7	.7850	7	.7850	7	.7994	7	.7994	7	.8505	7	.8505	7
1	.4913		.4990		.5083		.5164		.5155		.5055		.5220		.5222		.5463		.5550	
2	.9926	6	.1084		.1019		.1098		.1174		.1044		.1150		.1159		.1126		.1222	
3	.2892	5	.2221	5	.3280	5	.1961	5	.3361	5	.1559	5	.1873	5	.2168	5	.2133	5	.1275	5
4	.1399	6	.1322	6	.1199	6	.1240	6	.1039	6	.1036	6	.9637		.9098		.9063		.8729	
5	.1101	5	.1752	5	.4525	4	.1130	5	.6728	4	.6046	4	.3154	4	.2871	4	.1183	3	.1549	4
6	.4827		.3811		.5001	5	.4776		.4583	5	.5397	5	.6020	5	.5466	5	.7696	5	.6350	5
7	.5481		.5706		.4782		.5732		.6545		.5118		.6619		.6103		.5771		.6281	
8	.9943	4	.1204		.9580	4	.8282	4	.1273		.5281	4	.6231	4	.7428	4	.2179	4	.4730	4
9	.2658		.1378	4	.1104		.6689	3	.2574	3	.8273	2	.1641		.6988	3	.2544		.2749	
10	.5309		.3572		.1010	5	.5228	4	.1028	5	.7471	4	.9105		.1013	5	.1504	5	.1021	5
20	.5170		.6025		.4362	4	.5743		.2218	4	.6257		.3165		.4567	4	.6991	4	.6748	4
30	.2633		.4214		.3065		.5011		.4493		.5292		.4961		.5691		.7452		.6630	
40	.4278		.4140		.7180		.4341		.5780		.6117		.5628		.4987		.3339		.4019	
50	.1033		.2425		.6941	3	.2781		.9010	3	.2510		.1199		.1641		.1945		.2220	
60	.2530		.2052		.9451		.1825		.1080	4	.1050		.6984	3	.1325		.6910	3	.1492	
70	.7554	3	.1194		.7285		.9320	3	.7033	3	.6739	3	.6945		.5522	3	.1245	4	.7339	3
80	.6314		.6739	3	.2267		.6238		.3529	1	.7267		.7439	2	.2955		.6147	2	.3196	
90	.7980		.3249		.9948		.2169		.1113	3	.3151		.1067	3	.7656	2	.4290	3	.8836	2
100	.2659		.5049	2	.3470	2	.1436		.1484		.3042		.8002	2	.1681	3	.3334	2	.1117	3
110	.9183	0	.9849		.1419	3	.1477		.8395	2	.7452	2	.9824		.2712	2	.1567	3	.3030	1
120	.9518	1	.9940		.3586		.8981	2	.5444		.7335	1	.1351	3	.2230		.1063		.1496	2
130	.6087		.9229		.4344		.1132	3	.7841		.2729	2	.8015	2	.8255		.9627	2	.3002	
140	.1149	3	.3475		.1498		.1558		.7119		.1258	3	.3682		.4586		.2428	3	.4569	1
150	.3792	2	.1712		.8191	1	.2152	2	.1238	3	.1165		.2060	3	.2002	3	.1019		.1848	3
160	.3085	4	.4140	3	.3032	4	.7129	3	.4218	4	.1488	4	.4464	4	.1022	4	.5316	4	.4847	
170	.3107		.1509	4	.4999		.1646	4	.4045		.2712		.4640		.7852	3	.4268		.8128	
180	.1626		.1626		.1227		.1227		.6480		.6480		.4835	3	.4835		.1669		.1669	4

α =	73,2		73,4		73,6		73,8		74,0	
Streuquerschnitt Scattering	.2190 1		.2189 1		.2177 1		.2208 1		.2167 1	
φ^o	i_1	i_2	i_1	i_2	i_1	i_2	i_1	i_2	i_1	i_2
0	.8629 7	.8629 7	.8707 7	.8707 7	.8707 7	.8707 7	.9072 7	.9072 7	.8856 7	.8856 7
1	.5544	.5598	.5704	.5554	.5640	.5669	.5807	.5869	.5731	.5704
2	.1167	.1203	.1285	.1114	.1202	.1246	.1181	.1246	.1231	.1186
3	.3050 5	.9901 4	.1342 5	.5869 4	.4529 4	.8551 4	.7105 4	.1608 4	.7884 4	.5679 3
4	.7499	.8188 5	.7770	.6981 5	.7744 5	.7184 5	.7732 5	.7752 5	.7830 5	.7831 5
5	.4956 4	.3110 3	.4078 4	.1091 4	.2886 4	.5174 4	.1103	.4089 4	.2286	.8069 4
6	.7105 5	.6932 5	.6522 5	.7209 5	.7517 5	.6579 5	.8342	.7113 5	.6815	.6988 5
7	.4997	.5816	.5949	.4329	.5330	.5066	.4160	.4788	.3683	.4086
8	.2861 4	.2722 4	.2939 4	.1414 4	.2278 4	.2523 4	.1156 4	.4240 4	.1127 4	.4901 4
9	.5045	.4601	.1140 5	.6481	.1506 5	.1439 5	.1614 5	.1708 5	.2424 5	.2021 5
10	.2642 5	.1276 5	.1981	.1532 5	.1572	.1815	.2152	.1474	.2919	.1656
20	.8284 4	.8234 4	.7107 4	.9696 4	.8175 4	.8389 4	.1440	.1098	.1462	.1322
30	.7041	.8215	.8929	.7488	.8591	.7228	.1122	.8475 4	.9569 4	.9948 4
40	.4372	.3111	.2513	.4780	.1970	.3337	.9770 3	.3185	.1418	.2585
50	.2533	.3089	.3588	.3823	.3830	.3132	.3263 4	.2925	.2962	.2781
60	.4347 3	.1625	.3941 3	.1786	.6068 3	.1366	.7517 3	.1457	.1453	.1210
70	.1605 4	.8703 3	.9108	.1661	.3700	.1139	.3671 1	.8986 3	.9359 1	.5693 3
80	.3028 3	.3875	.5864	.8566 3	.1197 4	.7312 3	.7774 3	.5097	.2671 3	.3728
90	.5140	.1784	.2281	.3023	.1558 3	.4179	.5030	.4070	.5574	.2508
100	.4577 2	.1048	.2745	.4165 2	.4946	.4997 1	.1954	.6812 2	.1706 2	.1294
110	.3621 1	.4514 1	.1923	.2150 3	.1057	.4193 2	.3412 2	.1483 3	.8908	.1695
120	.2406 2	.6153 2	.1383	.1119	.2744 2	.6713	.1305 3	.9127 2	.6846	.5744 2
130	.1426 3	.1351 3	.8467 2	.5105 2	.5468	.5535	.6638 2	.4132	.8702	.3372
140	.1567	.1015	.8810	.3856 3	.1911	.1019 3	.2112 3	.5346	.2950	.2083 1
150	.1479	.6640 2	.1659 1	.1384	.8067	.1206	.7814 2	.3210 3	.2408 3	.4175 3
160	.4424 4	.3217 3	.3253 4	.9543	.4249 4	.8106	.6171 4	.8939	.5004 4	.3594
170	.4693	.1168 4	.3419	.3636 4	.5332	.1501 4	.5450	.6912	.4198	.5579
180	.5696	.5696	.9249	.9249	.1546	.1546	.1724	.1724 4	.4020	.4020 4

α =	74,2		74,4		74,6		74,8		75,0	
Streuquerschnitt Scattering	.2184 1		.2175 1		.2177 1		.2123 1		.2125 1	
φ^o	i_1	i_2	i_1	i_2	i_1	i_2	i_1	i_2	i_1	i_2
0	.9085 7	.9085 7	.9095 7	.9095 7	.9235 7	.9235 7	.8890 7	.8890 7	.9004 7	.9004 7
1	.5874	.5761	.5778	.5854	.5843	.5865	.5680	.5629	.5688	.5666
2	.1236	.1121	.1117	.1206	.1111	.1132	.1126	.1068	.1056	.1041
3	.3035 3	.9414 3	.1792 4	.4113 3	.2479 4	.3638 4	.1103 4	.5529 4	.9524 4	.7517 4
4	.9594 5	.8447 5	.1056 6	.1034 6	.1127 6	.1144 6	.1293 6	.1231 6	.1533 6	.1443 6
5	.1696	.1783	.1586 5	.1803 5	.2950 5	.1736 5	.3989 5	.2287 5	.3123 5	.3517 5
6	.6372	.6603	.6635	.5576	.6337	.5563	.4652	.4898	.4221	.4028
7	.3664	.2559	.2719	.2907	.1770	.2256	.1417	.1717	.1189	.8742 4
8	.6188 4	.6445 4	.1295	.9681 4	.1204	.1525	.1172	.1683	.2190	.1940 5
9	.3263 5	.2512 5	.3476	.3340 5	.3363	.3506	.4201	.3656	.4866	.4162
10	.2143	.1985	.1445	.1723	.1816	.1282	.2089	.1293	.1358	.1415
20	.1316	.1345	.1387	.1240	.1963	.1386	.1650	.1512	.1283	.1268
30	.8977 4	.7402 4	.7044 4	.6642 4	.7904 4	.6495 4	.6024 4	.7262 4	.4378 4	.5348 4
40	.1698	.3555	.1961	.3365	.2574	.3553	.3626	.4090	.5640	.4931
50	.2603	.2605	.2470	.2765	.1577	.3037	.8143 3	.2980	.4929 3	.1584
60	.1809	.1725	.2747	.2066	.2220	.2373	.1805 4	.1963	.9354	.1286
70	.2426 2	.8337 3	.4606 3	.1041	.1070	.1230	.1378	.1080	.1099 4	.1002
80	.1186 3	.3128	.2047	.3461 3	.1130 3	.5604 3	.2795 2	.6446 3	.3582 3	.8727 3
90	.8702 2	.2372	.1464	.4177 2	.6142	.7025 2	.7861 3	.1606	.3684	.3112
100	.9460	.3006	.7028 2	.1930 3	.3306 2	.1299 3	.1192 2	.1409	.3217	.1185 2
110	.6227	.1524 2	.2781 3	.3861 2	.7825	.7029 1	.1133 3	.2164 2	.1877	.8956
120	.6627	.9227	.2767	.4923 1	.2607 1	.8353 2	.1059	.1809 3	.7143 2	.4007
130	.4857	.4208	.1696	.1443 2	.1492 2	.6656	.7221 2	.1871	.7748	.1656
140	.9033	.2565 3	.3569 2	.6230	.1088 3	.4878	.3848	.2485 2	.1190 3	.7302
150	.1124 3	.3516 2	.8165	.7307 1	.4178 2	.1660 3	.9556	.5519 3	.1960	.8679
160	.4343 4	.2214 3	.4346 4	.4516 3	.4763 4	.8242	.5220 4	.5455	.6144 4	.2707 3
170	.3489	.2478 4	.5112	.1543 4	.5177	.1078 4	.5408	.5278	.5170	.8784
180	.6260	.6260	.1719	.1719	.1640	.1640	.2771	.2771 4	.1819	.1819 4

α =	75,2		75,4		75,6		75,8		76,0	
Streuquerschnitt Scattering	.2143 1		.2134 1		.2064 1		.2073 1		.2095 1	
φ°	i_1	i_2	i_1	i_2	i_1	i_2	i_1	i_2	i_1	i_2
0	.9238 7	.9238 7	.9273 7	.9273 7	.8768 7	.8768 7	.8917 7	.8917 7	.9215 7	.9215 7
1	.5693	.5808	.5691	.5734	.5473	.5413	.5470	.5485	.5514	.5635
2	.9314 6	.1052	.9147 6	.9524 6	.9458 6	.8877 6	.8556 6	.8778 6	.7543 6	.8661 6
3	.2606 5	.1562 5	.2684 5	.2786 5	.2093 5	.3050 5	.4282 5	.3626 5	.6975 5	.4937 5
4	.1678 6	.1703 6	.1724 6	.1826 6	.2002 6	.1878 6	.2200 6	.2078 6	.2259 6	.2330 6
5	.2791 5	.3075 5	.3376 5	.2800 5	.4539 5	.3002 5	.3308 5	.3423 5	.2937 5	.3148 5
6	.4123	.3172	.3108	.2850	.1891	.2085	.1782	.1485	.1687	.1129
7	.5256 4	.8025 4	.1669 4	.3577 4	.1126 4	.1842 4	.2247 3	.3027 3	.1325 4	.7769 0
8	.3484 5	.2555 5	.3207 5	.3321 5	.2827 5	.3223 5	.3962 5	.3302 5	.5274 5	.3882 5
9	.4524	.4637	.3774	.4430	.4724	.4193	.4818	.4173	.3836	.4309
10	.6658 4	.1099	.7049 4	.6752 4	.9161 4	.6492 4	.4871 4	.6198 4	.1006 4	.5623 4
20	.1319 5	.1130	.1739 5	.1144 5	.1098 5	.1183 5	.6566	.9125	.6391	.6117
30	.2983 4	.4343 4	.3170 4	.3887 4	.2252 4	.3965 4	.2145	.4371	.3036	.4047
40	.5300	.5238	.6296	.4564	.5740	.4881	.6814	.5723	.4485	.5694
50	.4231 3	.1730	.1987	.2365	.1722	.3702	.2948	.2432	.2797	.2783
60	.9773	.1331	.6330 3	.1640 3	.4003 3	.1699	.4564 3	.2343	.7128 3	.1753
70	.7311	.6993 3	.1066 4	.6241 3	.8257	.5895 3	.6307	.1231	.2418	.1443
80	.8745	.5536	.6203 3	.3002	.3636	.2081	.4470	.1726 3	.7008	.5116 3
90	.1406	.4771	.2895	.4188	.3280	.3502	.5243 2	.1763	.1562	.7942 2
100	.5683	.4107 2	.1910	.7703 2	.6318 2	.1222	.5744	.2559	.1634	.2482 3
110	.2803 2	.7830	.2144	.1421 3	.3978 2	.1945	.1315 3	.5800 2	.3921	.3842 2
120	.1241 3	.8219	.1824	.1258 2	.3979	.1412 2	.1690	.1102 3	.1082	.2287
130	.1751	.8624	.1464	.1711 1	.4407	.1520 3	.1369	.6032 1	.3252 2	.9664
140	.1327 2	.1164 3	.1929	.6305 2	.5463	.6110 1	.1648	.2090 2	.5188 1	.1036 3
150	.3005 3	.5549 2	.3283	.1058	.2165	.2727 3	.6602 2	.1082 3	.3316 3	.1529
160	.6031 4	.1139 3	.3448 4	.2549 3	.4210 4	.3592	.5688 4	.3465	.6564 4	.2448
170	.5516	.1106 4	.5445	.1203 4	.5287	.9256	.6585	.4196	.6302	.5518
180	.2606	.2606	.9329 3	.9329 3	.4411	.4411 4	.1916	.1916 4	.3643	.3643 4

α =	76,2				76,4				76,6				76,8				77,0			
Streuquerschnitt Scattering	.2052 1				.2036 1				.2031 1				.2056 1				.2010 1			
φ°	i_1		i_2		i_1		i_2		i_1		i_2		i_1		i_2		i_1		i_2	
0	.8979	7	.8979	7	.8864	7	.8864	7	.8910	7	.8910	7	.9235	7	.9235	7	.8924	7	.8924	7
1	.5428		.5410		.5398		.5302		.5330		.5394		.5455		.5516		.5372		.5298	
2	.7959	6	.7654	6	.8037	6	.7223	6	.7177	6	.7793	6	.6979	6	.7391	6	.7671	6	.6902	6
3	.5888	5	.6395	5	.5761	5	.7075	5	.8205	5	.6427	5	.1046		.8290	5	.8206	5	.9192	5
4	.2330	6	.2327	6	.2512	6	.2290	6	.2502	6	.2489	6	.2444		.2514	6	.2453	6	.2394	6
5	.4506	5	.2720	5	.3458	5	.2211	5	.2166	5	.2931	5	.1874	5	.2031	5	.2485	5	.1615	5
6	.8225	4	.9687	4	.7736	4	.6760	4	.1147		.8056	4	.1188		.1173		.1306		.1409	
7	.7238		.1264		.5364		.2208		.5867	4	.6427		.1532		.6376	4	.2274		.1295	
8	.4356	5	.4475	5	.3843	5	.4070	5	.4592	5	.3708	5	.5209		.3903	5	.3831		.4032	
9	.3304		.3732		.3622		.3150		.3210		.3018		.2041		.2640		.1701		.1966	
10	.1598	4	.3575	4	.4316	4	.5302	4	.5870	4	.5716	4	.4900	4	.9007	4	.4545	4	.8852	4
20	.5996		.5785		.4351		.7175		.1813		.3960		.1556		.3197		.3048		.3264	
30	.4062		.4997		.5161		.5177		.5974		.6095		.7749		.5927		.9007		.8125	
40	.5211		.4129		.3460		.3295		.3026		.4186		.1405		.4204		.1318		.3332	
50	.3569		.2679		.3458		.3385		.3799		.3263		.3814		.3388		.2691		.3408	
60	.8710	3	.1546		.1306		.8256	3	.1825		.1713		.3060		.2290		.2425		.2616	
70	.1096		.1193		.2795	3	.7029		.1902	3	.6472	3	.7120	3	.8109	3	.1363		.1028	
80	.2890		.6946	3	.1294		.9819		.6410	2	.6588		.2045		.4571		.2060	3	.2672	3
90	.7668		.9591	2	.1054	4	.1583		.5328	3	.2973		.3156	2	.4988		.2533		.3448	
100	.2537		.1269	3	.2078	2	.2623		.3217		.4686	2	.4619	3	.5861	2	.2316		.6604	2
110	.5039	2	.3241	2	.1838	3	.7355	2	.1015		.7388		.8091	2	.1409	3	.1104		.8812	
120	.1765	3	.1032	3	.1027		.2585	3	.1336	2	.9369		.3212	3	.9192	2	.6551	2	.4774	1
130	.6000	2	.6335	2	.7940	2	.1378	2	.5261		.5312		.1427		.3604		.7552		.1721	2
140	.1307	3	.2267	3	.4206		.5982		.1563	3	.5144		.7232	2	.6742	1	.1130	3	.1905	3
150	.1441		.4262	2	.2184	3	.2730		.9888	2	.9384		.1096	3	.1686	3	.8300	2	.4058	2
160	.4550	4	.8882	1	.4587	4	.1639	3	.4020	4	.1203	3	.4745	4	.2434		.5737	4	.1349	3
170	.3984		.9278	3	.4399		.1240	4	.5855		.6865		.5943		.4631		.5122		.4411	
180	.7086		.7086	4	.8431		.8431		.1351		.1351	4	.4184		.4184	4	.2350		.2350	4

α =	77,2				77,4				77,6				77,8				78,0			
Streuquerschnitt Scattering	.2053 1				.2043 1				.2059 1				.2027 1				.2062 1			
φ^o	i_1		i_2		i_1		i_2		i_1		i_2		i_1		i_2		i_1		i_2	
0	.9384	7	.9384	7	.9370	7	.9370	7	.9627	7	.9627	7	.9424	7	.9424	7	.9843	7	.9843	7
1	.5616		.5488		.5533		.5621		.5712		.5689		.5679		.5601		.5864		.5888	
2	.7667	6	.6741	6	.7081	6	.7842	6	.7776	6	.7360	6	.8371	6	.7619	6	.8094	6	.8442	6
3	.8981	5	.1093		.1062		.8146	5	.1100		.9577	5	.8536	5	.9275	5	.9209	5	.8710	5
4	.2507	6	.2188		.2271		.2320	6	.2112		.2140	6	.2024	6	.1961	6	.1909	6	.1824	6
5	.1610	5	.8479	4	.7283	4	.1426	5	.4696	4	.8391	4	.6479	4	.5335	4	.4907	4	.3790	4
6	.2523		.1920	5	.3249	5	.2984		.3476	5	.3809	5	.4539	5	.4356	5	.6318	5	.5519	5
7	.1977		.2084		.1960		.2077		.3263		.1871		.3750		.2682		.3045		.3431	
8	.3409		.3517		.3566		.2738		.3373		.2537		.2042		.2258		.1688		.1592	
9	.1671		.1001		.1230		.1255		.4654	4	.8848	4	.2435	4	.4414	4	.2206	4	.1417	4
10	.1162		.1167		.1909		.1480		.1817	5	.2154	5	.1697	5	.2114	5	.2653	5	.2216	5
20	.4668	4	.7279	4	.4181	4	.5745	4	.4815	4	.6192	4	.9025	4	.7555	4	.1279		.1151	
30	.1065	5	.9412		.9940		.8932		.1020	5	.7019		.9671		.8288		.9792	4	.9122	4
40	.1445	4	.2738		.2062		.3746		.2916	4	.4203		.3121		.4421		.4306		.4352	
50	.1719		.2216		.7515	3	.2108		.1167		.1957		.5984	3	.2959		.1215		.2564	
60	.1920		.1308		.9138		.1424		.9053	3	.1377		.5842		.1759		.4737	3	.2069	
70	.1876		.1901		.1445	4	.1232		.4691		.1084		.3640		.6665	3	.2868		.8307	3
80	.2324	3	.4212	3	.7642	3	.5191	3	.9921		.7389	3	.8685		.5584		.3383		.6048	
90	.2447		.5661		.3601	2	.1540		.1447		.1664		.8269		.1686		.1199	4	.1866	
100	.1102		.7259	2	.2510		.1978		.2108		.3043		.1210		.1231		.3181	2	.4188	2
110	.4444	2	.4467		.2261	3	.5154	2	.2220		.1866	2	.1126		.4238	2	.1682	3	.2104	
120	.1383	3	.1379	3	.1561		.2898		.5879	2	.1381	3	.1523		.5468		.2146	2	.2991	
130	.9058	2	.1332		.1205		.5302		.1416	3	.1971		.1323		.5193		.3075		.1339	3
140	.4967		.8627	2	.7984	2	.5431		.1165		.2576	2	.9241	2	.4627		.3734		.7554	2
150	.3195	3	.5554		.3448	3	.1604		.7437	2	.1896	3	.2218	1	.4043		.1108	3	.8822	
160	.5933	4	.8052	3	.3798	4	.5244		.3377	4	.2060	2	.4408	4	.1150	3	.5325	4	.7001	3
170	.4585		.1352	4	.4862		.8700	3	.4343		.8318	3	.5769		.2254		.5878		.5067	
180	.8420		.8420		.1976		.1976	4	.3625		.3625	4	.1564		.1564	4	.1150		.1150	4

α =	78,2		78,4		78,6		78,8		79,0	
Streuquerschnitt Scattering	.2102 1		.2141 1		.2080 1		.2121 1		.2171 1	
φ°	i_1	i_2	i_1	i_2	i_1	i_2	i_1	i_2	i_1	i_2
0	.1033 8	.1033 8	.1083 8	.1083 8	.1033 8	.1033 8	.1085 8	.1085 8	.1148 8	.1148 8
1	.6073 7	.6202 7	.6356 7	.6401 7	.6253 7	.6193 7	.6468 7	.6549 7	.6743 7	.6900 7
2	.7955 6	.8989 6	.8542 6	.8659 6	.9708 6	.9160 6	.9291 6	.1008	.9201 6	.1033
3	.1038	.7296 5	.9705 5	.8326 5	.6179 5	.6520 5	.6930 5	.5548 5	.8109 5	.4667 5
4	.1604	.1737 6	.1318 6	.1472 6	.1339 6	.1282 6	.1188 6	.1189 6	.9023	.1085 6
5	.4859 4	.6708 4	.4252 4	.7903 4	.2937 4	.5114 4	.1011 5	.5643 4	.2041	.1160 5
6	.7034 5	.6938 5	.6803 5	.7870 5	.8692 5	.8139 5	.1012 6	.9257 5	.9998	.1025 6
7	.2655	.3059	.3106	.2539	.3965	.3157	.2845 5	.3410	.2231	.2808 5
8	.1613	.1058	.1084	.8003 4	.3341 4	.4700 4	.2879 4	.1414 4	.2349 4	.5452 3
9	.2180 4	.1657 4	.3180 4	.2040	.1509	.1484	.2310	.2624	.8863	.2934 4
10	.3652 5	.2667 5	.3237 5	.3472 5	.2893 5	.3165 5	.3778 5	.2996 5	.4523 5	.3169 5
20	.1058	.1147	.9619 4	.1154	.1783	.1410	.2046	.1686	.1386	.1571
30	.7495 4	.8335 4	.8502	.5727 4	.5060 4	.5294 4	.3987 4	.5869 4	.2759 4	.5408 4
40	.6019	.5616	.6641	.5748	.6563	.5543	.6897	.5808	.6641	.6527
50	.1148	.2752	.3255	.2029	.2623	.2695	.3565	.3353	.3806	.3754
60	.5386 3	.1935	.3485 3	.1949	.9679 3	.1597	.1159	.1449	.2817	.1620
70	.3767	.1036	.2570	.1606	.5680	.1290	.9350 3	.1035	.7450 3	.7461 3
80	.3449 2	.4090 3	.1640	.3774 3	.2285 2	.4253 3	.6682 2	.7546 3	.7402	.8568
90	.7799 3	.2818	.1388	.4424	.1936 3	.2500	.2840 3	.1897	.8186 2	.2337
100	.2903	.7536 2	.3142	.5918 2	.3418	.6379 2	.1237	.6444 2	.6267 1	.2251
110	.2267 1	.1406 3	.9899 2	.2107 3	.3939 2	.5807	.1585	.5335	.2091 3	.2163 2
120	.1597 3	.6700 2	.3412 3	.2105 2	.8239	.1327	.2218	.1180	.5214 1	.9233
130	.2973	.3042 1	.1741	.1475 3	.1001 3	.1434 3	.4919 2	.6572	.1344 3	.7457
140	.1703	.5708 2	.5054 2	.1824 2	.8086 2	.5997 2	.7418	.8458	.2804	.1917 3
150	.3381	.3414	.4753 3	.1880 3	.1109 3	.2409 3	.1912	.1524	.9030 2	.1747 2
160	.4192 4	.4785 3	.2622 4	.3327	.3650 4	.3892 2	.3181 4	.3189 3	.3990 4	.6840 3
170	.5256	.7021	.3445	.1096 4	.4619	.4332 3	.5553	.1701	.5329	.3569
180	.2987	.2987 4	.3138	.3138	.2483	.2483 4	.1071	.1071 4	.5948	.5948 4

α =	79,2		79,4		79,6		79,8		80,0	
Streuquerschnitt Scattering	.2147 1		.2140 1		.2169 1		.2189 1		.2162 1	
φ°	i_1	i_2	i_1	i_2	i_1	i_2	i_1	i_2	i_1	i_2
0	.1135 8	.1135 8	.1138 8	.1138 8	.1182 8	.1182 8	.1217 8	.1217 8	.1201 8	.1201 8
1	.6869 7	.6733 7	.6884 7	.6842 7	.7032 7	.7134 7	.7202 7	.7271 7	.7248 7	.7110 7
2	.1099	.9577 6	.1074	.1039	.1013	.1103	.1034	.1067	.1133	.1009
3	.5177 5	.5130 5	.3167 5	.3124 5	.4118 5	.2637 5	.4497 5	.2679 5	.2235 5	.3028 5
4	.8878	.8146	.8380	.7694	.7454	.7896	.6678	.7284	.7858	.6498
5	.1223	.1969	.1507	.1644	.2799	.1747	.3984	.2356	.2777	.3432
6	.1028 6	.1027 6	.1120 6	.1032 6	.1149 6	.1080 6	.1025 6	.1071 6	.1015 6	.9920
7	.3563 5	.2119 5	.2787 5	.2394 5	.1643 5	.2301 5	.1189 5	.1715 5	.1657 5	.1041
8	.9984 2	.4345 3	.2517 4	.9821 3	.5450 4	.4573 4	.5927 4	.7915 4	.1161	.1099
9	.1392 5	.8279 4	.1236 5	.9244 4	.1372 5	.1339 5	.2568 5	.1230 5	.2810	.2021
10	.3377 5	.3601 5	.2943	.3110 5	.3535	.2689	.3559	.2494	.2229	.2443
20	.1641	.1330	.1933	.1539	.1924	.1679	.1132	.1466	.1102	.9993 4
30	.2753 4	.4448 4	.2637 4	.3634 4	.3157 4	.5451 4	.3834 4	.5477 4	.5018 4	.5929
40	.5693	.5745	.4377	.3982	.3933	.4487	.2981	.4864	.1705	.4671
50	.4479	.3532	.4005	.3449	.2715	.3120	.2754	.2548	.1651	.3004
60	.2461	.2754	.2893	.2881	.1716	.1969	.1554	.1366	.7906 3	.1625
70	.9794 3	.7092 3	.1364	.5801 3	.1733	.1218	.1054	.1532	.4354	.1469
80	.7854	.7533	.9063 3	.4065	.4420 3	.2363 3	.3454 3	.2632 3	.4236	.4755 3
90	.1285	.2820	.7979	.2817	.1127 4	.2449	.5143	.3024	.1229 2	.2524
100	.2790	.3038	.9183 2	.1765	.3599 2	.1020	.1810	.8799 2	.3578 3	.4885 2
110	.9803 2	.6606 -1	.2072 3	.8234 2	.8686	.4735 2	.1262	.2028 3	.1387	.1813 3
120	.1205 3	.2227 3	.8229 2	.3076	.1314 3	.7872	.1295	.7227 1	.4791 2	.5159 2
130	.8154 2	.2070 2	.7665	.5821	.1064	.4391	.6114 2	.9828	.5268	.1269 3
140	.7247	.1675	.7092	.8123	.1856	.1878	.1510 3	.2271 3	.8374	.1534
150	.1953 3	.1239 3	.1588 3	.5423 3	.1484	.1251 3	.1648	.2334 2	.2709 1	.1789 2
160	.6194 4	.1096 4	.4687 4	.4736	.2906 4	.2557	.4197 4	.5109 3	.4610 4	.1235 4
170	.3645	.1209	.3614	.8835	.3663	.3623	.4007	.2133	.4620	.7605 3
180	.4322	.4322	.4266	.4266 4	.1890	.1890 4	.6689	.6689 4	.1081	.1081 4

α =	80,2				80,4				80,6				80,8				81,0			
Streuquerschnitt Scattering	.2203 1				.2177 1				.2167 1				.2136 1				.2148 1			
φ°	i_1		i_2		i_1		i_2		i_1		i_2		i_1		i_2		i_1		i_2	
0	.1259	8	.1259	8	.1242	8	.1242	8	.1245	8	.1245	8	.1223	8	.1223	8	.1249	8	.1249	8
1	.7501	7	.7354	7	.7302	7	.7406	7	.7347	7	.7306	7	.7262	7	.7164	7	.7256	7	.7337	7
2	.1080		.9803	6	.9838	6	.1072		.1018		.9733	6	.1020		.9426	6	.8998	6	.9730	6
3	.2959	5	.3447	5	.3923	5	.2811	5	.3660	5	.4256	5	.3792	5	.4532	5	.6831	5	.5230	5
4	.8387		.6514		.8277		.8916		.1003	6	.8842		.1186	6	.1037	6	.1238	6	.1293	6
5	.3169		.4164		.4314		.2848		.4793	5	.3125		.3421	5	.3842	5	.3577	5	.3330	5
6	.1058	6	.8442		.9505		.9205		.7690		.8110		.7109		.6827		.6725		.6042	
7	.1176	5	.6278	4	.5678	4	.1109		.2220	4	.9179	4	.4050	4	.3848	4	.6008	4	.4312	4
8	.2242		.1609	5	.2586	5	.2580		.2815	5	.3109	5	.3959	5	.3577	5	.5191	5	.4481	5
9	.2345		.2499		.2350		.2359		.3546		.1965		.3431		.2710		.2474		.2889	
10	.1792		.1705		.1992		.1402		.1603		.1100		.6561	4	.8331	4	.3681	4	.3581	4
20	.1197		.9184	4	.1092		.1118		.5135	4	.1036		.4291		.6022		.5295		.6339	
30	.6571	4	.5888		.9309	4	.9258	4	.1008	5	.9187	4	.1067	5	.8888		.1130	5	.9915	
40	.1212		.1941		.1227		.3304		.2801	4	.3872		.3322	4	.5095		.3727	4	.4393	
50	.1454		.3454		.7122	3	.3040		.8188	3	.2199		.1083		.2069		.1653		.2913	
60	.7055	3	.1806		.4503		.1986		.5354		.2114		.7700	3	.2036		.1015		.1496	
70	.5214	2	.6804	3	.2290	2	.6787	3	.3621	2	.8137	3	.3036		.1307		.1268		.1546	
80	.4118	3	.1209	4	.1255	3	.8893		.1116	3	.1045	4	.3537		.4901	3	.4143	3	.2634	3
90	.2744		.6026	3	.4549		.1764		.2263		.2824	3	.1153		.3943		.7038		.4097	
100	.4742		.3717	2	.1533		.7399	2	.8061	2	.2671		.2015		.2267		.7053	2	.1523	
110	.2206	2	.3655		.3189		.6844		.1019	3	.1168	2	.2032		.1278	2	.2341	3	.1857	2
120	.1983	3	.7404		.7360	2	.4960		.1075		.1048	3	.1159		.1035	3	.3238	2	.9087	
130	.1581		.1310		.2312		.1410	3	.1782		.1064		.5741	2	.4582	2	.1892	3	.1645	
140	.5422	2	.2929	3	.2129	3	.3076	2	.1738	2	.5284	2	.9521		.1775	3	.7201	2	.4652	
150	.6647		.7258		.1394		.3511	3	.2762	3	.2438	3	.1031	3	.1723	2	.1758	3	.2337	
160	.5040	4	.1632	4	.4444	4	.8436		.5415	4	.8332		.3439	4	.6929	3	.3928	4	.9183	3
170	.3774		.9144	3	.2592		.7849		.2418		.4884		.3894		.3689		.4147		.5002	
180	.7722		.7722	4	.1714		.1714	4	.5362		.5362	4	.5033	3	.5033		.5482	3	.5482	

α =	81,2		81,4		81,6		81,8		82,0	
Streuquerschnitt Scattering	.2150 1		.2125 1		.2083 1		.2104 1		.2114 1	
φ°	i_1	i_2	i_1	i_2	i_1	i_2	i_1	i_2	i_1	i_2
0	.1263 8	.1263 8	.1250 8	.1250 8	.1211 8	.1211 8	.1247 8	.1247 8	.1273 8	.1273 8
1	.7233 7	.7358 7	.7226 7	.7120 7	.6994 7	.6950 7	.7012 7	.7141 7	.7001 7	.7198 7
2	.8273 6	.9231 6	.8702 6	.7849 6	.8165 6	.7881 6	.6919 6	.7903 6	.6087 6	.7355 6
3	.8528 5	.7426 5	.7991 5	.1033	.1009	.1013	.1476	.1211	.1729	.1511
4	.1301 6	.1426 6	.1725 6	.1395	.1837	.1713	.1826	.1944	.1782	.2033
5	.4176 5	.2743 5	.4680 5	.2746 5	.2500 5	.2730 5	.2499 5	.1931 5	.2972 5	.1427 5
6	.5301	.5471	.3535	.4097	.3264	.3024	.2708	.2497	.1408	.2062
7	.7264 4	.7510 4	.3489 4	.1220	.6786 4	.8187 4	.1629	.9936 4	.2572	.1461
8	.5078 5	.5261 5	.5478 5	.5475	.6585 5	.5910 5	.7293	.6501 5	.6120	.6805
9	.2083	.2442	.3420	.1774	.2743	.2344	.1590	.2138	.9290 4	.1669
10	.3869 4	.1898 4	.1284 4	.9562 3	.3441 3	.4617 3	.9178 3	.1259 4	.9933 3	.2296 4
20	.6375	.6978	.3695	.8683 4	.3680 4	.6424 4	.7432 4	.7834	.1292 5	.9604
30	.1316 5	.1185 5	.1200 5	.1096 5	.1096 5	.9001	.9700	.9138	.8051 4	.9595
40	.5115 4	.5025 4	.5895 4	.5740 4	.7282 4	.6038	.6552	.5898	.9047	.6229
50	.3055	.3621	.3572	.3820	.4432	.3211	.4415	.3653	.4148	.3624
60	.1004	.1393	.1990	.1775	.2790	.2875	.3022	.2557	.1784	.2104
70	.1720	.1287	.1495	.1188	.8786 3	.7493 3	.9490 3	.7727 3	.1736	.9112 3
80	.3411 3	.2561 3	.7339 3	.5129 3	.1007 4	.5775	.8816	.7760	.2794 3	.7402
90	.1141 4	.3219	.4441	.3717	.4301 2	.8742 2	.4062	.8621 2	.7381	.1585
100	.6974 2	.1606	.3371 2	.8078 2	.4361 3	.7475	.5196	.3372	.2191	.7183 2
110	.2637	.9233 2	.1979 3	.1987 3	.5809 2	.1432 3	.1039	.8814	.4631	.6339
120	.4215 3	.6332	.8797 2	.2666 2	.1398 3	.9605 2	.1637	.4124	.1624	.1800 3
130	.2451 2	.7089	.4864	.2159 3	.1042	.1570	.7596 2	.6235	.9532 2	.3800 2
140	.1063 3	.3114	.6796	.5665 2	.1105	.7908	.6110	.1069 3	.2348 3	.2683
150	.1209	.2819 3	.1339 3	.5681 3	.1700	.1056 3	.4037 3	.5863 2	.2533	.5025
160	.4861 4	.1227 4	.6400 4	.1735 4	.4996 4	.5618	.4620 4	.3994 3	.5407 4	.8223 3
170	.3118	.9600 3	.2678	.9531 3	.2318	.5590	.2766	.2318	.3330	.6115
180	.2156	.2156 4	.1056 5	.1056 5	.9828 3	.9828	.1563	.1563 4	.7458	.7458 4

α =	82,2				82,4				82,6				82,8				83,0			
Streuquerschnitt Scattering	.2067 1				.2036 1				.2060 1				.2043 1				.2030 1			
φ°	i_1		i_2		i_1		i_2		i_1		i_2		i_1		i_2		i_1		i_2	
0	.1230	8	.1230	8	.1201	8	.1201	8	.1241	8	.1241	8	.1235	8	.1235	8	.1229	8	.1229	8
1	.6965	7	.6768	7	.6715	7	.6718	7	.6782	7	.6907	7	.6741	7	.6802	7	.6815	7	.6636	7
2	.7133	6	.5819	6	.6223	6	.6302	6	.5401	6	.6204	6	.5516	6	.5694	6	.6011	6	.4948	6
3	.1501		.1845		.1843		.1746		.2277		.1972		.2225		.2151		.2118		.2392	
4	.2320		.1884		.2298		.2220		.2172		.2324		.2171		.2241		.2415		.2038	
5	.2049	5	.1318	5	.7676	4	.8613	4	.8058	4	.3725	4	.9851	4	.1350	4	.1730	4	.1472	4
6	.1283		.1029		.1189	5	.9360		.9869		.1026	5	.1028	5	.1030	5	.1817	5	.1108	5
7	.1563		.2475		.1997		.1932	5	.3431	5	.2188		.4127		.2517		.2780		.3551	
8	.6538		.6193		.7164		.6433		.7036		.6490		.5302		.6083		.5256		.4804	
9	.1784		.9318	4	.1383		.1336		.5907	4	.1157		.2440	4	.9228	4	.5486	4	.4203	4
10	.5147	4	.4001		.1102		.7332	4	.1339	5	.1398		.1535	5	.1694	5	.2525	5	.2056	5
20	.1038	5	.1289	5	.9604	4	.1150	5	.1603		.1320		.2166		.1572		.1834		.1802	
30	.6571	4	.8342	4	.5289		.5681	4	.4126	4	.6058	4	.3068	4	.6115	4	.2693	4	.6234	4
40	.6654		.7475		.5719		.5409		.3569		.4483		.4483		.4116		.2832		.6132	
50	.3564		.3571		.3453		.3758		.2618		.3683		.1665		.3270		.9360	3	.2026	
60	.1456		.1301		.8457	3	.1698		.6806	3	.1917		.4558	3	.2051		.5166		.2377	
70	.6500	3	.1940		.2982		.1549		.1227		.1264		.2104		.8206	3	.3341		.8091	3
80	.1219	2	.7697	3	.3926	2	.3759	3	.3424	2	.4289	3	.2267		.5720		.5446		.1022	4
90	.4664	3	.3026		.1331	3	.4730		.4431	3	.5063		.9244		.4181		.2578		.2612	3
100	.1059		.3073		.1441		.1891		.8287	2	.1810		.1006		.2277		.9077	2	.3178	2
110	.8826	2	.4895	2	.3027		.1387	2	.1116	3	.5049	2	.9442	2	.1689		.1012	3	.9626	
120	.1539	3	.6271		.2555	2	.6410		.2091		.4293		.1425	3	.9655	1	.9609	2	.4398	
130	.1156		.4049		.5502		.4673		.1952		.1866		.9698	2	.1269	3	.1312	3	.1166	3
140	.5395	2	.1281	3	.1703	3	.8164		.1943	1	.1496	3	.2869	3	.2025		.5054	2	.3937	2
150	.1715		.4851		.4954	2	.1285	3	.2959	3	.1904		.1297		.6876	2	.2524	3	.1668	3
160	.5581	4	.1878	4	.6726	4	.1058	4	.7270	4	.4437		.5848	4	.3101	3	.4443	4	.9019	
170	.3231		.1038		.2023		.1280		.1364		.4348		.2613		.3098		.3175		.5278	
180	.4072		.4072		.1677		.1677		.1834		.1834	4	.6603		.6603	4	.1001		.1001	4

α =	83,2				83,4				83,6				83,8				84,0			
Streuquerschnitt Scattering	.2032 1				.2043 1				.2027 1				.2029 1				.2056 1			
φ°	i_1		i_2		i_1		i_2		i_1		i_2		i_1		i_2		i_1		i_2	
0	.1241	8	.1241	8	.1266	8	.1266	8	.1257	8	.1257	8	.1272	8	.1272	8	.1316	8	.1316	8
1	.6763	7	.6775	7	.6831	7	.6914	7	.6860	7	.6826	7	.6986	7	.6892	7	.7093	7	.7220	7
2	.5257	6	.5498	6	.5142	6	.5522	6	.5736	6	.5309	6	.5995	6	.5540	6	.5414	6	.6225	6
3	.2472		.2308		.2650		.2389		.2340		.2375		.2272		.2374		.2532		.2204	
4	.2235		.2188		.2020		.2169		.1937		.1952		.1946		.1734		.1621		.1769	
5	.3480	3	.1053	3	.1855	4	.1645	4	.1300	4	.5042	4	.6174	4	.6320	4	.1834	5	.1193	5
6	.2123	5	.2090	5	.2488	5	.2577	5	.3510	5	.3017	5	.5083	5	.4246	5	.5251		.5509	
7	.3073		.3167		.4324		.2837		.4110		.2797		.2881		.3383		.2800		.2443	
8	.5302		.4190		.4547		.4361		.3080		.3653		.2621		.2327		.2259		.1940	
9	.6662	4	.4862	4	.4886	4	.8274	4	.3475	4	.1023		.6808	4	.8501	4	.1532		.1052	
10	.3324	5	.2897	5	.3287	5	.3399	5	.3319	5	.3597		.4756	5	.3973	5	.5199		.4605	
20	.1508		.1313		.2106		.1589		.2483		.1764		.1782		.1708		.1317		.1323	
30	.2602	4	.4460	4	.3555	4	.5543	4	.5560	4	.6558	4	.6995	4	.8222	4	.7296	4	.7266	4
40	.2074		.3537		.9065	3	.3572		.2298		.2859		.2560		.4793		.3638		.4825	
50	.5991	3	.3046		.1354	4	.3097		.7667	3	.3980		.2367		.2571		.2813		.3248	
60	.8715		.1457		.9125	3	.1718		.2183	4	.1251		.2114		.2476		.3468		.2641	
70	.6166		.1326		.1441	4	.1253		.1818		.1418		.1675		.1567		.7987	3	.1035	
80	.1216	4	.1084		.1018		.5431	3	.4582	3	.4385	3	.2600	3	.2811	3	.3000		.4459	3
90	.5507	2	.1177	3	.5348	3	.6377	2	.1052	4	.1403		.7440		.2987		.1895		.5051	
100	.5186	3	.8637	1	.4415		.5208		.8165	2	.6383	2	.1204		.2022		.8881	2	.1893	
110	.6051	2	.3815	2	.1736		.7210		.6574		.3572		.1972		.3828	2	.2833	3	.1144	2
120	.2042	3	.1307		.1591	2	.8598		.3337	3	.2533	3	.7766	2	.5001	1	.1603		.7535	
130	.3030	2	.2290	3	.2990	3	.6808		.4940	2	.2354	2	.8385		.1750	3	.1159		.5495	
140	.1726	3	.5445	2	.3774	2	.6029		.4169	3	.2716	3	.5025		.1300	2	.1320		.4809	
150	.3796	2	.8715	1	.5086		.1156	3	.9061	2	.1373		.3620	3	.3662		.1899		.6553	
160	.6328	4	.5118	3	.8001	4	.7635		.7931	4	.3171		.6113	4	.1507	3	.6276	4	.3181	3
170	.2703		.5622		.1699		.9316		.1092		.5004		.1873		.1100		.2473		.3571	
180	.7192	3	.7192		.8332	3	.8332		.2553		.2553	4	.3449	2	.3449	2	.6300	3	.6300	

α =	84,2		84,4		84,6		84,8		85,0	
Streuquerschnitt Scattering	.2070 1		.2055 1		.2070 1		.2120 1		.2148 1	
φ^o	i_1	i_2	i_1	i_2	i_1	i_2	i_1	i_2	i_1	i_2
0	.1347 8	.1347 8	.1340 8	.1340 8	.1372 8	.1372 8	.1452 8	.1452 8	.1506 8	.1506 8
1	.7281 7	.7334 7	.7404 7	.7261 7	.7543 7	.7535 7	.7820 7	.7992 7	.8048 7	.8225 7
2	.5954 6	.6071 6	.7164 6	.5972 6	.6888 6	.6968 6	.6450 6	.7419 6	.6683 6	.7384 6
3	.2418	.2245	.1998	.2078	.1922	.1873	.2107	.1736	.1966	.1738
4	.1411	.1548	.1363	.1278	.1187	.1123	.8394 5	.1038	.5815 5	.8377 5
5	.1957 5	.2209 5	.1955 5	.3128 5	.3787 5	.3328 5	.6036	.4624 5	.6476	.5989
6	.5701	.5993	.8212	.6216	.8853	.8130	.8297	.8929	.7516	.8969
7	.3348	.2210	.3024	.1881	.1691	.1995	.1498	.1119	.1543	.8276 4
8	.1548	.1573	.6211 4	.1090	.4955 4	.3827 4	.2194 4	.2007 4	.1271 3	.7265 3
9	.1672	.1565	.1370 5	.1972	.1951 5	.1976 5	.3448 5	.2262 5	.3923 5	.2848 5
10	.4475	.4784	.4700	.4477	.5492	.4671	.5267	.4889 5	.3477	.4620
20	.1714	.1248	.1395	.1308	.9127 4	.1031	.5736 4	.7481 4	.8829 4	.6269 4
30	.9807 4	.8674 4	.1055	.1027	.1261 5	.1079	.1184 5	.9779	.1415 5	.1062 5
40	.4640	.5313	.5579 4	.5459 4	.7405 4	.6208 4	.6526 4	.6243	.8918 4	.6009 4
50	.4831	.3561	.4122	.4488	.4485	.3892	.4661	.4050	.3605	.4080
60	.2441	.2863	.2588	.2046	.1339	.1781	.1160	.1785	.7372 3	.2022
70	.4918 3	.7555 3	.3550 3	.6404 3	.2450 3	.1446	.2773 3	.1679	.5431	.1508
80	.3243	.6720	.1369 2	.1045 4	.2415	.9299 3	.7049	.6580 3	.6540	.3521 3
90	.1870	.5184	.5337 3	.5928 3	.1718	.1376	.4417 2	.8984 2	.6317	.1108
100	.5783 2	.1954	.7545 2	.3265	.1035	.7289 2	.5806 3	.1071 3	.4293	.6156 2
110	.1524	.1000	.1622 3	.2895	.3129 2	.8301	.2794	.1508	.2294	.4224
120	.3168 3	.4194 1	.5909 2	.1085	.2148 3	.3003	.3094 2	.8914 2	.1160	.1019 3
130	.1145	.1379 3	.1033 3	.4311 2	.8070 2	.7209	.9043	.5979	.1508	.3293 2
140	.8482 2	.4905 2	.1065	.9468	.4240	.9591	.2262 3	.2528	.1861 2	.6238
150	.6974	.9015	.1157 2	.2549	.1422 3	.2932	.1835	.7856	.3861 3	.2861 3
160	.5945 4	.6014 3	.6834 4	.3522 3	.8312 4	.2563 3	.7962 4	.4269	.3542 4	.1231
170	.2628	.9602	.2661	.9856	.1353	.2360	.1587	.7099	.4090	.4165
180	.6848 3	.6848	.5228	.5228 4	.1300 3	.1300	.1438	.1438 4	.6812	.6812 4

α =	85,2				85,4				85,6				85,8				86,0			
Streuquerschnitt Scattering	.2121 1				.2126 1				.2171 1				.2148 1				.2170 1			
φ°	i_1		i_2		i_1		i_2		i_1		i_2		i_1		i_2		i_1		i_2	
0	.1482	8	.1482	8	.1504	8	.1504	8	.1583	8	.1583	8	.1568	8	.1568	8	.1612	8	.1612	8
1	.8241	7	.8006	7	.8267	7	.8316	7	.8557	7	.8706	7	.8603	7	.8577	7	.8921	7	.8657	7
2	.8463	6	.6862	6	.7843	6	.8219	6	.7572	6	.8300	6	.8542	6	.7995	6	.8880	6	.7381	6
3	.1403		.1541		.1376		.1238		.1488		.1211		.1176		.1158		.1042		.1179	
4	.7410	5	.5637	5	.5542	5	.5732	5	.3570	5	.4807	5	.4087	5	.3783	5	.4646	5	.2557	5
5	.5642		.7196		.8028		.6905		.1023	6	.8423		.8872		.9132		.8826		.1021	6
6	.1069	6	.8003		.1043	6	.9940		.9121	5	.9987		.9179		.9222		.9930		.7251	5
7	.9530	4	.4667	4	.2699	4	.4418	4	.2283	4	.1111	4	.2070	4	.2961	3	.7860	3	.3524	3
8	.1932		.1310	2	.2676		.1576		.4495		.4038		.1384	5	.7106	4	.1923	5	.1254	5
9	.2668	5	.3163	5	.3120	5	.2848	5	.4735	5	.3051	5	.4463		.3441	5	.3036		.3606	
10	.3945		.3635		.4186		.3673		.3433		.3448		.2078		.2935		.2035		.1673	
20	.5634	4	.7657	4	.3154	4	.5271	4	.1469	4	.4327	4	.4033	4	.4117	4	.6558	4	.8120	4
30	.1146	5	.1234	5	.1066	5	.9741		.8649		.7829		.7796		.7773		.6176		.1015	5
40	.7555	4	.7338	4	.8264	4	.7163		.4516		.6109		.5044		.4210		.3249		.5606	4
50	.3221		.3295		.1878		.3101		.1899		.3110		.4963	3	.3701		.8842	3	.2729	
60	.4388	3	.2208		.5372	3	.2645		.9009	3	.2177		.1350	4	.1790		.1606	4	.1394	
70	.9542		.1242		.8736		.8105	3	.9512		.8271	3	.1708		.9149	3	.1919		.2122	
80	.5325		.2697	3	.6340		.2850		.8073		.6315		.4959	3	.7561		.2755	3	.1559	
90	.1314	4	.1561		.1002	4	.2865		.1303		.4822		.2816		.4411		.3875		.7161	3
100	.1885	3	.6162	2	.1207	3	.1758		.1269		.2189		.3439		.1906		.4134	2	.2869	
110	.8508	2	.1848	1	.2970		.4057	2	.1141		.4315	2	.2344		.1162		.1035	3	.2513	
120	.1384	3	.9528	2	.5467	2	.1064		.3063		.3297		.1439	2	.2978	1	.1486		.3004	
130	.6907	2	.5433		.1735	3	.6786		.1498	2	.1102	3	.1393	3	.1942	3	.1297		.2342	2
140	.1128	3	.1917	3	.3670	2	.8599		.3348	3	.1268		.1485	2	.1013	1	.1061		.3762	3
150	.1595		.2069		.5475	1	.2779		.1548		.6334	1	.2414	3	.2780	3	.1708		.5743	
160	.5474	4	.6253	2	.7314	4	.3187	3	.8316	4	.2051	3	.6401	4	.2944	2	.5928	4	.2565	
170	.3242		.1084	4	.2514		.7228		.1942		.1858		.2711		.8779		.2599		.5929	
180	.4048		.4048		.4974	3	.4974		.1112		.1112	4	.2428		.2428	4	.2324		.2324	4

α =	86,2				86,4				86,6				86,8				87,0			
Streuquerschnitt Scattering	.2160 1				.2182 1				.2140 1				.2153 1				.2160 1			
φ^o	i_1		i_2		i_1		i_2		i_1		i_2		i_1		i_2		i_1		i_2	
0	.1612	8	.1612	8	.1664	8	.1664	8	.1617	8	.1617	8	.1651	8	.1651	8	.1677	8	.1677	8
1	.8781	7	.8893	7	.8988	7	.9051	7	.8877	7	.8777	7	.8976	7	.8891	7	.8911	7	.9087	7
2	.7906	6	.8697	6	.7890	6	.8113	6	.8522	6	.7755	6	.7876	6	.7520	6	.6748	6	.7799	6
3	.1140		.9692	5	.1189		.1104		.1007		.1108		.1280		.1235		.1596		.1390	
4	.3519	5	.4220		.4064	5	.3718	5	.6346	5	.4315	5	.6346	5	.5911	5	.5903	5	.7094	5
5	.1071	6	.8983		.1167	6	.1013	6	.9449		.9850		.9304		.9511		.1024	6	.8192	
6	.8625	5	.8842		.7063	5	.7860	5	.6846		.6817		.6384		.5171		.4599	5	.5307	
7	.2804	4	.2319	4	.2962	4	.6421	4	.4321	4	.8589	4	.1542		.1235		.2610		.2071	
8	.1901	5	.2075	5	.2498	5	.2192	5	.4132	5	.2781	5	.4477		.3945		.3931		.4348	
9	.3096		.2695		.4151		.2591		.3261		.2668		.2034		.2439		.1803		.1496	
10	.1907		.1569		.1164		.1370		.4303	4	.9967	4	.3757	4	.3370	4	.3359	4	.2669	4
20	.7892	4	.8652	4	.6591	4	.8748	4	.1048	5	.9017		.1638	5	.1447	5	.1802	5	.1624	5
30	.4452		.6304		.2658		.4789		.2773	4	.4242		.3203	4	.7314	4	.3664	4	.6130	4
40	.3400		.5134		.1721		.5188		.1668		.3971		.1876		.4086		.2892		.4676	
50	.8489	3	.2851		.2177		.2704		.2746		.3773		.3616		.4009		.3953		.3980	
60	.2328	4	.2227		.3302		.2995		.3081		.3056		.2518		.1904		.1586		.1845	
70	.1669		.1664		.4275	3	.1530		.1697	3	.9736	3	.8999	1	.9087	3	.5862	2	.1101	
80	.2348	2	.7620	3	.1145		.5074	3	.1708		.3681		.2283	3	.5818		.8778	3	.7318	3
90	.1469	3	.1686		.3472	2	.1936		.6624		.2129		.1431	4	.2209		.1267	4	.2928	
100	.9917	2	.9450	2	.4596	3	.1416		.3638		.6751	2	.2980	3	.2869	2	.1188	3	.1239	
110	.2678		.1096	3	.4085		.1583		.7995	2	.2814		.2013		.1217		.2817		.1501	2
120	.1806	3	.5101	2	.1070		.2104		.1474	3	.1168	3	.3570	2	.8210		.3186		.3082	
130	.1243		.5295		.1388		.1234	2	.7613	2	.2040		.1379	3	.1010		.4778	2	.9939	
140	.1315		.7015		.1672		.2090	3	.7536		.9534	2	.9659	2	.1774	3	.1427	3	.4765	
150	.1133		.1298	3	.3000		.6423	2	.8944	1	.7962		.3679		.3992		.1231		.2695	3
160	.5044	4	.7258	2	.5968	4	.1823	3	.7593	4	.1613	3	.7550	4	.8303		.5009	4	.1548	
170	.3504		.1612	3	.3341		.2889		.2726		.2019		.1953		.2203		.3336		.6373	2
180	.7450	2	.7450	2	.3450	3	.3450		.1713		.1713	4	.3357	3	.3357		.5066	3	.5066	3

α =	87,2		87,4		87,6		87,8		88,0	
Streuquerschnitt Scattering	.2153 1		.2105 1		.2111 1		.2132 1		.2136 1	
φ^o	i_1	i_2	i_1	i_2	i_1	i_2	i_1	i_2	i_1	i_2
0	.1685 8	.1685 8	.1626 8	.1626 8	.1651 8	.1651 8	.1698 8	.1698 8	.1725 8	.1725 8
1	.8979 7	.8959 7	.8755 7	.8643 7	.8704 7	.8755 7	.8692 7	.8926 7	.8711 7	.8875 7
2	.6958 6	.6789 6	.7112 6	.6484 6	.6012 6	.6375 6	.4835 6	.6025 6	.4468 6	.5088 6
3	.1595	.1685	.1660	.1771	.2226	.2026	.2705	.2466	.2816	.2875
4	.8368 5	.6898 5	.1122	.8504 5	.1072	.1137	.1020	.1184	.1151	.1165
5	.9429	.8580	.7086 5	.7412	.6887 5	.6289 5	.7160 5	.5139 5	.5745 5	.5097 5
6	.3430	.3943	.3074	.3163	.2362	.2136	.9613 4	.1737	.1688 4	.7911 4
7	.2318	.3021	.2758	.3271	.4766	.3878	.6310 5	.5127	.5693 5	.6221 5
8	.4514	.4141	.6036	.4554	.5877	.5574	.4614	.5500	.4046	.4823
9	.2129	.1199	.1273	.1063	.5183 4	.7562 4	.3833 4	.2901 4	.3576 4	.1073 4
10	.1595 4	.2112 4	.1188 4	.1618 4	.1258	.2411	.4693	.2918	.1419 5	.6513
20	.1560 5	.1647 5	.1955 5	.1641 5	.2487 5	.1994 5	.2149 5	.2044 5	.1425	.1871 5
30	.4104 4	.6104 4	.5822 4	.5992 4	.8244 4	.9226 4	.8782 4	.9380 4	.1050	.9847 4
40	.4479	.5643	.5267	.6311	.7092	.6407	.7940	.7332	.8413 4	.6759
50	.4917	.3837	.5391	.4150	.4556	.4231	.4032	.3862	.2060	.3994
60	.1029	.1961	.5926 3	.2085	.4442 3	.2494	.5786 3	.2408	.2468 3	.2344
70	.2847 3	.1535	.9876	.1472	.1750 4	.1569	.1625 4	.1157	.1463 4	.8631 3
80	.1186 4	.8071 3	.1035 4	.6580 3	.5948 3	.5725 3	.1701 3	.4278 3	.2496 3	.4303
90	.1590 3	.3871	.1395 3	.3440	.4182	.2547	.2506	.2422	.5481 2	.3217
100	.1927	.2416	.3159	.1958	.2360 2	.1034	.9946 2	.1568	.2995 3	.1570
110	.9367 2	.1178	.2303	.1118	.2581	.7652 2	.1300 3	.1281	.5122	.1031
120	.1169 3	.2445 2	.1083	.5119 2	.1907 3	.6845	.1243 2	.9396 2	.7625	.1602
130	.1267	.5022	.1110	.3722	.8007 2	.6851	.1876 3	.3210	.3322 2	.4931 2
140	.3413 2	.1048 3	.1029	.1702 3	.1191 3	.2563	.6424 2	.6491	.1124 3	.1161 3
150	.4242 3	.2381	.8771 2	.1199	.1865	.1001 3	.3363	.2340 3	.4274	.2485
160	.4083 4	.2493 2	.5684 4	.6907 2	.6496 4	.9021	.6200 4	.8121	.4598 4	.4320
170	.3816	.9741	.3992	.3306 3	.3191	.1988	.3573	.1570	.7128	.9983 2
180	.3974 3	.3974 3	.8289 3	.8289	.1814 2	.1814 2	.1202	.1202 4	.3924	.3924 4

α =	88,2				88,4				88,6				88,8				89,0			
Streuquerschnitt Scattering	.2061 1				.2066 1				.2084 1				.2037 1				.2057 1			
φ°	i_1		i_2		i_1		i_2		i_1		i_2		i_1		i_2		i_1		i_2	
0	.1616	8	.1616	8	.1640	8	.1640	8	.1683	8	.1683	8	.1626	8	.1626	8	.1664	8	.1664	8
1	.8435	7	.8311	7	.8341	7	.8446	7	.8353	7	.8541	7	.8251	7	.8129	7	.8406	7	.8145	7
2	.5213	6	.4687	6	.4133	6	.4689	6	.3429	6	.4167	6	.4087	6	.3454	6	.3820	6	.2917	6
3	.2842		.2904		.3462		.3175		.3836		.3664		.3611		.3818		.4018		.4049	
4	.1554		.1248		.1402		.1565		.1359		.1464		.1738		.1392		.1622		.1187	
5	.3335	5	.3532	5	.3472	5	.2620	5	.3379	5	.2104	5	.1694	5	.1869	5	.1424	5	.1444	5
6	.5215	4	.4991	4	.1660	4	.1872	4	.1013	4	.6199	3	.7114	4	.1045	4	.5856	4	.2981	4
7	.5705	5	.5956	5	.7731	5	.6302	5	.8738	5	.7368	5	.7037	5	.7822	5	.7355	5	.7267	5
8	.5957		.4649		.5107		.5175		.3562		.4642		.4125		.3711		.4000		.2604	
9	.1221	4	.9182	3	.6966	3	.1551	4	.8831	3	.3120	4	.2755	4	.4300	4	.1093		.8047	4
10	.1401	5	.7852	4	.1283	5	.1537	5	.2019	5	.1352	5	.3384	5	.2028	5	.3115		.2100	5
20	.2096		.1817	5	.2326		.1930		.1519		.1749		.1191		.1345		.1271		.1142	
30	.1268		.1075		.1458		.1255		.1160		.1165		.1354		.1021		.1241		.1156	
40	.7612	4	.6707	4	.8794	4	.7666	4	.7431	4	.8349	4	.6559	4	.6460	4	.3966	4	.3992	4
50	.2126		.4213		.1062		.3352		.1077		.2548		.9896	3	.3054		.1464		.5529	
60	.1367		.1616		.1488		.1940		.3307		.2340		.2763	4	.3314		.3421		.2655	
70	.1109		.5418	3	.1364		.1478		.8678	3	.1819		.2979	3	.1829		.1166	3	.1331	
80	.6717	2	.5372		.2239	2	.1157		.4902		.1118		.7448		.7406	3	.9510		.8609	3
90	.6443	3	.3567		.1335	4	.3311	3	.1065	4	.3374	3	.7055	2	.2261		.1668		.6424	
100	.4673		.9115	2	.3754	3	.1461	2	.3115	2	.1527		.2316	3	.2188		.2738		.4343	
110	.1354		.3565		.2947		.9822	1	.5541		.6418	2	.1854		.1891		.1659		.1074	
120	.7848	2	.9186		.1435		.6571	2	.3281	3	.2287	1	.9204	2	.1301		.2319		.1787	
130	.8887		.2020	3	.1217		.1167	3	.2293		.1949	3	.1194	3	.1505	2	.4517	2	.4068	
140	.1070	3	.6770	2	.1264		.9383	2	.1735		.1744	1	.1106		.2119	3	.1544	3	.1602	
150	.1467		.2959	3	.5199		.6493		.5179	2	.8224	2	.2105	2	.1867		.2180	2	.1500	
160	.4843	4	.2288		.3902	4	.3930	3	.6231	4	.1060	4	.8232	4	.1187	4	.6440	4	.1566	4
170	.4279		.3335		.5076		.1091		.4614		.2430	3	.2880		.4855	3	.3442		.1238	
180	.8126	3	.8126		.8604	3	.8604		.2009		.2009	4	.5502	3	.5502		.3306		.3306	

α =	89,2				89,4				89,6				89,8				90,0			
Streuquerschnitt Scattering	.2036 1				.2046 1				.2009 1				.2034 1				.2048 1			
φ°	i_1		i_2		i_1		i_2		i_1		i_2		i_1		i_2		i_1		i_2	
0	.1646	8	.1646	8	.1678	8	.1678	8	.1632	8	.1632	8	.1685	8	.1685	8	.1721	8	.1721	8
1	.8134	7	.8281	7	.8250	7	.8277	7	.8184	7	.8038	7	.8331	7	.8299	7	.8385	7	.8556	7
2	.3046	6	.3643	6	.3208	6	.3063	6	.3701	6	.3043	6	.3251	6	.3348	6	.3057	6	.3602	6
3	.4336		.4029		.4368		.4348		.4102		.4254		.4385		.4211		.4417		.4139	
4	.1351		.1553		.1335		.1322		.1485		.1245		.1219		.1152		.9113	5	.1149	
5	.1929	5	.1246	5	.1770	5	.1761	5	.1630	5	.1940	5	.3356	5	.2635	5	.4432		.3964	5
6	.6967	4	.7280	4	.2072		.7602	4	.2869		.1799		.2561		.3104		.2808		.2864	
7	.8418	5	.6840	5	.8143		.7187	5	.6281		.6886		.6317		.5777		.6354		.5041	
8	.2888		.3264		.1622		.2549		.1783		.1750		.1572		.1056		.9651	4	.1273	
9	.1606		.1435		.1513		.2067		.2141		.2312		.3769		.3002		.4429	5	.3998	
10	.2648		.2857		.3499		.2405		.4330		.3040		.3724		.3641		.2847		.3360	
20	.1374		.1308		.6993	4	.1200		.4163	4	.7658	4	.4673	4	.6355	4	.7758	4	.8401	4
30	.1266		.1208		.7821		.1025		.7153		.6813		.5585		.8214		.5553		.7988	
40	.3535	4	.4997	4	.2660		.5964	4	.2132		.5543		.1941		.3866		.2082		.4481	
50	.2574		.3721		.2285		.3391		.4289		.3382		.5210		.5057		.5806		.4777	
60	.2216		.2309		.2241		.1852		.1031		.2186		.7031	3	.2426		.4220	3	.2404	
70	.1369	3	.9541	3	.3923	3	.9137	3	.7013	3	.1129		.1562	4	.2067		.2418	4	.1674	
80	.6356		.2580		.5735		.3251		.5741		.5082	3	.5519	3	.1241		.2355	3	.1115	
90	.5695		.1828		.4872		.2840		.1250		.4231		.5759		.5045	3	.1264	4	.4681	3
100	.2292	2	.1531		.5350	2	.1728		.1823		.1692		.5860		.2268	2	.4894	3	.5588	2
110	.4281		.1458		.1710	3	.9681	2	.6910	2	.4851	2	.3237		.4655		.2777		.5239	0
120	.3279		.1115		.1707		.1415	3	.1544	3	.3160		.8065	2	.3449		.2771		.2079	2
130	.2686	3	.1848	2	.5321	2	.1800		.1111		.1268	3	.9004		.1097	3	.1242		.6556	
140	.3144	2	.1498	3	.3649	3	.8326	2	.6569	2	.6675	2	.1671	3	.1056		.1222	2	.1031	3
150	.4857	3	.1676		.1296		.1181	1	.2146	3	.1634	3	.4094	2	.2452	2	.1286	3	.1696	
160	.4056	4	.3890		.5677	4	.7541	3	.6019	4	.1175	4	.6829	4	.1685	4	.6590	4	.1160	4
170	.5430		.1298		.5187		.1740		.3996		.6824	3	.3749		.2004		.5031		.7806	3
180	.2508	3	.2508		.2733		.2733	4	.3329	3	.3329		.1221		.1221		.2424	3	.2424	

α =	90,2				90,4				90,6				90,8				91,0			
Streuquerschnitt Scattering	.2052 1				.2028 1				.2065 1				.2101 1				.2108 1			
φ^o	i_1		i_2		i_1		i_2		i_1		i_2		i_1		i_2		i_1		i_2	
0	.1745	8	.1745	8	.1718	8	.1718	8	.1796	8	.1796	8	.1876	8	.1876	8	.1907	8	.1907	8
1	.8629	7	.8504	7	.8602	7	.8488	7	.8825	7	.8949	7	.9090	7	.9333	7	.9415	7	.9307	7
2	.3904	6	.3111	6	.4209	6	.3721	6	.3731	6	.4290	6	.3738	6	.4401	6	.5074	6	.3992	6
3	.4089		.4187		.3790		.3848		.3935		.3657		.3769		.3528		.3288		.3420	
4	.9070	5	.8326	5	.8978	5	.7826	5	.6065	5	.7109	5	.3287	5	.5793	5	.2965	5	.3015	5
5	.4454		.5383		.5967		.5910		.9031		.7598		.1030	6	.9882		.1026	6	.1149	6
6	.4740		.2745		.5317		.4148		.4495		.4995		.4334	5	.4726		.7302	5	.4245	5
7	.5098		.4680		.3471		.3866		.3408		.2860		.2956		.2161		.1413		.1697	
8	.2595	4	.9010	4	.2224	4	.4275	4	.3696	4	.2909	4	.7813	4	.4474	4	.8608	4	.8332	4
9	.3997	5	.4683	5	.4791	5	.4707	5	.6505	5	.5244	5	.6592	5	.6088	5	.5425	5	.6378	5
10	.3512		.2522		.3815		.2910		.2784		.2981		.1616		.2601		.2130		.1663	
20	.6258	4	.1097		.5426	4	.8748	4	.6849	4	.8568	4	.1393		.1074		.1399		.1620	
30	.2928		.8003	4	.3355		.5578		.3802		.6551		.5212	4	.7281	4	.5112	4	.9095	4
40	.4171		.5343		.4723		.6499		.5730		.5596		.7789		.7253		.8860		.7904	
50	.4898		.4612		.4456		.4306		.3780		.3859		.2405		.3619		.1748		.3185	
60	.4593	3	.2620		.9431	3	.2422		.1337		.1911		.1824		.1826		.2009		.2855	
70	.1665	4	.1733		.1169	4	.1100		.5678	3	.9078	3	.9205	3	.1008		.2651	3	.1856	
80	.2338	2	.1156		.2340	3	.5534	3	.3705		.3373		.4505		.3995	3	.1271	4	.6851	3
90	.6764	3	.3884	3	.7978	2	.1033		.2663		.8443	2	.8210		.1384		.8153	3	.2971	
100	.4185	2	.1827		.2406	3	.1644		.2215		.1952	3	.6366	2	.2198		.1501		.1380	
110	.1848		.1184		.2040		.2109		.5149	2	.1320		.3199	3	.2151		.2100		.4745	2
120	.6971		.2020	2	.1645		.1284		.1540	3	.2201	2	.1276		.1968		.6555	2	.1184	3
130	.1274	3	.3973		.1095		.5572	2	.1200		.6341		.1321		.3870	2	.2066	3	.2180	
140	.3266		.1789	3	.6872	2	.5364	1	.1391		.1316	3	.5768	2	.9501		.1904		.8570	2
150	.1047		.3902	2	.3603	3	.1245	3	.1669		.6817	2	.9703	1	.8976		.1953		.9490	
160	.7283	4	.9060	3	.4746	4	.5813		.5524	4	.1196	4	.8060	4	.1568	4	.8010	4	.1636	4
170	.4441		.7511		.5380		.4222		.5609		.1383		.6176		.1504		.4461		.2326	
180	.2762		.2762	4	.4574	3	.4574		.9350	2	.9350	2	.1410		.1410		.3810		.3810	

α =	91,2				91,4				91,6				91,8				92,0			
Streuquerschnitt Scattering	.2077 1				.2118 1				.2150 1				.2128 1				.2145 1			
φ°	i_1		i_2		i_1		i_2		i_1		i_2		i_1		i_2		i_1		i_2	
0	.1866	8	.1866	8	.1958	8	.1958	8	.2036	8	.2036	8	.2013	8	.2013	8	.2061	8	.2061	8
1	.9385	7	.9318	7	.9645	7	.9831	7	.9929	7	.1014		.1018		.9908	7	.1033		.1020	
2	.5097	6	.4828	6	.4600	6	.5341	6	.4873	6	.5192	6	.6159	6	.4887	6	.5593	6	.5108	6
3	.2931		.2900		.3017		.2747		.2759		.2627		.2267		.2378		.2240		.2129	
4	.3198	5	.2921	5	.1331	5	.2275	5	.3463	4	.1410	5	.1064	5	.2567	4	.4842	4	.2280	4
5	.1253	6	.1184	6	.1539	6	.1371	6	.1567	6	.1558	6	.1554	6	.1630	6	.1772	6	.1615	6
6	.6151	5	.5248	5	.4744	5	.5624	5	.4608	5	.4781	5	.6307	5	.4069	5	.4769	5	.3827	5
7	.8036	4	.9351	4	.9162	4	.4781	4	.5128	4	.3438	4	.1541	4	.2078	4	.6095	4	.2231	4
8	.4482		.5980		.1053	5	.7069		.2508	5	.9731		.2152	5	.2037	5	.1813	5	.1757	5
9	.6310	5	.5993	5	.7361		.6026	5	.6361		.6193	5	.5296		.5716		.5529		.5009	
10	.2248		.1907		.1309		.1714		.4028	4	.1457		.7871	4	.7624	4	.9748	4	.1068	
20	.1404		.1568		.1665		.1569		.2621	5	.1733		.2398	5	.2182	5	.1940	5	.2111	
30	.7883	4	.9115	4	.1113		.1039		.1225		.1200		.1332		.1235		.1351		.1277	
40	.9363		.7790		.7812	4	.7028	4	.8972	4	.7815	4	.7907	4	.8388	4	.6596	4	.6031	4
50	.1185		.4019		.1295		.3671		.3745	3	.3600		.1671		.2396		.2363		.3757	
60	.3278		.3501		.3162		.2841		.2980	4	.2299		.2158		.2136		.1256		.2058	
70	.1734	3	.1691		.4676	3	.1667		.7968	3	.1283		.1231		.9885	3	.1121		.4460	3
80	.1185	4	.6065	3	.1084	4	.8915	3	.3585		.8910	3	.1340	3	.6421		.2435	2	.4791	
90	.2570	3	.4907		.3584	3	.6034		.1314	4	.6208		.5770		.3134		.5245		.3268	
100	.2141		.2464		.6092		.9623	2	.5272	3	.7396	2	.9159	2	.1540		.1984	3	.1399	
110	.1345		.3283	2	.4483		.5680	1	.1029		.2444		.2096	3	.1066		.1223		.3932	
120	.4880	2	.1393		.3458		.2489	2	.3362	2	.4360		.1245		.1357		.1941		.1060	
130	.1836	3	.8206		.3529	2	.1352	3	.2764	3	.3635		.1157		.1604		.1616		.3347	
140	.5115	2	.6803		.2497	3	.2571	2	.6366	2	.1710	3	.1314		.1372		.3163	2	.3018	2
150	.1583	3	.2226		.1289		.1624	3	.1455	3	.2048		.2348		.1377		.1969		.1732	3
160	.7108	4	.4972	3	.6373	4	.3360		.7743	4	.9537		.7174	4	.1624	4	.9468	4	.7843	
170	.4871		.6183		.6330		.1014	4	.6189		.1470	4	.3119		.3755		.3896		.1648	4
180	.1987	3	.1987		.8986	3	.8986	3	.4954		.4954		.2912		.2912		.1450		.1450	

α =	92,2				92,4				92,6				92,8				93,0			
Streuquerschnitt Scattering	.2157 1				.2157 1				.2141 1				.2155 1				.2160 1			
φ°	i_1		i_2		i_1		i_2		i_1		i_2		i_1		i_2		i_1		i_2	
0	.2104	8	.2104	8	.2126	8	.2126	8	.2113	8	.2113	8	.2159	8	.2159	8	.2188	8	.2188	8
1	.1036		.1054		.1052		.1052		.1062		.1041		.1063		.1070		.1064		.1079	
2	.5050	6	.5719	6	.5627	6	.5216	6	.5943	6	.5132	6	.4987	6	.5405	6	.4566	6	.5122	6
3	.2290		.2113		.2059		.2090		.1987		.2007		.2251		.2081		.2381		.2321	
4	.3515	4	.4405	4	.1641	5	.2143	4	.1667	5	.1125	5	.1340	5	.2071	5	.2633	5	.1873	5
5	.1873	6	.1720	6	.1715	6	.1754	6	.1688	6	.1703	6	.1800	6	.1621	6	.1700	6	.1602	6
6	.3189	5	.4186	5	.3130	5	.3180	5	.3510	5	.2436	5	.2276	5	.2338	5	.1191	5	.2099	5
7	.9084	4	.8106	4	.9819	4	.1191		.2065		.1702		.3370		.2841		.3690		.3931	
8	.2692	5	.1970	5	.4285	5	.2001		.3478		.3217		.2791		.3405		.3492		.2741	
9	.5699		.4682		.4018		.4221		.2993		.3271		.2963		.2289		.2653		.2142	
10	.7232	4	.9806	4	.3186	4	.1157		.4116	4	.8103	4	.1125		.8694	4	.1640		.1385	
20	.2185	5	.1885	5	.2847	5	.1952		.2348	5	.2086	5	.1521		.1486	5	.1600		.1400	
30	.1672		.1332		.1477		.1531		.1450		.1252		.1148		.9895	4	.1244		.1048	
40	.3774	4	.5330	4	.3686	4	.5008	4	.2328	4	.6292	4	.2202	4	.4191		.1440	4	.4570	4
50	.4942		.4556		.4452		.5441		.5185		.4301		.5168		.4671		.5283		.4582	
60	.6572	3	.2402		.3512	3	.2517		.4555	3	.2719		.9631	3	.1847		.1061		.2032	
70	.1584	4	.1282		.1931	4	.1767		.1737	4	.2019		.8462		.1440		.1742	3	.1077	
80	.2810	2	.5744	3	.1139	3	.9253	3	.4564	3	.1047		.1203	4	.1105		.1225	4	.6022	3
90	.3838	3	.5087	2	.1119	4	.1205		.1153	4	.2840	3	.4221	3	.5100	3	.1401	3	.6162	
100	.1928		.1925	3	.2404	3	.3078		.3281	1	.1034		.2764		.6566	2	.5174		.1360	
110	.4458	2	.1619		.3900		.2456		.5882	2	.1012	2	.2927		.2254		.3804		.1821	1
120	.4019		.1090		.3153		.1144		.8024		.2460		.1647		.1467	3	.4136		.3511	
130	.4486		.1025		.1810		.1839		.1195	3	.1492		.1031		.8516	2	.1223		.5881	2
140	.3865	3	.5441	2	.1379	1	.6910	2	.1456		.3016	3	.7088	2	.9146		.2568		.1481	3
150	.1218		.4983		.1265	3	.3797	3	.2453		.2430		.7687		.9896		.5193		.4496	2
160	.9512	4	.3947	3	.7719	4	.2859		.5897	4	.6997		.8676	4	.5171	3	.1017	5	.6590	3
170	.4964		.1567	4	.4978		.1428	4	.4776		.3499	4	.4386		.4715	4	.3886	4	.3210	4
180	.9245	3	.9245	3	.6483		.6483		.2796		.2796		.1924		.1924		.2617	3	.2617	3

α =	93,2		93,4		93,6		93,8		94,0	
Streuquerschnitt Scattering	.2143 1		.2120 1		.2138 1		.2137 1		.2105 1	
φ°	i_1	i_2	i_1	i_2	i_1	i_2	i_1	i_2	i_1	i_2
0	.2176 8	.2176 8	.2148 8	.2148 8	.2202 8	.2202 8	.2222 8	.2222 8	.2178 8	.2178 8
1	.1069	.1053	.1055	.1045	.1050	.1071	.1044	.1065	.1046	.1015
2	.5003 6	.4295 6	.4693 6	.4394 6	.3571 6	.4370 6	.3122 6	.3778 6	.3692 6	.2762 6
3	.2393	.2501	.2710	.2622	.3212	.3022	.3422	.3455	.3661	.3729
4	.4724 5	.1898 5	.4375 5	.4131 5	.4006 5	.4732 5	.5283 5	.4602 5	.8881 5	.4337 5
5	.1418 6	.1474 6	.1344 6	.1313 6	.1348 6	.1198 6	.1121 6	.1099 6	.8435	.8956
6	.9599 4	.1438 5	.1020 5	.7855 4	.6899 4	.8203 4	.5217 4	.8606 4	.8365 3	.1060
7	.4384 5	.4529	.6350	.5463 5	.7649 5	.6950 5	.7252 5	.7989 5	.8756 5	.8067
8	.4510	.2364	.3451	.3269	.2379	.2827	.2488	.2247	.3590	.1655
9	.1310	.1590	.6457 4	.8026 4	.5600 4	.3584 4	.3452 4	.2250 4	.1037 3	.9296 3
10	.1499	.2072	.1516 5	.1929 5	.2724 5	.1989 5	.3566 5	.2515 5	.3099 5	.3405 5
20	.1912	.1397	.1314	.1305	.6168 4	.9033 4	.6419 4	.6823 4	.6046 4	.7384 4
30	.8567 4	.1243	.7323 4	.8688 4	.5027	.7076	.5597	.6183	.3288	.8553
40	.3873	.4239 4	.4340	.6549	.5457	.6067	.6113	.6588	.7628	.7003
50	.5427	.4414	.3630	.4591	.3118	.4344	.9787 3	.4216	.1026	.2779
60	.2740	.1760	.2593	.3198	.3869	.3041	.2338 4	.3056	.3296	.1987
70	.3959 2	.8731 3	.1972 2	.1373	.4101 3	.1812	.1137	.1769	.1657	.1932
80	.7105 3	.5110	.5402 3	.2933 3	.5005	.5389 3	.5148 3	.8266 3	.1745 2	.1640
90	.5516	.7941	.4194	.2222	.1334 2	.9539 2	.4595	.1141	.1414 4	.1562 3
100	.3139	.8960 2	.1866	.8614 2	.1312 3	.1131 3	.7471 2	.2058	.3644 3	.3924
110	.1034	.1244 3	.2292	.6793	.1226 2	.1224	.1369 3	.1735	.1116	.1712
120	.8612 2	.1878	.2339	.1328 3	.2790	.1243	.4247	.1634	.1515	.2823 0
130	.8432	.3143 2	.7596 2	.8890 2	.2187 3	.3754 2	.4780 2	.1830	.1312	.1818 3
140	.7245	.1419	.1187 3	.1800 3	.9020 2	.7590	.9393	.1006	.7508 2	.6676 2
150	.6818 1	.2534 3	.4857 2	.2557	.6254	.3179 3	.9613 3	.3361	.1263 3	.1192 3
160	.1010 5	.2781	.8083 4	.7295 2	.8091 4	.1569	.7050 4	.3759	.8559 4	.2818
170	.3529 4	.2986 4	.5098	.2732 4	.5342	.3581 4	.5155	.4107 4	.2194	.5857 4
180	.5141	.5141	.2782	.2782	.1389	.1389	.6375 3	.6375 3	.8881	.8881

α =	94,2		94,4		94,6		94,8		95,0	
Streuquerschnitt Scattering	.2077 1		.2099 1		.2095 1		.2059 1		.2049 1	
φ°	i_1	i_2	i_1	i_2	i_1	i_2	i_1	i_2	i_1	i_2
0	.2135 8	.2135 8	.2200 8	.2200 8	.2214 8	.2214 8	.2155 8	.2155 8	.2145 8	.2145 8
1	.1011	.1011	.1008	.1033	.9983 7	.1024 8	.1003	.9670 7	.9761 7	.9755 7
2	.2990 6	.3058 6	.2072 6	.2796 6	.1773 6	.2302 6	.2303 6	.1491 6	.1635 6	.1714 6
3	.4168	.3989	.4682	.4522	.4807	.4917	.5153	.5112	.5647	.5361
4	.6613 5	.6692 5	.5954 5	.6471 5	.7764 5	.6046 5	.8942 5	.5564 5	.6364 5	.6033 5
5	.7698	.7183	.7202	.6282	.4941	.5470	.3897	.3769	.3778	.3054
6	.5182 4	.5139 4	.1365	.7649 4	.2158	.1221	.1157	.2321	.1944	.1770
7	.1034 6	.9106 5	.1065 6	.1006 6	.9063	.1033 6	.1054 6	.9392	.1134 6	.9750
8	.2116 5	.2167	.1069 5	.1565 5	.1119	.1084 5	.1416 5	.5844 4	.7510 4	.9074 4
9	.9949 3	.3463 3	.1620 4	.2189 4	.5449 4	.3527 4	.1355	.7883	.1747 5	.1083 5
10	.2929 5	.3121 5	.4373 5	.3045 5	.5322 5	.3318 5	.3632	.3918 5	.3151	.3192
20	.5406 4	.6693 4	.3066 4	.6493 4	.4472 4	.5635 4	.7138 4	.8404 4	.1097	.9405 4
30	.3244	.6895	.4161	.6414	.7499	.6829	.7974	.1024 5	.9102 4	.1204 5
40	.1045 5	.8535	.9132	.8144	.1038 5	.7405	.7745	.8669 4	.8491	.7871 4
50	.6641 3	.2782	.1706	.3690	.2654 4	.4957	.3548	.4681	.4059	.3150
60	.2083 4	.2430	.1623	.2457	.7567 3	.2494	.3505 3	.2850	.4331 3	.3217
70	.1816	.1215	.1424	.9749 3	.2179 4	.9172 3	.1334 4	.2102	.1232 4	.1795
80	.9304 2	.1007	.4863 3	.7394	.6348 3	.4372	.6427 3	.3449 3	.8425 3	.3098 3
90	.1452 4	.2792 3	.4274	.4724	.2296	.5494	.4791	.7515	.3726	.4851
100	.1668 1	.1539	.3362	.2015	.4927	.1563	.3449	.7486 2	.2856	.1243
110	.1435 3	.8650 1	.3417	.1090 2	.1842 2	.2039 2	.2615	.2140 3	.1672	.1128
120	.8962 2	.5032 2	.2710	.1698 2	.4350	.6134	.1857	.1486	.1420	.1386
130	.7549	.4075	.3044	.3527	.1054	.6287	.8291 2	.3329	.1491	.1311 0
140	.1763 3	.3711	.2693 2	.1161 3	.2462 3	.1515 3	.1001 3	.2305 2	.1869	.6985 2
150	.1484	.1237 3	.1347 1	.1892	.6935	.4561	.1341	.1713 3	.4923	.1314 3
160	.1060 5	.1969	.9639 4	.2494 2	.5088 4	.4904 2	.6995 4	.3697 2	.9001 4	.9602 2
170	.3616 4	.3559 4	.4375	.2946 4	.4380	.3380 4	.2941	.7190 4	.2588	.5406 4
180	.1541	.1541	.2830	.2830	.7229	.7229	.7774	.7774	.1293	.1293

α =	95,2		95,4		95,6		95,8		96,0	
Streuquerschnitt Scattering	.2058 1		.2029 1		.2025 1		.2030 1		.2042 1	
φ°	i_1	i_2	i_1	i_2	i_1	i_2	i_1	i_2	i_1	i_2
0	.2184 8	.2184 8	.2143 8	.2143 8	.2149 8	.2149 8	.2174 8	.2174 8	.2219 8	.2219 8
1	.9714 7	.9900 7	.9635 7	.9609 7	.9722 7	.9498 7	.9601 7	.9760 7	.9759 7	.9834 7
2	.1254 6	.1583 6	.1615 6	.1323 6	.1531 6	.1181 6	.1089 6	.1453 6	.1348 6	.1240 6
3	.5846	.5763	.5679	.5791	.5987	.5841	.6200	.5982	.6053	.6056
4	.5576 5	.5958 5	.7233 5	.5140 5	.6185 5	.4660 5	.3757 5	.5133 5	.3144 5	.3614 5
5	.3436	.3195	.2760	.3039	.3707	.3000	.4473	.4054	.4864	.5091
6	.3651	.2131	.4058	.2588	.2906	.3891	.3677	.3231	.5364	.3438
7	.1036 6	.1016 6	.8402	.9346	.8781	.7718	.8540	.7605	.6926	.7086
8	.1711 4	.7388 4	.1631 4	.6214 4	.5218 4	.3765 4	.9657 4	.7959 4	.8114 4	.1342
9	.1934 5	.2066 5	.3185 5	.2353 5	.4287 5	.3277 5	.4267 5	.4311 5	.4287 5	.4458
10	.4424	.2942	.4411	.2878	.2652	.2943	.1947	.2021	.2644	.1616
20	.1070	.1212	.1266	.1203	.1892	.1679	.2500	.2112	.2208	.2145
30	.1118	.9943 4	.1441	.1115	.1565	.1411	.1525	.1331	.1593	.1222
40	.5002 4	.6792	.5542 4	.5019 4	.2980 4	.6858 4	.2927 4	.5536 4	.1586 4	.5447 4
50	.4758	.4218	.6069	.5029	.6244	.5578	.5781	.5300	.4500	.5061
60	.8285 3	.2430	.1910	.1931	.2206	.2715	.3172	.2887	.3448	.3478
70	.2928	.1897	.7802 2	.1411	.1639 3	.1143	.2908 3	.1256	.7240 3	.1389
80	.1082 4	.7251 3	.6937 3	.9327 3	.4229	.1315	.4962 2	.8538 3	.1925 2	.5499 3
90	.1218 2	.2180	.4563	.2438	.1573 4	.2557 3	.1764 4	.3075	.4415 3	.3759
100	.1157 3	.1151	.3601	.2119	.3043 3	.2209	.2505 1	.1266	.2701	.2528
110	.9557 2	.2232	.2535	.1667	.6323 2	.5845 2	.3673 3	.4971 2	.2337	.2617 0
120	.7001	.1505	.2592	.1316	.6448	.6699	.3668	.2023	.9137 2	.6375 2
130	.1241 3	.1230	.9671 2	.2569 2	.1285 3	.1113 3	.9728 2	.6931	.2037 3	.3229
140	.1475	.5590 2	.2695 3	.3414 3	.1346	.1633 2	.9659	.1407 3	.3896	.8664 1
150	.1055	.4164	.8606 2	.1752	.1429 2	.2051 3	.5202 3	.1362	.1602	.4540 2
160	.9961 4	.2486 3	.8823 4	.2246	.7520 4	.2350	.6120 4	.6404 2	.6979 4	.1671 3
170	.2182	.4234 4	.2845	.3003 4	.3755	.5542 4	.2989	.5957 4	.1269	.6250 4
180	.3045	.3045	.8123	.8123	.6351	.6351	.1679	.1679	.1601	.1601

α =	96,2		96,4		96,6		96,8		97,0	
Streuquerschnitt Scattering	.2030 1		.2029 1		.2062 1		.2069 1		.2054 1	
φ°	i_1	i_2	i_1	i_2	i_1	i_2	i_1	i_2	i_1	i_2
0	.2212 8	.2212 8	.2226 8	.2226 8	.2314 8	.2314 8	.2351 8	.2351 8	.2336 8	.2336 8
1	.9818 7	.9762 7	.9937 7	.9891 7	.1008	.1034	.1034	.1039	.1058	.1029
2	.1934 6	.1252 6	.1613 6	.1675 6	.1374 6	.1787 6	.1893 6	.1701 6	.2660 6	.1727 6
3	.5619	.5805	.5734	.5540	.5658	.5514	.5198	.5285	.4761	.4747
4	.3317 5	.2797 5	.2508 5	.2233 5	.9360 4	.2152 5	.6306 4	.1254 5	.7724 4	.1063 5
5	.6310	.5878	.8691	.7576	.9732 5	.9663	.1031 6	.1108 6	.1363 6	.1191 6
6	.6069	.3553	.3701	.4309	.4095	.3239	.4735 5	.3284 5	.4383 5	.2816 5
7	.4242	.5888	.4775	.4143	.3891	.3654	.2544	.2846	.1470	.1918
8	.7717 4	.1689	.1860	.1687	.3368	.2413	.3138	.3339	.2872	.3883
9	.6114 5	.4554	.6699	.5601	.5712	.5995	.5035	.5653	.6650	.5080
10	.2137	.1443	.9631 4	.1237	.4118 4	.6131 4	.5980 4	.3128 4	.4418 4	.2645 4
20	.2201	.1951	.2815 5	.2313	.3105 5	.2595 5	.2387 5	.2476 5	.2174 5	.2053 5
30	.1487	.1275	.1417	.1215	.1112	.1190	.1119	.9315 4	.8264 4	.9438 4
40	.2253 4	.4197 4	.3272 4	.5914 4	.5298 4	.6781 4	.6937 4	.7598	.7313	.7325
50	.3843	.4480	.1981	.3376	.1615	.3605	.2020	.4379	.1300	.5714
60	.3435	.3087	.2920	.2495	.2680	.2491	.1563	.2682	.6941 3	.2599
70	.1271	.1634	.2203	.2084	.2227	.1598	.1200	.1180	.9258	.7069 3
80	.1420 3	.4896 3	.2008 3	.7722 3	.8340 3	.9945 3	.1526	.8751 3	.1214 4	.1036 4
90	.1187	.4819	.4202	.3290	.4633	.2537	.8631 2	.3531	.4118 3	.4156 3
100	.1608	.1716	.4472	.7669 2	.3617	.5331 2	.2089 3	.1095	.4125	.2805
110	.2347	.4382 2	.2979	.1191 3	.4403 2	.1154 3	.3395	.2648	.1158	.1616
120	.2010	.2713 3	.2036	.4034 2	.6574	.1349	.2584	.5810 2	.8701 2	.2429 2
130	.2459	.9703 2	.1596	.7204	.3213	.1510	.4715	.1647 3	.1643 3	.2500
140	.2038	.2279 3	.1555	.1360 3	.3852	.1050	.3850	.8534 2	.8359 2	.1625
150	.5196	.1105	.7277 2	.1176	.2438 3	.1147	.8447 2	.1215	.2884 3	.3131 3
160	.9391 4	.4523	.9270 4	.9107	.6474 4	.3086	.4272 4	.6342	.7366 4	.4154
170	.1513	.4395 4	.2850	.4161 4	.3084	.4471 4	.1957	.6171 4	.1118	.6298 4
180	.1256 5	.1256 5	.4711	.4711	.3122	.3122	.9060 2	.9060 2	.7976	.7976

α =	97,2				97,4				97,6				97,8				98,0			
Streuquerschnitt Scattering	.2070 1				.2115 1				.2124 1				.2119 1				.2157 1			
φ^o	i_1		i_2		i_1		i_2		i_1		i_2		i_1		i_2		i_1		i_2	
0	.2392	8	.2392	8	.2517	8	.2517	8	.2562	8	.2562	8	.2567	8	.2567	8	.2685	8	.2685	8
1	.1068		.1077		.1099		.1128		.1124		.1139		.1169		.1124		.1197		.1175	
2	.2197	6	.2484	6	.2124	6	.2406	6	.2760	6	.2397	6	.3184	6	.2154	6	.2647	6	.2491	6
3	.4617		.4433		.4340		.4300		.3798		.4019		.3608		.3431		.3522		.3073	
4	.5492	4	.5288	4	.5324	4	.7091	4	.6358	4	.6739	4	.3223	4	.1500	5	.1469	5	.1764	5
5	.1602	6	.1474	6	.1627	6	.1665	6	.1617	6	.1743	6	.1997	6	.1684	6	.2129	6	.1746	6
6	.2746	5	.3105	5	.2883	5	.1944	5	.3513	5	.1773	5	.1934	5	.1153	5	.8447	4	.1042	5
7	.1229		.9910	4	.5152	4	.6340	4	.2818	3	.2874	4	.3230	4	.8725	2	.3225		.2703	4
8	.4513		.3846	5	.6556	5	.4688	5	.6055	5	.5497	5	.4833	5	.5834	5	.6479	5	.5167	5
9	.6758		.5970		.4974		.5731		.3562		.4881		.4929		.3422		.4464		.2836	
10	.1882	4	.3016	4	.1082	4	.4106	4	.1614	4	.4429	4	.8137	4	.7109	4	.1486		.1260	
20	.2483	5	.2076	5	.2213	5	.2114	5	.1168	5	.1838	5	.1233	5	.1389	5	.1349		.1476	
30	.6232	4	.8976	4	.3778	4	.7892	4	.5351	4	.5848	4	.4165	4	.6455	4	.4809	4	.8511	4
40	.8940		.7836		.9815		.9130		.1152	5	.8841		.9563		.8760		.9566		.9281	
50	.2138		.3431		.1626		.3408		.4697	4	.3887		.5039		.6761		.6829		.4560	
60	.3445	3	.2978		.3993	3	.2698		.6017	3	.2512		.1730		.1378		.2167		.3717	
70	.6531		.1438		.3901		.1917		.1468		.1983		.3622	3	.2067		.7031	3	.5624	3
80	.8308		.5391	3	.4103		.4384	3	.4089		.4654	3	.1186		.9893	3	.1193	2	.2112	4
90	.1469	4	.4075		.1730	4	.3704		.7223		.2464		.6925	2	.6474		.5699	3	.8057	3
100	.2479	3	.1375		.7551	1	.2012		.1587		.2801		.3508	3	.1028		.5522		.2996	2
110	.1506		.8085	2	.4924	3	.1924	2	.7748	2	.2738	2	.3148		.9929	2	.1677		.3596	
120	.2009		.5336		.3134		.1637		.2120	3	.1210	3	.2397		.4011	3	.4429	2	.3467	3
130	.1198		.1464	3	.1498		.4255		.3551		.2532		.1601		.7087	2	.8180		.3001	
140	.1188		.1763		.1427		.1253	3	.1173		.4281	2	.7931	2	.8109		.2602	3	.1159	
150	.2560		.1131		.6155	2	.1730		.2596		.5103		.1320	3	.4240	3	.1899		.1519	
160	.7816	4	.1142	4	.8564	4	.1122	4	.8551	4	.6103	3	.6469	4	.1030	4	.4950	4	.4689	
170	.1195		.5236		.1628		.3902		.1751		.4258	4	.1597		.5891		.6232	3	.4695	4
180	.2279		.2279		.6268		.6268		.1034	5	.1034	5	.1325	5	.1325	5	.1692	5	.1692	5

α =	98,2				98,4				98,6				98,8				99,0			
Streuquerschnitt Scattering	.2153 1				.2125 1				.2146 1				.2150 1				.2159 1			
φ^o	i_1		i_2		i_1		i_2		i_1		i_2		i_1		i_2		i_1		i_2	
0	.2697	8	.2697	8	.2651	8	.2651	8	.2725	8	.2725	8	.2756	8	.2756	8	.2807	8	.2807	8
1	.1191		.1208		.1200		.1185		.1231		.1203		.1219		.1243		.1242		.1240	
2	.2755	6	.2717	6	.3406	6	.2703	6	.3007	6	.2600	6	.2417	6	.2982	6	.2670	6	.2384	6
3	.3107		.3143		.2835		.2875		.2936		.2707		.2875		.2816		.2817		.2856	
4	.2856	5	.1662	5	.2258	5	.2170	5	.2174	5	.3526	5	.3973	5	.2524	5	.5738	5	.3799	5
5	.1991	6	.2056	6	.1986	6	.1981	6	.2117	6	.1834	6	.2018	6	.1994	6	.1814	6	.1873	6
6	.9129	4	.4509	4	.8625	4	.2888	4	.2303	4	.1012	4	.7374	3	.2640	4	.1353	3	.4315	4
7	.5472		.4208		.1666	5	.8576		.2271	5	.1825	5	.2252	5	.2516	5	.3448	5	.2758	5
8	.7945	5	.5798	5	.6158		.6006	5	.5051		.5686		.5837		.4531		.6343		.4679	
9	.2713		.3663		.2141		.2787		.2217		.1421		.1765		.1747		.6861	4	.1401	
10	.1560		.1964		.1764		.2274		.3356		.2779		.4410		.3696		.4047	5	.4501	
20	.9791	4	.1305		.4946	4	.1039		.4468	4	.8185	4	.7438	4	.9491	4	.8816	4	.1199	
30	.5748		.9133	4	.7691		.8588	4	.9489		.9022		.1252	5	.1270	5	.1487	5	.1429	
40	.6576		.8689		.6824		.6566		.4123		.6408		.3896	4	.6408	4	.2683	4	.7179	4
50	.6022		.5530		.5898		.5057		.5186		.4752		.3974		.4539		.3989		.4655	
60	.3996		.3327		.3228		.3769		.3649		.2305		.2657		.2615		.3003		.2635	
70	.1108		.1120		.1756		.1007		.1851		.2277		.2420		.1988		.1594		.2137	
80	.2326	3	.1338		.5732	3	.8394	3	.9652	3	.6515	3	.8238	3	.3084	3	.7801	3	.4101	3
90	.7201		.2694	3	.2488		.4538		.3458		.5885		.1281	4	.5866		.1180	4	.4234	
100	.2189		.8540	2	.1036		.8383	2	.3979		.3169		.1877	3	.1652		.3422	2	.2215	
110	.5377	2	.1621	3	.2390		.2282	3	.8142	2	.9684	0	.3298		.7805	2	.2589	3	.1362	2
120	.4352	3	.1681		.1407		.3713	1	.9790		.1636	3	.3679		.1899		.6243	2	.1422	3
130	.1508		.5611	2	.1255		.6136	2	.1006	3	.8015	2	.2163		.4090		.5102		.9757	2
140	.1122		.2492	3	.1120		.1176	3	.4258	2	.1797	3	.4191		.2185		.2588	1	.1956	3
150	.7514	2	.2687		.3882		.3382		.4534		.1240		.9190	2	.7447		.1567	2	.2310	
160	.8294	4	.1339	4	.1104	5	.1338	4	.8517	4	.1661	4	.5818	4	.4872	3	.7211	4	.7936	
170	.2781	3	.5332		.8895	3	.3619		.1525		.3481		.1066		.4738	4	.2671	3	.6182	4
180	.6654	4	.6654		.7186	4	.7186		.1080	5	.1080	5	.1810		.1810		.4471	4	.4471	

α =	99,2		99,4		99,6		99,8		100,0	
Streuquerschnitt Scattering	.2122 1		.2134 1		.2149 1		.2135 1		.2094 1	
φ°	i_1	i_2	i_1	i_2	i_1	i_2	i_1	i_2	i_1	i_2
0	.2735 8	.2735 8	.2789 8	.2789 8	.2850 8	.2850 8	.2841 8	.2841 8	.2755 8	.2755 8
1	.1230	.1211	.1230	.1232	.1223	.1256	.1233	.1221	.1206	.1189
2	.2901 6	.2376 6	.2155 6	.2332 6	.1546 6	.2172 6	.1796 6	.1536 6	.1795 6	.1529 6
3	.2956	.2875	.3332	.3171	.3502	.3555	.3697	.3729	.4192	.3987
4	.4789 5	.4202 5	.4430 5	.4930 5	.6102 5	.3840 5	.6529 5	.4987 5	.5421 5	.4610 5
5	.1727 6	.1707 6	.1665 6	.1521 6	.1397 6	.1465 6	.1181 6	.1225 6	.1076 6	.1053 6
6	.2127 4	.5450 4	.1241 5	.7971 4	.2176 5	.1789 5	.1759 5	.2795 5	.2469 5	.3053 5
7	.5555 5	.3791 5	.5813	.5543 5	.5161	.5847	.6413	.5728	.8637	.6573
8	.4261	.4353	.3261	.3424	.3370	.2347	.2949	.2110	.1403	.1600
9	.3514 4	.9425 4	.4618 4	.3879 4	.6727 4	.4958 4	.4768 4	.6534 4	.3361 4	.5831 4
10	.4367 5	.4650 5	.6271 5	.5147 5	.7023 5	.5959 5	.5813 5	.6324 5	.5812 5	.5927 5
20	.8270 4	.1091	.7578 4	.1081	.1344	.1269	.2026	.1901	.2071	.1971
30	.1635 5	.1466	.1715 5	.1378	.1765	.1611	.1725	.1524	.1679	.1507
40	.2318 4	.6132 4	.2491 4	.4785 4	.3349 4	.5873 4	.6934 4	.7890 4	.7871 4	.9463 4
50	.2243	.5388	.1743	.3876	.4843 3	.3519	.1550	.2821	.1665	.4440
60	.1627	.2851	.8828 3	.3103	.3678	.2861	.2342 3	.2897	.8888 3	.2452
70	.1256	.1522	.3326	.1235	.2211	.1231	.3434 2	.1709	.2539	.1668
80	.8641 3	.5426 3	.7899	.1238	.3055	.1321	.1654	.1146	.6449 2	.7244 3
90	.2848	.1732	.1256	.1384 3	.8389	.1081 3	.1145 4	.2544 3	.5062 3	.5046
100	.2251 2	.3235	.4332	.1365	.7510	.1646	.1690 3	.9943 2	.2060	.5727 2
110	.1663 3	.8208 2	.3347	.5229 2	.1133 2	.1750	.1086	.1748 3	.8262 2	.1852 3
120	.2079	.9680	.1226	.6680	.9344	.1182	.5986	.6348 2	.7510	.5111 1
130	.9364 2	.2236 3	.1746	.5564	.2094 3	.1416	.1901	.7862 0	.7996	.2557 3
140	.1640 3	.3630	.6149 2	.6488	.3187	.8753 2	.6568 2	.2234 2	.1634 3	.3237
150	.3195	.4860	.1282 3	.7438	.4026	.4165 1	.5202	.1197 3	.8886 2	.2833
160	.7738 4	.1168 4	.9037 4	.1792 4	.9897 4	.1359 4	.9320 4	.6939	.6594 4	.4721
170	.2915 3	.4690	.5402 3	.2804	.8240 3	.2804	.5632 3	.4452 4	.3866 3	.5065 4
180	.5350 4	.5350	.5407 4	.5407	.4630 4	.4630	.1399 4	.1399	.4340 4	.4340

α =	100,2				100,4				100,6				100,8				101,0			
Streuquerschnitt Scattering	.2104	1			.2121	1			.2095	1			.2065	1			.2064	1		
φ°	i_1		i_2		i_1		i_2		i_1		i_2		i_1		i_2		i_1		i_2	
0	.2803	8	.2803	8	.2874	8	.2874	8	.2834	8	.2834	8	.2764	8	.2764	8	.2785	8	.2785	8
1	.1189		.1208		.1181		.1219		.1178		.1173		.1161		.1138		.1132		.1157	
2	.1070	6	.1423	6	.5896	5	.1108	6	.7828	5	.6461	5	.7348	5	.5669	5	.2939	5	.5493	5
3	.4709		.4601		.4941	6	.5108		.5260	6	.5272	6	.5903	6	.5502	6	.6224	6	.6207	6
4	.4952	5	.4664	5	.6456	5	.3420	5	.7274	5	.4149	5	.3535	5	.2718	5	.3135	5	.2863	5
5	.9282		.8847		.6128		.7494		.4300		.5297		.4665		.3981		.3451		.3446	
6	.4968		.3751		.6703		.5410		.5558		.6626		.6342		.6804		.9174		.7168	
7	.8178		.8134		.6714		.7889		.8287		.7126		.9006		.6758		.7606		.8118	
8	.9008	4	.8957	4	.8577	4	.3416	4	.3563	4	.1936	4	.1893	2	.2619	3	.1201	4	.7059	3
9	.6450		.6497		.1933	5	.8972		.2963	5	.1727	5	.1873	5	.1688	5	.2186	5	.2053	5
10	.7316	5	.5968	5	.7193		.6300	5	.4943		.6052		.5067		.5087		.5715		.4488	
20	.1835		.1913		.2582		.1908		.2951		.2562		.2780		.2635		.2352		.2196	
30	.1549		.1343		.1216		.1437		.9126	4	.1087		.7879	4	.9016	4	.6749	4	.9347	4
40	.8868	4	.7648	4	.9562	4	.8864	4	.1031	5	.9327	4	.1138	5	.1003	5	.1056	5	.9306	
50	.4030		.5112		.4507		.5646		.6625	4	.4680		.5923	4	.4778	4	.6404	4	.5370	
60	.1523		.2485		.3220		.2697		.2617		.3916		.3916		.4080		.3163		.2965	
70	.9934	3	.2134		.1625		.1793		.2275		.1341		.1953		.6054	3	.1732		.1447	
80	.2582		.4393	3	.5509	3	.6152	3	.1329		.8207	3	.1295		.9746		.1381		.1007	
90	.2184		.7039		.1225	4	.7668		.1539		.3897		.2223	3	.4102		.1697	3	.4981	2
100	.3550		.1419		.1764	3	.2133		.2892	3	.1902		.1036	2	.4972		.4361		.1917	3
110	.2436		.5517	2	.4619		.4571	2	.4213	2	.9961	1	.3031	3	.2468		.1963		.5849	2
120	.3170		.6233		.1126		.7402		.2831	3	.3010	3	.2190		.7245	2	.6446	2	.1522	3
130	.2294		.1660		.6696	2	.1946	3	.6585	2	.9763	2	.1244		.4912		.1458	3	.8379	2
140	.7704	2	.4512		.1627	3	.6396	2	.4176		.6543		.2013		.9280		.1511	2	.1639	3
150	.7523		.3140	3	.8164		.2042	3	.1323	3	.1166		.1176		.8505		.1373		.2346	
160	.7458	4	.1180	4	.1181	5	.1803	4	.1060	5	.1293	4	.9920	4	.2949	3	.8512	4	.2223	
170	.1666	2	.4011		.1201	3	.2519		.1154	4	.2304		.5840	3	.3125	4	.3562	3	.3388	4
180	.2392	4	.2392		.9450	4	.9450		.1350	5	.1350	5	.1160	5	.1160	5	.2022	4	.2022	

α =	101,2				101,4				101,6				101,8				102,0			
Streuquerschnitt Scattering	.2071 1				.2029 1				.2053 1				.2039 1				.2037 1			
φ^o	i_1		i_2		i_1		i_2		i_1		i_2		i_1		i_2		i_1		i_2	
0	.2828	8	.2828	8	.2738	8	.2738	8	.2817	8	.2817	8	.2799	8	.2799	8	.2818	8	.2818	8
1	.1129		.1148		.1122		.1097		.1136		.1105		.1102		.1126		.1116		.1106	
2	.2376	5	.3039	5	.4042	5	.1692	5	.1858	5	.1207	5	.1270	5	.1824	5	.4212	5	.7324	4
3	.6357	6	.6500	6	.6700	6	.6488	6	.7072	6	.6514	6	.6954	6	.7030	6	.6894	6	.6903	6
4	.4242	5	.1508	5	.2991	5	.1725	5	.8549	4	.1191	5	.6196	4	.4816	4	.9643	4	.3114	3
5	.1894		.2586		.2532		.1841		.2784	5	.1636		.2462	5	.2758	5	.3431	5	.2541	5
6	.1030	6	.8826		.8229		.9466		.9333		.9568		.1107	6	.8722		.1060	6	.9640	
7	.6033	5	.7079		.7204		.6004		.6465		.4362		.4646	5	.5468		.3363	5	.4134	
8	.1144	4	.3079	4	.5453	4	.5491	4	.1701		.1178		.2137		.2101		.2142		.2834	
9	.4171	5	.2096	5	.4547	5	.3299	5	.3400		.3990		.3412		.3183		.5170		.2777	
10	.4665		.4364		.2950		.3665		.2698		.2166		.2696		.2047		.1561		.1656	
20	.2951		.2067		.2745		.2344		.2100		.2033		.1607		.1669		.1909		.1457	
30	.5310	4	.1054		.4164	4	.8920	4	.4170	4	.6079	4	.4925	4	.7590	4	.8198	4	.1058	
40	.9613		.9988	4	.7699		.8823		.5679		.6023		.3784		.5883		.3768		.6942	4
50	.6464		.5580		.5390		.5799		.4811		.5470		.2524		.4771		.2002		.3301	
60	.3697		.2503		.2817		.2965		.2073		.3048		.9181	3	.3085		.3203	3	.3130	
70	.1624		.1974		.1088		.2269		.5564	3	.2085		.5533	2	.1490		.1141		.1253	
80	.5907	3	.9593	3	.3432	3	.5879	3	.1497		.5308	3	.4702		.7461	3	.5733	2	.1311	
90	.1116	4	.9471	2	.1615	4	.2376		.8424		.5008		.1269	3	.7312		.5983	3	.8991	3
100	.7727	3	.2155	3	.1792	3	.7442	2	.2463		.7435	2	.3025		.1191		.4083		.2721	
110	.2066		.3092		.2349		.1427	3	.3046	2	.7778		.4823		.7893	2	.2444		.1822	1
120	.2868		.4351	2	.9481	2	.5014	2	.2431	3	.9336		.2229		.4270		.3282	2	.1376	3
130	.1451		.5088		.1556	3	.6485		.1226		.1491	3	.1629		.7555		.2031	3	.2864	
140	.3500		.1123	3	.8170	2	.4861		.2571		.1368		.1004		.1288	3	.4079		.3768	
150	.5569		.4622		.1807	3	.1851		.4005		.2076		.2291		.4554	2	.1831		.4287	
160	.9716	4	.1003	4	.8882	4	.1334	4	.1254	5	.3173		.1213	5	.3335	3	.9899	4	.1888	
170	.1420	3	.3314		.1840	3	.2151		.2559	3	.3284		.5385	3	.1832	4	.5637	3	.2611	4
180	.1055	5	.1055	5	.7642	4	.7642		.1613	5	.1613	5	.2530	4	.2530		.7756	4	.7756	

α =	102,2				102,4				102,6				102,8				103,0			
Streuquerschnitt Scattering	.2010 1				.2033 1				.2050 1				.2050 1				.2030 1			
φ^0	i_1		i_2		i_1		i_2		i_1		i_2		i_1		i_2		i_1		i_2	
0	.2762	8	.2762	8	.2843	8	.2843	8	.2914	8	.2914	8	.2936	8	.2936	8	.2902	8	.2902	8
1	.1111		.1091		.1117		.1130		.1130		.1156		.1166		.1137		.1163		.1152	
2	.4036	5	.2613	5	.2588	5	.4176	5	.4467	5	.3384	5	.7715	5	.3489	5	.7501	5	.6695	5
3	.6973	6	.6745	6	.6846	6	.6712	6	.6408	6	.6616	6	.6165	6	.6070	6	.5996	6	.5807	6
4	.2177	4	.4729	3	.1563	4	.2135	3	.5050	4	.4699	4	.3090	4	.1305	5	.1059	5	.1175	5
5	.5292	5	.3908	5	.5741	5	.5953	5	.6138	5	.6798	5	.8595	5	.6837		.1117	6	.9479	
6	.8467		.9272		.9097		.8098		.9390		.7243		.7466		.7210		.5574	5	.5947	
7	.3652		.3212		.2812		.2516		.1545		.2289		.7917	4	.1331		.7237	4	.7988	4
8	.3669		.3356		.5788		.4703		.5990		.5988		.5733	5	.6612		.7763	5	.6937	5
9	.4862		.3793		.3363		.3993		.2979		.3093		.3972		.2279		.3431		.2834	
10	.6004	4	.1036		.4575	4	.3975	4	.4418	4	.2649	4	.1845	4	.1982	4	.1672	4	.1285	4
20	.1577	5	.1454		.8720		.1110	5	.5093		.8246		.6944		.7619		.7351		.7965	
30	.9595	4	.1296		.1156	5	.1087		.1386	5	.1245	5	.1814	5	.1463	5	.1736	5	.1733	5
40	.2714		.7791	4	.3015	4	.5400	4	.2146	4	.5319	4	.5387	4	.5826	4	.6171	4	.8801	4
50	.8489	3	.3714		.1261		.4608		.2485		.5294		.2336		.4530		.4133		.3850	
60	.3274		.2990		.7918	3	.2211		.1192		.2373		.3764		.3133		.3494		.4229	
70	.3913		.1308		.9660		.2088		.1890		.1985		.1862		.2414		.2304		.1648	
80	.3501		.1150		.9753		.1172		.1317		.6723	3	.9173	3	.4636	3	.8377	3	.3278	3
90	.7031		.3289	3	.1519		.1363	3	.1807	3	.1298		.1332	4	.1585		.1999	4	.2498	
100	.2036		.1641		.2281	2	.1301		.3527		.2669		.5702	3	.2336		.2887	3	.6435	2
110	.2349		.6396	1	.3171	3	.4002	2	.6541	2	.1242		.4001		.3701		.1115		.1274	3
120	.2544		.2001	3	.5154	2	.8919		.4622	3	.1458		.1571		.9600	1	.1109		.1378	
130	.1955		.4159	2	.5451		.2068	3	.4497		.1179	2	.8580	2	.2598	3	.1571		.1957	
140	.1285		.9720	1	.1458	3	.1632		.3215		.2825		.2943	3	.3747		.1267		.1673	
150	.1400	2	.1315	3	.4117		.1989		.3958		.5329		.8316	2	.1758		.8394	2	.2843	
160	.7751	4	.5240		.1119	5	.4843		.1242	5	.5613	3	.1277	5	.2095		.1060	5	.1572	2
170	.1507	3	.2894	4	.1471	2	.1711	4	.2860	3	.8202		.5736	3	.9087		.5890	3	.2205	4
180	.2939	4	.2939		.4470	4	.4470		.4399	4	.4399	4	.3005	4	.3005	4	.2131	4	.2131	

α =	103,2		103,4		103,6		103,8		104,0	
Streuquerschnitt Scattering	.2069 1		.2099 1		.2083 1		.2079 1		.2114 1	
φ°	i_1	i_2	i_1	i_2	i_1	i_2	i_1	i_2	i_1	i_2
0	.3037 8	.3037 8	.3148 8	.3148 8	.3127 8	.3127 8	.3137 8	.3137 8	.3270 8	.3270 8
1	.1186	.1212	.1213	.1251	.1261	.1219	.1262	.1257	.1285	.1316
2	.6877 5	.8779 5	.9631 5	.7077 5	.1542 6	.7944 5	.1018 6	.9420 5	.1004 6	.1037 6
3	.5583 6	.5563 6	.4842 6	.5259 6	.4645	.4475 6	.4395	.4244 6	.3919	.4053
4	.3243 5	.2032 5	.4773 5	.3913 5	.3323 5	.5689 5	.5723 5	.5490 5	.9117 5	.6952 5
5	.1113 6	.1220 6	.1111 6	.1252 6	.1618 6	.1213 6	.1609 6	.1431 6	.1485 6	.1605 6
6	.5990 5	.4543 5	.5482 5	.3742 5	.3111 5	.3285 5	.1837 5	.1878 5	.2152 5	.1168 5
7	.5259 4	.3902 4	.5877 4	.5333 4	.2361 4	.6266 4	.2195 4	.3594 4	.9603 4	.4727 4
8	.9677 5	.8222 5	.8904 5	.9176 5	.8636 5	.9045 5	.1007 6	.8873 5	.1072 6	.9359 5
9	.1872	.2571	.1299	.1892	.2271	.1144	.1551 5	.1435	.5189 4	.1187
10	.1870 4	.4035 4	.4589 4	.4131 4	.1778	.9404 4	.2110	.1358	.2056 5	.2236
20	.6354	.9617	.4438	.7852	.8007 4	.9119	.1315	.1052	.1747	.1682
30	.1794 5	.1541 5	.2017 5	.1610 5	.1665 5	.1630 5	.1550	.1614	.1294	.1187
40	.8609 4	.8940 4	.9643 4	.9076 4	.1041	.9151 4	.1179	.1025	.1044	.9235 4
50	.4552	.4780	.6909	.5959	.7002 4	.6346	.7304 4	.5962 4	.6465 4	.6085
60	.4365	.3390	.2733	.3070	.3582	.2528	.2865	.3017	.2370	.3286
70	.1784	.1200	.1986	.1109	.7412 3	.2019	.4494 3	.1845	.9553 2	.2185
80	.8085 3	.7731 3	.7000 3	.1045	.3864 2	.1736	.1588 2	.1163	.2237 3	.8521 3
90	.1016 4	.4496	.2368	.6757 3	.6342 3	.7955 3	.5689 3	.4233 3	.1321	.2306
100	.2172 3	.1231 2	.9475 2	.1368	.5268	.2682	.2042	.2492	.4371 2	.2497
110	.1433	.1600 3	.6107 3	.6133 2	.8134 2	.3698 2	.4072	.9954 1	.1345 3	.7476 2
120	.4110	.1694 2	.3707 2	.1944 3	.2467 3	.1172 3	.1236	.1043 3	.1758	.9281
130	.8432 2	.1240 3	.2908 3	.1253	.1589	.3266 2	.1396	.1285	.1387	.6581
140	.1216 3	.7658 2	.2362	.5865 2	.1639	.1133 3	.1065	.2751	.2330	.8726
150	.1634	.8050	.1297	.7016	.3395	.1551	.2848	.4096	.1266	.1390 3
160	.9896 4	.1868	.8112 4	.2054 3	.1017 5	.3321	.1325 5	.5054 2	.1134 5	.1271
170	.4812 3	.2262 4	.4650 3	.1479 4	.5793 3	.9837	.5566 3	.6830 3	.9517 3	.1589 4
180	.4337 4	.4337	.1020 5	.1020 5	.1274 5	.1274 5	.6285 4	.6285 4	.2440 4	.2440

α =	104,2				104,4				104,6				104,8				105,0			
Streuquerschnitt Scattering	.2128 1				.2113 1				.2154 1				.2144 1				.2135 1			
φ^o	i_1		i_2		i_1		i_2		i_1		i_2		i_1		i_2		i_1		i_2	
0	.3340	8	.3340	8	.3320	8	.3320	8	.3474	8	.3474	8	.3471	8	.3471	8	.3470	8	.3470	8
1	.1316		.1333		.1353		.1313		.1388		.1355		.1368		.1392		.1390		.1374	
2	.1477	6	.8794	5	.1432	6	.1009	6	.9090	5	.8497	5	.9038	5	.8989	5	.1245	6	.6825	5
3	.3355		.3649	6	.3356		.3077		.3263	6	.2772	6	.2909	6	.3045	6	.2850		.2789	6
4	.1005		.9226	5	.8618	5	.1101		.1207		.1261		.1448		.1176		.1331		.1331	
5	.1517		.1552	6	.1822	6	.1482		.1669		.1326		.1419		.1561		.1430		.1371	
6	.1517	5	.8017	4	.3150	4	.5339	4	.6493	4	.2850	4	.9359	4	.6968	4	.7158	4	.1133	5
7	.2406		.8520		.1912	5	.2067	5	.1849	5	.2884	5	.3227	5	.2101	5	.4896	5	.2349	
8	.8715		.9372	5	.8320		.8377		.9053		.6463		.8249		.7407		.5767		.6512	
9	.2035	4	.9704	4	.6748	4	.5386	4	.1028		.7812	4	.8834	4	.1287		.5840	4	.1673	
10	.2860	5	.2273	5	.4477	5	.3180	5	.4799		.3915	5	.4411	5	.4670		.5410	5	.4292	
20	.1633		.1677		.2035		.1913		.2842		.2069		.3103		.2700		.2727		.2510	
30	.1279		.1237		.9370	4	.1246		.7109	4	.1188		.4303	4	.7249	4	.4853	4	.6863	4
40	.1183		.9270	4	.9231		.1044		.8706		.8738	4	.4356		.6939		.4648		.5191	
50	.5246	4	.5284		.3532		.4520	4	.2451		.6279		.2194		.5280		.1074		.5467	
60	.1066		.3244		.3699	3	.3417		.3230	3	.1736		.5552	3	.2509		.2263		.2089	
70	.2140	3	.1913		.7336		.1528		.1060	4	.8983	3	.1601	4	.1405		.2302		.1852	
80	.4644		.5446	3	.7889		.4480	3	.1064		.9373		.1328		.8873	3	.9618	3	.1274	
90	.1717		.2919		.1391	4	.3039		.2280		.3159		.1072		.3699		.1079	2	.6173	3
100	.3226		.2934		.3890	3	.1988		.4716	3	.2092	1	.1948	3	.4174	2	.2541	3	.1772	
110	.9617	2	.1869		.2301		.2299		.7288	2	.6202		.2947		.1136	3	.1070		.4551	2
120	.4089	3	.3390	2	.8220	2	.3015	2	.3043	3	.3736	3	.1703		.8149	2	.3309		.3549	3
130	.1102		.4494		.9337		.1658	3	.2384		.3329	1	.4172	2	.2116	3	.1737		.1262	
140	.6361	2	.3379		.1223	3	.1615		.2043		.8133	2	.2137	3	.2421		.1471		.4456	2
150	.7410		.3363	1	.8668	2	.1716		.2668		.5957	3	.1185		.3966		.3301		.3108	3
160	.7466	4	.8004	2	.8727	4	.7381	2	.1094	5	.5479		.1133	5	.4027		.1155	5	.7509	
170	.6710	3	.1758	4	.7219	2	.2753	4	.2125	3	.1958	4	.7400	3	.8661		.7951	3	.8836	
180	.1279	5	.1279	5	.4751	4	.4751		.1748	5	.1748	5	.2990	4	.2990	4	.8956	4	.8956	4

α =	105,2		105,4		105,6		105,8		106,0	
Streuquerschnitt Scattering	.2126 1		.2142 1		.2144 1		.2142 1		.2109 1	
φ°	i_1	i_2	i_1	i_2	i_1	i_2	i_1	i_2	i_1	i_2
0	.3467 8	.3467 8	.3547 8	.3547 8	.3583 8	.3583 8	.3604 8	.3604 8	.3525 8	.3525 8
1	.1398	.1376	.1390	.1416	.1393	.1410	.1401	.1386	.1378	.1375
2	.9452 5	.8016 5	.4777 5	.7522 5	.4488 5	.4994 5	.4205 5	.2743 5	.3403 5	.3573 5
3	.3018 6	.2772 6	.3013 6	.3080 6	.3118 6	.3239 6	.3360 6	.3252 6	.3895 6	.3721 6
4	.1258	.1388	.1560	.1297	.1605	.1344	.1349	.1384	.1232	.1233
5	.1487	.1282	.1197	.1271	.9396 5	.1092	.7887 5	.8185 5	.8163 5	.7439 5
6	.1838 5	.1541 5	.3599 5	.2799 5	.3929	.4344 5	.4480	.5564	.7459	.6341
7	.4021	.4003	.3581	.3995	.4892	.3658	.5367	.3350	.4710	.4717
8	.5093	.5059	.5084	.4157	.3924	.3634	.1998	.2578	.1470	.1451
9	.1216	.1450	.2769	.2001	.3138	.3018	.2799	.3962	.3590	.3583
10	.6623	.5149	.6041	.5862	.5089	.5687	.5075	.4711	.6508	.5362
20	.3036	.2679	.3677	.2996	.3307	.2990	.2379	.2412	.2558	.2335
30	.4306 4	.9483 4	.5364 4	.9359 4	.5144 4	.8778 4	.1097	.7829 4	.1164	.1326
40	.2622	.7581	.3393	.6680	.2427	.6875	.6147 4	.4842	.4910 4	.7407 4
50	.1787	.3459	.1490	.4581	.4015	.4883	.2995	.6971	.6598	.5577
60	.2847	.3876	.4476	.3782	.3748	.3978	.3612	.2755	.3085	.2974
70	.2232	.2439	.2047	.2080	.1167	.1578	.7058 3	.1127	.1855 3	.1557
80	.6755 3	.1112	.1603 3	.8702 3	.6331 2	.6111 3	.2439 2	.6915 3	.1728	.9330 3
90	.3923	.4174 3	.6840	.2846	.2596 3	.3524	.1800 3	.4855	.1258 4	.5084
100	.5938	.1532	.1931	.1379	.5124 2	.3171	.4220	.2868	.4275 3	.2377
110	.2899	.7020 2	.4528	.2524 2	.1044	.1697	.2497	.2597	.8424 2	.1750
120	.2243	.3619	.6161 2	.1647 3	.5608 3	.3745 2	.1457	.1080	.2592 3	.6321 2
130	.1382	.1261 3	.2784 3	.2645 2	.4360 2	.1228 3	.3726	.4019	.1723	.2033
140	.7385 2	.2023	.3736	.3164	.3232	.2429	.5632	.3275	.8798 2	.4779
150	.6727	.3754 2	.1488	.8966	.3085	.3807	.6204	.9011	.1709 3	.3482
160	.9471 4	.2631 3	.7474 4	.1269 3	.7362 4	.2332	.1105 5	.1305 4	.1135 5	.1050 4
170	.6361 3	.3307 4	.4155 3	.3914 4	.4598 3	.2136 4	.1395 4	.1546	.1060 4	.2273
180	.1030 4	.1030	.2210 4	.2210	.2716 4	.2716	.3795	.3795	.6787 3	.6787 3

α =	106,2				106,4				106,6				106,8				107,0			
Streuquerschnitt Scattering	.2130	1			.2128	1			.2095	1			.2075	1			.2093	1		
φ^o	i_1		i_2		i_1		i_2		i_1		i_2		i_1		i_2		i_1		i_2	
0	.3622	8	.3622	8	.3646	8	.3646	8	.3562	8	.3562	8	.3515	8	.3515	8	.3608	8	.3608	8
1	.1364		.1403		.1351		.1385		.1365		.1309		.1313		.1324		.1300		.1337	
2	.7215	4	.2721	5	.2230	4	.1349	5	.1107	5	.3594	4	.2950	4	.5555	4	.4997	4	.4976	4
3	.4009	6	.4232	6	.4216	6	.4546	6	.5253	6	.4496	6	.5436	6	.5334	6	.5499	6	.5760	6
4	.1472		.1109		.1370		.1081		.9337	5	.1041		.8141	5	.7277	5	.9600	5	.6291	5
5	.5178	5	.6573	5	.2931	5	.4810	5	.3186		.2350	5	.2223		.2276		.6180	4	.1487	
6	.9699		.8537		.9613		.1037	6	.1103	6	.1133	6	.1409	6	.1221	6	.1524	6	.1410	6
7	.3778		.4115		.4242		.3626	5	.5558	5	.2968	5	.3446	5	.3659	5	.2346	5	.2740	5
8	.1216		.8950	4	.5267	4	.5747	4	.2272	3	.1653	4	.9838	3	.2505	2	.9208	3	.1299	4
9	.5861		.4157	5	.6186	5	.5152	5	.4876	5	.6070	5	.5785	5	.5319	5	.7957	5	.5580	5
10	.4958		.5269		.3177		.4639		.4292		.3200		.4271		.3783		.2588		.3283	
20	.2801		.2457		.2029		.2297		.1257		.1629		.1201		.1358		.1258		.1437	
30	.1308		.1360		.1274		.1441		.1875		.1290		.2116		.1868		.1817		.1718	
40	.7056	4	.8288	4	.8414	4	.9572	4	.1093		.8777	4	.1273		.1039		.1161		.1088	
50	.6611		.6140		.8024		.6106		.7072	4	.6397		.5891	4	.5823	4	.5384	4	.5892	4
60	.3564		.3188		.2509		.3454		.1118		.3650		.4229	3	.3772		.3011	3	.2925	
70	.1236	3	.2050		.4281	3	.2109		.7994	3	.2691		.1471	4	.1833		.1789	4	.1407	
80	.7910		.1285		.1740	4	.1084		.1212	4	.1329		.1152		.5008	3	.7433	3	.4281	3
90	.2207	4	.4241	3	.1671		.2950	3	.7367	1	.6121	3	.4697	3	.1927		.1006	4	.2478	
100	.6344	3	.9697	2	.3903	3	.3971	2	.3286	3	.2710		.5535		.9311	2	.1760	3	.1760	
110	.3226		.1555	3	.4892		.5983		.1117		.1738	2	.4539		.6611		.2415		.4540	2
120	.1563		.7444	2	.4867	2	.1579	3	.2556		.1670	3	.6626	2	.3112		.3606		.1006	3
130	.1506		.1136	3	.1454	3	.4368	2	.1576		.1113		.1285	3	.8823		.2217		.4471	2
140	.2544		.6149	2	.4625	1	.9168		.1647		.3534		.1061		.2988		.1952		.5977	
150	.3339		.1375		.2490	3	.7676		.1259		.8859		.1064		.2676	3	.4612		.1221	3
160	.8520	4	.5277	3	.5001	4	.2011	3	.9080	4	.1268	4	.9386	4	.1318	4	.1115	5	.1397	4
170	.1105		.3826	4	.1430		.3824	4	.1487	3	.5441		.7912	3	.2377		.1380	4	.2943	
180	.2092		.2092		.7422		.7422		.1193	5	.1193	5	.2883	4	.2883		.2481		.2481	

α =	107,2				107,4				107,6				107,8				108,0			
Streuquerschnitt Scattering	.2071 1				.2051 1				.2058 1				.2053 1				.2021 1			
φ^{o}	i_1		i_2		i_1		i_2		i_1		i_2		i_1		i_2		i_1		i_2	
0	.3567	8	.3567	8	.3519	8	.3519	8	.3566	8	.3566	8	.3573	8	.3573	8	.3487	8	.3487	8
1	.1284		.1299		.1293		.1245		.1268		.1264		.1249		.1267		.1243		.1226	
2	.1033	5	.6345	4	.2872	4	.1652	5	.2112	5	.1908	5	.4246	5	.2273	5	.3558	5	.3054	5
3	.5886	6	.5939	6	.6679	6	.5949	6	.6666	6	.6422	6	.6520	6	.6704	6	.6821	6	.6578	6
4	.8109	5	.5669	5	.3906	5	.5130	5	.3819	5	.3298	5	.4087	5	.2466	5	.2261	5	.2119	5
5	.2928	4	.6924	4	.5212	4	.3365	3	.1579	4	.3092	4	.7614	4	.2350	4	.1951		.5317	4
6	.1388	6	.1490	6	.1540	6	.1491	6	.1768	6	.1471	6	.1673	6	.1607	6	.1434	6	.1518	6
7	.3096	5	.2190	5	.2807	5	.1593	5	.1414	5	.1602	5	.6279	4	.1260	5	.8620	4	.9581	4
8	.7184	4	.2729	4	.1499		.9411	4	.1758		.2133		.2274	5	.2276		.4034	5	.2758	5
9	.7295	5	.5979	5	.5244		.6187	5	.5857		.4897		.7163		.4950		.5476		.4654	
10	.1128		.2585		.1665		.1311		.1706		.1082		.8875	4	.1469		.2882	4	.1226	
20	.7886	4	.1392		.5584	4	.1155		.5771	4	.9753	4	.9450		.1201		.1202	5	.1340	
30	.1772	5	.1591		.1791	5	.1414		.1799	5	.2037	5	.1224	5	.1439		.1084		.1135	
40	.1240		.9804	4	.1005		.9926	4	.1080		.1098		.6851	4	.9964	4	.6735	4	.7059	4
50	.2967	4	.6244		.2960	4	.4283		.1168	4	.5620	4	.1590		.4098		.1062		.5633	
60	.7743	3	.2446		.1787		.2685		.2953		.3879		.4924		.4438		.4097		.4275	
70	.3210	4	.1085		.2295		.2216		.2087		.2673		.9618	3	.2425		.5519	3	.1963	
80	.6213	3	.5219	3	.2815	3	.1324		.5402	2	.2319		.1112		.1485		.3840		.1110	
90	.5632		.4338		.2198		.6519	3	.1068	4	.7289	3	.1568	4	.5250	3	.7265		.2990	3
100	.1125		.3623		.9537	2	.1765		.4794	3	.3743	2	.5047	3	.1317		.8898	2	.3569	2
110	.3384		.2586		.2101	3	.1339		.3559	2	.6280		.5481		.1570		.2087	3	.9569	1
120	.1125		.3024	1	.1353		.3183		.4270	3	.1155		.1252	2	.2233		.2471		.2339	3
130	.1967		.1632	3	.1759		.1244		.8413	2	.4566	3	.3666	3	.1030		.1357		.3300	2
140	.8969	2	.1255		.2396		.1068		.2817		.9203	2	.4417		.2879	2	.9302	2	.1541	3
150	.2157	3	.1009	2	.1592		.2627		.8607	1	.1807	1	.3516		.2275	3	.2171	3	.5891	2
160	.1228	5	.1000	4	.8357	4	.1050	4	.6445	4	.4888	3	.1016	5	.1442	4	.1384	5	.1694	4
170	.1085	4	.3532		.1908	3	.8776		.3788	3	.8878	4	.8347	3	.4367		.9738	3	.2996	
180	.1050	5	.1050	5	.5054	4	.5054		.6192	4	.6192		.2035	4	.2035		.4201	4	.4201	

α =	108,2				108,4				108,6				108,8				109,0			
Streuquerschnitt Scattering	.2022 1				.2035 1				.2038 1				.2019 1				.2032 1			
φ°	i_1		i_2		i_1		i_2		i_1		i_2		i_1		i_2		i_1		i_2	
0	.3513	8	.3513	8	.3581	8	.3581	8	.3620	8	.3620	8	.3575	8	.3575	8	.3646	8	.3646	8
1	.1244		.1227		.1230		.1263		.1253		.1252		.1266		.1236		.1270		.1279	
2	.3500	5	.4899	5	.7071	5	.4139	5	.8887	5	.6208	5	.8259	5	.6347	5	.7467	5	.7512	5
3	.7004	6	.6600	6	.6581	6	.6882	6	.6351	6	.6436	6	.6341	6	.6017	6	.6004	6	.5917	6
4	.1863	5	.2022	5	.3256	5	.2014	5	.3139	5	.3476	5	.3224	5	.4266	5	.6336	5	.5097	5
5	.1795		.1920		.2002		.2276		.4291		.2657		.5729		.3369		.5311		.5761	
6	.1496	6	.1395	6	.1548	6	.1360	6	.1313	6	.1306	6	.1017	6	.1110	6	.1015	6	.9116	
7	.8994	4	.5456	4	.8164	4	.1013	5	.4076	4	.1229	5	.4813	4	.1481	5	.1684	5	.1289	
8	.5253	5	.4310	5	.4938	5	.5296		.5611	5	.5543		.8408	5	.5856		.8615		.7638	
9	.3437		.4028		.3484		.2797		.3913		.2539		.2145		.2080		.9656	4	.1323	
10	.4017	4	.6505	4	.9502	4	.7131	4	.1158		.1151		.1091		.1422		.1226	5	.1525	
20	.1150	5	.1542	5	.1335	5	.1533	5	.2227		.2044		.2625		.2233		.2375		.2390	
30	.8261	4	.1038		.7696	4	.1132		.4048	4	.1015		.5299	4	.7668	4	.5671	4	.9381	4
40	.3394		.7123	4	.3308		.6917	4	.2614		.8045	4	.3569		.7180		.4802		.6841	
50	.2655		.4999		.3997		.5393		.5515		.5094		.6754		.6230		.7507		.6770	
60	.4016		.2851		.3106		.2954		.3369		.3371		.2259		.3530		.1380		.3995	
70	.1606	3	.1619		.6554	2	.1505		.2861	3	.1662		.9959	3	.1761		.1807		.2510	
80	.7331		.5664	3	.9833	3	.3811	3	.1116	4	.4979	3	.1200	4	.7478	3	.1030		.1264	
90	.3945	2	.1748		.6296		.1008		.1456		.2147		.1020		.4653		.2495	3	.7496	3
100	.3927	3	.1351		.4317		.1095		.2230	3	.1855		.1331	3	.4454		.1169		.2642	
110	.2818		.6416	1	.4168		.1539	2	.1157		.1045		.3432		.3148		.6207	2	.7840	2
120	.1317		.7794	2	.2803		.8730		.3018		.1756	2	.1142		.5029	2	.3160	3	.1124	3
130	.1083		.2501	3	.2024		.9409		.1912		.2528	3	.1626		.4992		.1371		.1510	
140	.2719		.1183		.2250	2	.1951	3	.6258		.2262		.1395		.2282		.1917		.2165	
150	.3985		.4021	2	.2248	3	.9302	2	.2178		.2912		.1806	2	.2943		.3495		.1312	
160	.1111	5	.1460	4	.8799	4	.5222	3	.8745	4	.6953		.9125	4	.1293	4	.1160	5	.1853	4
170	.8263	3	.7577		.7788	3	.8314	4	.2673	3	.7693	4	.9755	3	.5284		.1320	4	.5919	
180	.6727		.6727	3	.6361		.6361	3	.5320		.5320	3	.1029	5	.1029	5	.9429	2	.9429	2

α =	109,2		109,4		109,6		109,8		110,0	
Streuquerschnitt Scattering	.2065 1		.2071 1		.2058 1		.2072 1		.2108 1	
φ°	i_1	i_2	i_1	i_2	i_1	i_2	i_1	i_2	i_1	i_2
0	.3793 8	.3793 8	.3844 8	.3844 8	.3820 8	.3820 8	.3902 8	.3902 8	.4070 8	.4070 8
1	.1285	.1328	.1319	.1328	.1363	.1315	.1361	.1385	.1393	.1430
2	.1185 6	.6533 5	.1130 6	.8654 5	.8995 5	.7702 5	.8597 5	.7059 5	.1284 6	.5959 5
3	.5256	.5764 6	.4812	.5100 6	.4884 6	.4387 6	.4221 6	.4345 6	.3459	.3949 6
4	.9332 5	.7642 5	.9461 5	.1037	.1095	.1251	.1624	.1375	.1916	.1759
5	.5421	.5563	.7085	.6109 5	.9872 5	.5979 5	.7942 5	.8533 5	.7852 5	.7532 5
6	.9272	.8171	.6494	.6993	.4682	.4983	.4292	.3596	.3012	.2766
7	.3025	.2239	.2833	.3166	.2582	.3976	.4776	.3716	.6952	.4975
8	.7055	.7857	.6602	.7497	.9629	.6774	.9087	.8491	.6642	.7866
9	.8490 4	.5554 4	.7801 4	.3376 4	.1825 4	.2102 4	.3391 3	.1273 4	.5929 3	.2754 4
10	.2521 5	.1639 5	.3331 5	.2400 5	.2944 5	.2758 5	.2942 5	.2959 5	.4884 5	.3026 5
20	.2521	.2261	.3565	.2865	.3663	.3005	.2813	.2806	.2756	.2259
30	.8299 4	.1105	.6499 4	.1279	.1046	.1036	.1480	.1404	.1957	.1721
40	.6155	.8072 4	.9201	.9942 4	.9867 4	.1096	.1199	.9516 4	.1308	.1175
50	.7593	.6572	.6831	.6522	.6551	.6471 4	.4880 4	.5542	.3820 4	.4879 4
60	.5184 3	.3462	.8240 2	.3149	.7476 3	.1800	.1477	.3105	.4262	.3833
70	.2435 4	.2179	.1655 4	.1713	.2411 4	.9217 3	.1842	.1501	.1340	.2130
80	.4382 3	.1450	.7241 2	.1114	.9965 1	.9995	.8603 2	.5773 3	.4879 3	.8575 3
90	.9750	.9064 3	.1418 4	.5498 3	.5584 3	.5803	.4455	.6783 2	.8221	.7907 2
100	.6726	.3336	.4237 3	.1429	.1815	.6199 2	.3875 3	.5913	.3337	.1287 3
110	.2132	.2062	.6279	.1194	.1547	.2018	.4538	.9967 0	.8672 2	.8771 2
120	.1399	.1067	.4881	.2318	.2344	.1860 3	.6741 2	.1273 3	.6457 3	.2905
130	.1804	.7409 2	.1855	.7032 2	.1601	.1005	.1953 3	.7569 2	.4981 2	.1605 3
140	.1523	.9627	.5246	.2818 3	.1255	.1063	.1809	.1534 3	.1157 3	.1079
150	.4372	.5078	.4100	.3743	.8605 2	.3421	.1096	.9010 2	.3365	.4528 2
160	.1455 5	.1378 4	.1175 5	.4791	.8672 4	.4061	.9695 4	.1265 4	.1527 5	.1713 4
170	.1808 4	.7032	.1396 4	.8882 4	.3505 3	.9956 4	.1101	.7477	.2274 4	.6783
180	.1472	.1472	.3137	.3137	.9625 4	.9625	.1123	.1123	.2110	.2110

α =	110,2				110,4				110,6				110,8				111,0			
Streuquerschnitt Scattering	.2095 1				.2114 1				.2116 1				.2137 1				.2112 1			
φ°	i_1		i_2		i_1		i_2		i_1		i_2		i_1		i_2		i_1		i_2	
0	.4052	8	.4052	8	.4153	8	.4153	8	.4191	8	.4191	8	.4306	8	.4306	8	.4239	8	.4239	8
1	.1427		.1416		.1487		.1426		.1467		.1498		.1503		.1511		.1517		.1493	
2	.1300	6	.7389	5	.6235	5	.7499	5	.5946	5	.5099	5	.8394	5	.2919	5	.4518	5	.3125	5
3	.3254		.3353	6	.3277	6	.2611	6	.2649	6	.2818	6	.2299	6	.2452	6	.2417	6	.2236	6
4	.1788		.1962		.2138		.2253		.2639		.2303		.2702		.2658		.2473		.2645	
5	.1090		.7668	5	.9794	5	.6724	5	.7449	5	.8929	5	.7335	5	.6683	5	.8120	5	.6397	5
6	.1335	5	.1949		.1401		.8090	4	.1350		.9428	4	.9206	4	.1050		.1530		.1335	
7	.5839		.5882		.5382		.6926	5	.7714		.5959	5	.9462	5	.7078		.7109		.7308	
8	.6565		.6787		.7587		.4884		.6367		.6303		.4085		.5314		.3948		.4148	
9	.3075	4	.4081	4	.1279		.8524	4	.1886		.1820		.1901		.2558		.2783		.3063	
10	.6236	5	.3876	5	.4217		.4308	5	.3732		.3787		.5535		.3320		.5674		.3948	
20	.3158		.2601		.2888		.2610		.1891		.1931		.1663		.1503		.1795		.1505	
30	.1627		.1986		.1907		.1410		.2234		.1825		.2273		.1987		.1859		.2050	
40	.1337		.1194		.1247		.1124		.1111		.1035		.8957	4	.1101		.8208	4	.9750	4
50	.1329	4	.5255	4	.1240	4	.6382	4	.1506	4	.5082	4	.1579		.4256	4	.3995		.4595	
60	.3507		.4972		.4950		.3405		.3507		.3201		.4033		.2932		.3772		.3561	
70	.3114	3	.2393		.1160	3	.2902		.1106	3	.1782		.4813	3	.1596		.1267		.1316	
80	.1397	4	.9625	3	.1387	4	.1968		.1469	4	.1207		.9020		.9138	3	.6181	3	.5548	3
90	.1879		.2039		.1526		.4571	3	.3240	3	.7666	3	.5347		.9696		.8063		.5176	
100	.4355	3	.1655		.1079	3	.3673		.1156		.2306		.6859		.4177		.4369		.1436	
110	.2183		.1678		.2623		.2979		.6844	2	.1887		.3835		.1681		.1203		.7292	2
120	.1237		.1079		.2695		.2415		.1832	3	.8761	2	.1786		.2260		.4751		.6936	
130	.2213		.2423		.2162		.5594	2	.1725		.9770		.1602		.1552	2	.2848		.3353	3
140	.2418		.1394		.7690	2	.1283	3	.3682		.8055		.3332	2	.1239	3	.1679		.2373	
150	.5591		.2560		.2903	3	.8578		.1035		.1156	3	.1855	3	.1925	2	.1636		.6335	2
160	.1315	5	.9772		.1310	5	.1493		.1130	5	.9470	2	.1177	5	.8530	3	.1238	5	.1005	4
170	.1440	4	.7201	4	.4679	3	.1383	5	.6005	3	.1125	5	.1619	4	.9913	4	.1661	4	.6497	
180	.3405		.3405		.7627	4	.7627	4	.3931		.3931	3	.1687		.1687		.4968	3	.4968	3

α =	111,2				111,4				111,6				111,8				112,0			
Streuquerschnitt Scattering	.2128 1				.2140 1				.2140 1				.2110 1				.2124 1			
φ°	i_1		i_2		i_1		i_2		i_1		i_2		i_1		i_2		i_1		i_2	
0	.4334	8	.4334	8	.4415	8	.4415	8	.4452	8	.4452	8	.4359	8	.4359	8	.4450	8	.4450	8
1	.1535		.1523		.1528		.1566		.1559		.1537		.1544		.1519		.1528		.1551	
2	.1900	5	.3231	5	.1979	5	.8524	4	.2443	5	.6029	4	.6481	4	.3322	4	.8174	4	.3017	4
3	.2353	6	.2163	6	.2072	6	.2319	6	.2322	6	.2086	6	.2717	6	.2359	6	.2665	6	.2798	6
4	.2813		.2692		.3106		.2744		.2856		.2935		.2588		.2672		.2782		.2509	
5	.6418	5	.5878	5	.4185	5	.5851	5	.4109	5	.3764	5	.4201	5	.3500	5	.2434	5	.2807	5
6	.2950		.2238		.3259		.3386		.4185		.4128		.7104		.5540		.8697		.7963	
7	.6580		.7159		.8076		.6010		.8524		.6635		.5978		.6092		.5182		.5052	
8	.3770		.2706		.2653		.2997		.1220		.2135		.9694	4	.1485		.9272	4	.7421	4
9	.5232		.4107		.5756		.5357		.5300		.6108		.7003	5	.6493		.9418	5	.7687	5
10	.3675		.4108		.2725		.2976		.3819		.2204		.3481		.2506		.1789		.2334	
20	.1281		.1440		.6759	4	.1099		.5163	4	.8623	4	.7321	4	.8361	4	.9089	4	.1145	
30	.1734		.1460		.1769	5	.1544		.1284	5	.1527	5	.1017	5	.1323	5	.7424		.1030	
40	.5806	4	.7862	4	.3905	4	.6985	4	.3421	4	.8109	4	.2518	4	.8573	4	.3817		.6465	4
50	.4422		.7152		.7106		.6691		.6373		.6489		.8047		.6085		.7990		.7160	
60	.2884		.4096		.1487		.3899		.5028	3	.3865		.3735	3	.3290		.6336	3	.2576	
70	.2010		.2389		.2881		.2255		.2284	4	.2713		.2068	4	.2047		.1455	4	.1647	
80	.3836	3	.5866	3	.1911	3	.9879	3	.6763	0	.1568		.2930	3	.1333		.8046	3	.1246	
90	.4249		.2748		.2661	2	.1273		.1004	4	.1720	3	.2213	4	.2474	3	.1783	4	.4279	3
100	.2944		.3790	2	.3837	3	.3853	2	.5157	3	.1453		.6137	3	.1596		.9072	2	.1349	
110	.3768		.9516		.4965		.1219	1	.5935	2	.2145		.3580		.2178		.8663		.1586	
120	.7187	2	.4189		.3307		.6772	2	.3216	3	.9144	1	.1643		.1691		.3809	3	.3385	2
130	.2486	3	.4834	1	.5651	2	.1709	3	.2308		.7037	2	.1695		.7464	2	.1593		.9331	
140	.1596		.1046	3	.3564	3	.1675		.1923		.1060		.1257		.3730	3	.2586		.3816	
150	.2271		.5729		.2115		.3544		.2783		.9728		.5813	2	.6425	1	.2048		.2081	3
160	.1583	5	.5840		.1566	5	.2946		.1250	5	.6048		.9612	4	.3835	3	.1340	5	.3932	
170	.1622	4	.1005	5	.1049	4	.1053	5	.6327	3	.1297	5	.1599		.8808	4	.2767	4	.7920	4
180	.1363		.1363	4	.4496	2	.4496	2	.1275	4	.1275	4	.1396		.1396		.8170	2	.8170	2

α =	112,2		112,4		112,6		112,8		113,0	
Streuquerschnitt Scattering	.2140 1		.2128 1		.2089 1		.2100 1		.2110 1	
φ^0	i_1	i_2	i_1	i_2	i_1	i_2	i_1	i_2	i_1	i_2
0	.4548 8	.4548 8	.4534 8	.4534 8	.4400 8	.4400 8	.4481 8	.4481 8	.4559 8	.4559 8
1	.1517	.1566	.1530	.1515	.1502	.1482	.1469	.1504	.1449	.1498
2	.2419 5	.8658 4	.1636 5	.2645 5	.1956 5	.2786 5	.6251 5	.4043 5	.9711 5	.7156 5
3	.2636 6	.2979 6	.3129 6	.2961 6	.3883 6	.3435 6	.3850 6	.4050 6	.3973 6	.4249 6
4	.2800	.2446	.2307	.2434	.2021	.2018	.2080	.1781	.1909	.1635
5	.9672 4	.2432 5	.8510 4	.1187 5	.9695 4	.1254 5	.7612 4	.9685 4	.8511 4	.1083 5
6	.8548 5	.9307	.9435 5	.9985	.1386 6	.1133 6	.1470 6	.1382 6	.1357 6	.1481 6
7	.5654	.3781	.4679	.3780	.2682 5	.2819 5	.2170 5	.1896 5	.2286 5	.9840 4
8	.7985 4	.7957 4	.4581 4	.7142 4	.1624 4	.5863 4	.7106 4	.5361 4	.2193	.9093
9	.8995 5	.8633 5	.7382 5	.8611 5	.9139 5	.8280 5	.1072 6	.8898 5	.9007	.9182 5
10	.9035 4	.1561	.1280	.8392 4	.1256	.9949 4	.5382 4	.9708 4	.1619 4	.9976 4
20	.7668	.1097	.5324 4	.1163 5	.1457	.1249 5	.2376 5	.2075 5	.2241 5	.2209 5
30	.8701	.1018	.5322	.1164	.4679 4	.9692 4	.5003 4	.9172 4	.9924 4	.9521 4
40	.4193	.7149 4	.1027 5	.9105 4	.9337	.1253 5	.1113 5	.9155	.1197 5	.1054 5
50	.7655	.6781	.7168 4	.6324	.3957	.6669 4	.2945 4	.5308	.1287 4	.5055 4
60	.1525	.2837	.4329	.4507	.4581	.5484	.5123	.4246	.3956	.3243
70	.1406	.1440	.6324 3	.1960	.9759 2	.1854	.3214 3	.2744	.9017 3	.2409
80	.1103	.7841 3	.1003 4	.4257 3	.1320 4	.3520 3	.1237 4	.6173 3	.7528	.1352
90	.5441 3	.7143	.7409 2	.8125	.8092 3	.6057	.4342 3	.3268	.3043 2	.3079 3
100	.9335 2	.3572	.5854 3	.4339	.3461	.1754	.3369	.7851 2	.1647 3	.6488 2
110	.3809 3	.2322	.5337	.5907 2	.1548	.5675 2	.5592	.3036	.2264	.2421
120	.5491 1	.2190	.7171	.2382 3	.1455	.1251 1	.3244	.6635	.2262	.1448
130	.2155 3	.6827 2	.4528 2	.9180 2	.1242	.2098 3	.1965	.6505	.3327	.2585 3
140	.1439	.2574 3	.6365 3	.7967	.1237	.1603	.2002	.1264 3	.5811 2	.1427
150	.1381	.4911	.3565	.3520 3	.2002	.7184 2	.4547	.1111 2	.1129 3	.2557
160	.1509 5	.4562	.1436 5	.1770	.1334 5	.1204 3	.1149 5	.1402	.9863 4	.8834 2
170	.3003 4	.8020 4	.9215 3	.1155 5	.1045 4	.1066 5	.2655 4	.1004 5	.4304	.8037 4
180	.9740 3	.9740 3	.2350 4	.2350 4	.1913	.1913 4	.8043 3	.8043 3	.3253	.3253

α =	113,2		113,4		113,6		113,8		114,0	
Streuquerschnitt Scattering	.2070 1		.2077 1		.2062 1		.2058 1		.2025 1	
φ°	i_1	i_2	i_1	i_2	i_1	i_2	i_1	i_2	i_1	i_2
0	.4429 8	.4429 8	.4472 8	.4472 8	.4446 8	.4446 8	.4464 8	.4464 8	.4349 8	.4349 8
1	.1456	.1419	.1449	.1402	.1388	.1426	.1383	.1391	.1380	.1344
2	.6523 5	.9703 5	.1046 6	.1368 6	.1663 6	.1242 6	.1851 6	.1776 6	.1557 6	.1915 6
3	.4987 6	.4285 6	.5180	.4321	.4968	.5338	.5306	.5143	.5878	.5244
4	.1356	.1479	.1221	.1165	.1199	.9723 5	.9414 5	.8738 5	.6745 5	.7403 5
5	.2856 4	.9960 4	.7933 4	.1783 5	.2246 5	.1229	.3523	.2350	.2503	.3142
6	.1589 6	.1448 6	.1776 6	.1349 6	.1674 6	.1687 6	.1510 6	.1597 6	.1634 6	.1488 6
7	.1208 5	.8070 4	.1424 4	.2293 4	.1567 4	.2337 3	.9252 3	.6772 3	.1850 4	.1761 4
8	.2419	.1838 5	.1694 5	.2138 5	.2655 5	.2094 5	.5108 5	.2480 5	.4999 5	.4074 5
9	.7334	.8199	.8082	.6572	.8256	.6952	.5863	.6484	.4483	.5128
10	.4133 4	.7349 4	.1255	.1175	.1640	.1643	.1394	.2343	.1803	.2403
20	.2319 5	.2279 5	.3024	.1973	.4075	.3342	.3580	.3255	.3255	.3107
30	.1116	.1513	.1345	.1616	.1481	.1440	.2028	.1403	.2141	.1999
40	.1308	.1158	.1473	.1481	.1277	.1134	.1206	.1074	.8420 4	.1063
50	.2011 4	.4002 4	.1466 4	.6877 4	.3328 4	.5950 4	.2819 4	.6769 4	.5659	.5066 4
60	.4015	.3230	.3327	.3271	.2895	.4039	.1573	.4202	.6451 3	.4135
70	.1403	.1908	.1947	.7604 3	.2448	.1591	.3317	.2104	.2159 4	.2671
80	.1286 3	.1653	.7572 1	.2115 4	.8849 2	.9370 3	.2524 3	.6790 3	.7384 3	.6012 3
90	.1080 4	.3552 3	.2463 4	.3657 3	.1809 4	.4025	.2335	.6522	.2174	.4553
100	.4153 3	.1131	.6585 3	.4627	.6773 2	.2013	.9213 2	.3760	.2521	.4064
110	.3777	.2454	.2463	.2891	.3618	.2131	.5118 3	.2685	.1137	.1496 2
120	.7917 2	.1575	.3550	.1596	.9984	.1400	.2711	.1817	.2348	.8410
130	.1385 3	.5071 1	.1008	.5947	.3389 3	.2517 2	.1538	.3110	.1514	.1745 3
140	.1673	.1611 3	.1648	.1422 2	.1774	.9067	.1878	.2395	.2486	.7259 2
150	.1458	.5665	.1154	.2433	.5762	.1784 3	.2173	.1155 2	.2155	.3991 3
160	.1219 5	.2970	.1604 5	.6687 3	.1324 5	.3807	.1016 5	.2285 3	.1040 5	.4234 2
170	.1867 4	.8121 4	.1430 4	.9876 4	.1597 4	.1050 5	.3206 4	.1066 5	.2911 4	.7006 4
180	.1099	.1099	.6498	.6498	.3491 3	.3491 3	.5185	.5185 4	.4973 3	.4973 3

α =	114,2		114,4		114,6		114,8		115,0	
Streuquerschnitt Scattering	.2038 1		.2039 1		.2032 1		.2012 1		.2037 1	
φ°	i_1	i_2	i_1	i_2	i_1	i_2	i_1	i_2	i_1	i_2
0	.4431 8	.4431 8	.4462 8	.4462 8	.4462 8	.4462 8	.4403 8	.4403 8	.4541 8	.4541 8
1	.1366	.1364	.1345	.1377	.1369	.1335	.1360	.1340	.1357	.1392
2	.2186 6	.2088 6	.2698 6	.2177 6	.2537 6	.2746 6	.2389 6	.2562 6	.3066 6	.2500 6
3	.5509	.5426	.5177	.5572	.5498	.4991	.5482	.5117	.4687	.5067
4	.7930 5	.6622 5	.8008 5	.7054 5	.6811 5	.7718 5	.8504 5	.7999 5	.1209	.1030
5	.3207	.3724	.5300	.3280	.6433	.4649	.5140	.5445	.5835 5	.5245 5
6	.1598 6	.1378 6	.1346 6	.1419 6	.1159 6	.1193 6	.1160 6	.1068 6	.9876	.9419
7	.1132 5	.7034 4	.1473 5	.1614 5	.1470 5	.2548 5	.3379 5	.3010 5	.5965	.4679
8	.3839	.4879 5	.4626	.3843	.6784	.3728	.6070	.5192	.4416	.5199
9	.4544	.3361	.3927	.3343	.1975	.2593	.1130	.1573	.1064	.7895 4
10	.3802	.3042	.4833	.4146	.4165	.5124	.4558	.4935	.7141	.5510 5
20	.3760	.2998	.4189	.3492	.3202	.3051	.2645	.2725	.2856	.2537
30	.2185	.1913	.2187	.1886	.2318	.1671	.2022	.1837	.1579	.1652
40	.7650 4	.9223 4	.4472 4	.7704 4	.5244 4	.7087 4	.2798 4	.9043 4	.3623 4	.7517 4
50	.6418	.7249	.8875	.7256	.8833	.8169	.8307	.7290	.6970	.6875
60	.4280 3	.2289	.3961 3	.2663	.2337	.2830	.3153	.4867	.5656	.4609
70	.1397 4	.2730	.5425	.2037	.2663 3	.1645	.1010 3	.1592	.4492 3	.2317
80	.1341	.1155	.1797 4	.1117	.1150 4	.1596	.8784	.1010	.4472	.8292 3
90	.8032 3	.5205 3	.6327 3	.3544 3	.1132 3	.5071 3	.9901	.5892 3	.2489 4	.5299
100	.4929	.1321	.3640	.9231 2	.1331	.1089	.6257	.4905 2	.6142 3	.1010
110	.4040	.1764 2	.4424	.3892 1	.9639 2	.1006	.3824	.1879 3	.5742 2	.1239
120	.8913 2	.2488 3	.6607	.2587 2	.1989	.1535	.2704	.2394	.2116 3	.1200
130	.1278 3	.2287	.2690	.1121 3	.1336 3	.4705 2	.1838	.1289	.1744	.9051 2
140	.7849 2	.1305	.5493	.1891 2	.1066	.4009 3	.2792	.1628	.1624 2	.2293 3
150	.1156 1	.3740 2	.2450	.2285 3	.3355	.7949 2	.4205	.1102	.1063 3	.8608 2
160	.1261 5	.8211 3	.1263 5	.7246	.1465 5	.1426 4	.1151 5	.3576	.8777 4	.1939 3
170	.3170 4	.6507 4	.1704 4	.7857 4	.1601 4	.1105 5	.2753 4	.8292 4	.4601	.5857 4
180	.3758	.3758	.3083 3	.3083 3	.6883	.6883 4	.2518 3	.2518 3	.4016 3	.4016 3

α =	115,2		115,4		115,6		115,8		116,0	
Streuquerschnitt Scattering	.2051 1		.2064 1		.2034 1		.2070 1		.2092 1	
φ°	i_1	i_2	i_1	i_2	i_1	i_2	i_1	i_2	i_1	i_2
0	.4634 8	.4634 8	.4726 8	.4726 8	.4621 8	.4621 8	.4820 8	.4820 8	.4957 8	.4957 8
1	.1374	.1408	.1416	.1396	.1419	.1416	.1436	.1482	.1466	.1512
2	.3271 6	.2620 6	.2932 6	.3129 6	.2564 6	.2487 6	.3176 6	.2397 6	.3341 6	.2345 6
3	.4131	.4659	.3958	.3821	.4025	.3921	.3102	.3602	.2395	.3076
4	.1302	.1312	.1384	.1561	.1885	.1706	.2336	.2164	.2464	.2541
5	.7291 5	.4803 5	.6858 5	.5797 5	.5660 5	.5615 5	.6234 5	.5133 5	.7604 5	.4246 5
6	.6843	.8102	.4754	.5407	.4979	.4649	.3226	.3415	.1014	.2391
7	.6215	.6386	.5933	.7663	.9007	.7866	.1183 6	.9910	.1134 6	.1147 6
8	.4552	.4214	.5089	.3472	.4748	.4272	.2939 5	.3796	.2830 5	.2900 5
9	.7425 4	.5590 4	.3409 4	.3278 4	.4614 3	.9349 3	.7795 3	.1873 4	.8062 4	.3202 4
10	.7921 5	.6611 5	.6279 5	.7360 5	.6507 5	.6531 5	.8688 5	.6438 5	.8516 5	.6984 5
20	.2737	.2565	.1590	.1977	.1135	.1577	.1302	.1563	.1379	.1631
30	.1486	.1440	.1616	.1353	.9918 4	.1232	.5611 4	.1092	.5588 4	.8285 4
40	.2606 4	.7377 4	.8926 4	.6309 4	.8129	.1055	.1118 5	.1148	.1114 5	.1199 5
50	.4504	.6599	.6377	.5188	.2729	.5390 4	.2416 4	.5783 4	.1246 4	.6620 4
60	.4115	.4499	.4481	.3006	.3463	.3481	.3834	.3811	.3079	.4143
70	.1281	.2360	.1638	.3150	.2266	.2214	.2133	.1640	.3323	.1313
80	.2628 3	.6503 3	.1993 3	.9531 3	.8149 2	.1098	.6710 3	.1629	.1700	.1388
90	.2175 4	.4082	.6627	.5562	.2477 3	.1970 3	.1039 4	.2351 3	.9930 3	.4173 3
100	.6783 2	.2618	.1919	.3248	.2163	.4843	.6843 3	.2465	.6527	.1365
110	.1822 3	.2567	.3642	.1963	.1899	.1318 2	.6292	.2621 2	.4891 2	.5043 2
120	.3173	.2675	.4165	.1701 2	.8030 2	.8647	.3925	.3974	.2481 3	.4650
130	.1778	.6663 2	.5373	.2883 3	.2456 3	.7671	.7547 2	.1852 3	.4560	.5476
140	.7975	.9600	.1799	.2068	.2029	.3953 3	.8483	.1414	.5297	.2170 3
150	.1115	.1717 3	.5091	.9702 2	.3674	.1854 2	.2690 3	.1435	.4292	.3399
160	.7589 4	.4019	.1293 5	.2068 4	.1367 5	.1272 4	.1090 5	.7527	.8758 4	.4493
170	.3684	.4854 4	.1299 4	.7308	.1809 4	.7830	.3754 4	.6761 4	.4870	.4843 4
180	.4994 3	.4994 3	.1938	.1938	.3603 3	.3603 3	.9371 3	.9371 3	.4487	.4487

α =	116,2				116,4				116,6				116,8				117,0			
Streuquerschnitt Scattering	.2073 1				.2087 1				.2109 1				.2109 1				.2102 1			
φ°	i_1		i_2		i_1		i_2		i_1		i_2		i_1		i_2		i_1		i_2	
0	.4903	8	.4903	8	.4996	8	.4996	8	.5142	8	.5142	8	.5179	8	.5179	8	.5183	8	.5183	8
1	.1536		.1470		.1540		.1533		.1553		.1592		.1593		.1591		.1633		.1589	
2	.2218	6	.2584	6	.2029	6	.1819	6	.2428	6	.1698	6	.2161	6	.1555	6	.1261	6	.1563	6
3	.2793		.2229		.2305		.2237		.1637		.2016		.1472		.1581		.1566		.1220	
4	.2690		.2734		.3275		.2952		.3521		.3411		.3507		.3631		.3805		.3724	
5	.6399	5	.4739	5	.3469	5	.3050	5	.3794	5	.2738	5	.4676	5	.1934	5	.2515	5	.2018	5
6	.9100	4	.7111	4	.7516	4	.5980	4	.1271	4	.3047	4	.5263	4	.8578	3	.1080		.5780	4
7	.1096	6	.1194	6	.1357	6	.1153	6	.1491	6	.1293	6	.1275	6	.1329	6	.1240	6	.1269	6
8	.3880	5	.2105	5	.2311	5	.2190	5	.9199	4	.1812	5	.9636	4	.1363	5	.1341	5	.8143	4
9	.1921		.1144		.2021		.1297		.2114	5	.2268		.4010	5	.2430		.5440		.4065	5
10	.6035		.6956		.5910		.5844		.7113		.5097		.5652		.4847		.3400		.4106	
20	.7852	4	.1447		.5503	4	.1081		.9008	4	.1258		.1720		.1641		.1797		.2116	
30	.5832		.9922	4	.6960		.1038		.8192		.1292		.9661	4	.1108		.1296		.1311	
40	.1336	5	.1015	5	.1455	5	.1248		.1348	5	.1275		.1477	5	.1206		.1135		.1167	
50	.1838	4	.4855	4	.2881	4	.3563	4	.4445	4	.5749	4	.6957	4	.7846	4	.8192	4	.8116	4
60	.1698		.4673		.7273	3	.4865		.4129	3	.3282		.9022	3	.2403		.1668		.3768	
70	.2586		.2169		.1754	4	.1861		.4846		.2759		.2928	2	.2550		.6032	2	.2106	
80	.1125		.1139		.1227		.6296	3	.1222	4	.4196	3	.1090	4	.6231	3	.4890	3	.1391	
90	.2879	3	.6744	3	.7858	3	.8234		.1935		.6806		.1626		.5014		.1400		.2098	3
100	.1687		.9979	2	.6405		.2275	2	.5283	3	.9857	2	.2712	3	.3252		.4004	2	.2411	
110	.3561		.1749	3	.2749		.3273	3	.1391		.2495	3	.5091		.2097		.7266		.6460	2
120	.2124		.1877		.3294		.3172		.1380	2	.1922		.6360		.2751		.1486	3	.2323	
130	.2261		.2829		.2354		.3883		.7592		.1706		.3010		.2894		.2115		.3526	
140	.1135		.5622	1	.2338		.4511		.9675		.1728		.2287		.1053		.7136	2	.1063	3
150	.1270		.3587	2	.1027		.4292	2	.3286	3	.6158	2	.4924		.5816		.2939	3	.2357	
160	.1075	5	.1404	4	.1116	5	.1460	4	.1397	5	.1696	4	.1596	5	.1604	4	.1034	5	.7919	
170	.3248	4	.4069		.2265	4	.4656		.1947	4	.5839		.3209	4	.5632		.4436	4	.3751	4
180	.7359		.7359		.1306		.1306		.2346		.2346		.8487		.8487		.4090		.4090	

α =	117,2				117,4				117,6				117,8				118,0			
Streuquerschnitt Scattering	.2122 1				.2132 1				.2119 1				.2115 1				.2143 1			
φ^o	i_1		i_2		i_1		i_2		i_1		i_2		i_1		i_2		i_1		i_2	
0	.5317	8	.5317	8	.5403	8	.5403	8	.5378	8	.5378	8	.5395	8	.5395	8	.5573	8	.5573	8
1	.1630		.1649		.1645		.1665		.1677		.1638		.1673		.1659		.1664		.1695	
2	.1363	6	.1223	6	.1471	6	.1064	6	.1044	6	.1030	6	.8719	5	.9307	5	.1348	6	.9770	5
3	.1184		.1267		.1050		.1150		.1331		.9575	5	.1299	6	.1195	6	.1120		.1198	6
4	.4189		.3851		.4067		.4050		.3882		.3975	6	.4056		.3882		.4136		.3800	
5	.7471	4	.1355	5	.7228	4	.4943	4	.8254	4	.2333	4	.3193	4	.2064	4	.4515	4	.6158	4
6	.1086	5	.1525		.1998	5	.1584	5	.4231	5	.1922	5	.4862	5	.4264	5	.4669	5	.4280	5
7	.1395	6	.1153	6	.1319	6	.1178	6	.1005	6	.1070	6	.9378		.9201		.9755		.8200	
8	.1134	5	.1025	5	.5305	4	.1329	5	.3562	4	.1569	5	.1285		.1200		.2814		.2011	
9	.5185		.5552		.5200	5	.5330		.7300	5	.4979		.8221		.6695		.6763		.6583	
10	.3144		.2645		.3512		.2317		.2025		.1854		.6410	4	.1095		.4666	4	.7559	4
20	.1566		.1788		.2145		.2109		.3352		.2492		.3355	5	.3132		.2858	5	.3071	5
30	.1690		.1690		.2012		.2019		.2161		.1895		.2446		.1911		.2525		.2209	
40	.1012		.1151		.5175	4	.9640	4	.6033	4	.6830	4	.3657	4	.8530	4	.4356	4	.8698	4
50	.9073	4	.7382	4	.8063		.7105		.7930		.7137		.7249		.7092		.6294		.7264	
60	.3519		.4254		.5459		.5280		.5369		.4480		.4876		.3643		.3952		.3611	
70	.2997	3	.1565		.9642	3	.1672		.2483		.2022		.2968		.2933		.3197		.3353	
80	.1206		.2289		.1634	2	.1654		.2330	3	.1451		.5110	3	.6028	3	.9060	3	.3441	3
90	.3830		.1976	3	.1475	4	.1595	3	.1518	4	.4233	3	.4857		.7706		.6244		.9884	
100	.2062		.1898		.6120	3	.3178		.2693	3	.1969		.2903		.2610	2	.5492		.8891	2
110	.4617		.1256		.5183		.1705	1	.1910		.1589		.4119		.1170	3	.7220	2	.5151	
120	.3199		.1252		.4124		.2291	2	.1182		.3244		.3970		.6547	2	.4663		.7419	
130	.1633		.1456		.1776		.6479		.1786		.1100		.1515		.1176	3	.2555	3	.5166	
140	.4581		.9722	2	.3273	1	.2321	3	.3065		.3253		.1193		.8046	2	.4869		.8236	
150	.6151	2	.9590		.5089	3	.1736	2	.1087		.3646		.2324		.5059	3	.1397		.2405	3
160	.8338	4	.5444	3	.1208	5	.1443	4	.1682	5	.2365	4	.1404	5	.1414	4	.1263	5	.8359	
170	.3900		.1914	4	.1887	4	.2836		.1833	4	.3882		.3305	4	.4253		.4502	4	.2735	4
180	.6541		.6541		.3007		.3007		.1005	5	.1005	5	.2642		.2642		.1408		.1408	

α =	118,2		118,4		118,6		118,8		119,0	
Streuquerschnitt Scattering	.2130 1		.2120 1		.2103 1		.2123 1		.2118 1	
φ°	i_1	i_2	i_1	i_2	i_1	i_2	i_1	i_2	i_1	i_2
0	.5551 8	.5551 8	.5546 8	.5546 8	.5485 8	.5485 8	.5633 8	.5633 8	.5654 8	.5654 8
1	.1660	.1672	.1677	.1628	.1634	.1648	.1606	.1666	.1585	.1633
2	.1291 6	.1208 6	.1221 6	.1566 6	.1604 6	.1383 6	.2437 6	.1879 6	.2732 6	.2456 6
3	.1443	.1376	.2164	.1321	.1956	.2014	.1933	.2195	.2311	.2345
4	.3642	.3715	.3252	.3372	.3306	.3105	.3108	.2942	.2450	.2659
5	.3785 4	.9365 4	.3774 4	.1764 5	.2159 5	.1620 5	.4153 5	.3243 5	.4793 5	.4753 5
6	.6315 5	.5767 5	.1080 6	.5721	.9230	.8753	.8297	.9160	.9303	.9322
7	.7753	.7152	.4145 5	.5485	.4169	.3869	.3888	.2849	.1936	.2166
8	.2769	.3091	.2373	.4094	.3993	.3534	.6623	.4647	.7027	.5931
9	.6308	.6881	.8663	.5698	.8213	.7124	.5678	.6711	.4047	.5827
10	.5907 4	.2642 4	.4041 4	.2672 4	.3152 4	.3001 4	.3213 4	.5881 4	.6056 4	.7595 4
20	.3507 5	.3048 5	.3815 5	.3176 5	.3670 5	.3346 5	.2823 5	.2688 5	.3368 5	.2821 5
30	.2361	.2226	.2418	.1966	.2216	.1790	.1882	.1935	.1260	.1653
40	.3605 4	.9703 4	.5558 4	.6982 4	.6507 4	.8112 4	.9280 4	.1047	.1116	.1349
50	.4407	.7125	.2583	.6887	.1355	.4428	.1044	.4688 4	.4664 4	.5834 4
60	.3469	.3958	.2233	.4328	.1839	.4918	.7953 3	.4096	.1059 3	.3459
70	.1720	.2110	.2581	.1448	.1409	.1714	.9832	.2285	.5577	.2543
80	.1526	.6345 3	.2187	.1280	.1331	.1252	.5140	.1533	.1508	.1149
90	.1337	.7490	.1758	.7637 3	.9069 2	.9006 2	.5189	.5881 2	.1955 4	.1544 3
100	.4825 3	.9785 2	.4605 3	.4003	.2634	.3077 3	.3265	.4374 3	.6285 3	.3308
110	.4290	.3236 3	.2756	.9243 2	.1588 3	.7776 2	.5961	.1802 2	.2899	.1431 2
120	.2474	.1281	.1047	.6311	.1315	.4806	.5395	.2726	.2113 2	.1011 3
130	.7022 2	.2432	.6506 2	.2039 3	.1578	.1134 3	.4318	.7254	.9616 1	.1030
140	.2036 3	.8340 2	.1017 3	.7173	.2087	.3570 2	.2125	.1858 3	.3234 3	.1506 2
150	.6650	.1919 3	.1316	.9131 2	.1590	.3670 3	.1012	.3765	.6331	.3453 3
160	.1062 5	.5313	.1014 5	.1565 4	.1443 5	.1881 4	.1943 5	.1270 4	.1500 5	.3401
170	.3025 4	.1345 4	.2314 4	.1186	.1841 4	.2743	.2628 4	.3169	.2341 4	.2006 4
180	.1230	.1230	.1943 5	.1943 5	.2850	.2850	.3713	.3713	.3715	.3715

α =	119,2				119,4				119,6				119,8				120,0			
Streuquerschnitt Scattering	.2087 1				.2076 1				.2085 1				.2053 1				.2045 1			
φ^o	i_1		i_2		i_1		i_2		i_1		i_2		i_1		i_2		i_1		i_2	
0	.5525	8	.5525	8	.5491	8	.5491	8	.5589	8	.5589	8	.5459	8	.5459	8	.5443	8	.5443	8
1	.1617		.1537		.1547		.1569		.1522		.1563		.1509		.1501		.1508		.1462	
2	.2389	6	.3156	6	.3435	6	.3034	6	.4209	6	.3771	6	.3966	6	.4215	6	.4408	6	.4846	6
3	.3233		.2313		.2910		.2948		.2994		.3059		.3774		.3183		.3826		.3341	
4	.2198		.2119		.2067		.1895		.1766		.1729		.1317		.1443		.1245		.1109	
5	.4342	5	.6695	5	.7782	5	.6380	5	.1019		.8522	5	.9003	5	.9789	5	.9969	5	.1144	
6	.1310	6	.8586		.1091	6	.1042	6	.9238	5	.1001	6	.1126	6	.9516		.1140	6	.8798	5
7	.7104	4	.9250	4	.6973	4	.4339	4	.4169	4	.2718	4	.1899	4	.2150	4	.9921	4	.5013	4
8	.5362	5	.7234	5	.7323	5	.6153	5	.9871	5	.6999	5	.8517	5	.7578	5	.6783	5	.8067	5
9	.6407		.4081		.5548		.5179		.3016		.4298		.2176		.3318		.2850		.1884	
10	.2064		.1337		.2967		.2081		.2916		.3355		.3915		.3668		.6072		.4606	
20	.3384		.2810		.2415		.2654		.1488		.1673		.1635		.1603		.1628		.1705	
30	.1046		.1322		.9391	4	.1006		.8013	4	.1366		.5780	4	.1224		.5920	4	.1077	
40	.1423		.1210		.1568	5	.1102		.1455	5	.1324		.1410	5	.1332		.1353	5	.1242	
50	.3764	4	.9184	4	.6653	4	.6729	4	.5998	4	.6663	4	.8967	4	.6437	4	.8588	4	.8683	4
60	.8574	3	.2122		.1433		.4099		.4524		.4789		.4283		.5683		.6110		.3842	
70	.2827		.3648		.6920	3	.2603		.1054		.1894		.2457		.1338		.3007		.2382	
80	.8396	2	.9736	3	.5561	1	.6814	3	.3096	3	.1152		.1255		.1255		.1545		.1853	
90	.2136	4	.4045		.7297	3	.7842		.3026		.1023		.1372		.7395	3	.9045	3	.4704	3
100	.2352	3	.2217		.3534		.2504	2	.4041		.2626	2	.5089	3	.9034	2	.5338		.1650	
110	.4248		.2871		.2704		.1357	3	.4520	2	.2545	3	.4524		.3394	3	.1147		.2961	2
120	.2833		.4907		.2475		.1956	2	.3195	3	.2715		.2251		.3921	2	.8588	2	.2017	3
130	.1372		.5658		.2211		.4273	1	.2480		.2137		.1183		.3000		.1679	3	.2200	
140	.1987		.5236		.1341		.2411	3	.1751		.1331		.2013		.1073	3	.2236		.1059	
150	.1668		.1258		.5304		.1607		.3280	1	.2516		.1612		.3218		.9851	2	.2439	
160	.1083	5	.3123		.1204	5	.1403	4	.1844	5	.1391	4	.1654	5	.7169		.1651	5	.2475	
170	.4191	4	.1027	4	.2313	4	.6977	3	.1168	4	.1557		.1965	4	.1845	4	.3836	4	.2847	4
180	.1561	5	.1561	5	.1471		.1471	4	.8554		.8554		.9663		.9663		.8975		.8975	

α =	120,2				120,4				120,6				120,8				121,0			
Streuquerschnitt Scattering	.2044 1				.2047 1				.2017 1				.2022 1				.2039 1			
φ°	i_1		i_2		i_1		i_2		i_1		i_2		i_1		i_2		i_1		i_2	
0	.5471	8	.5471	8	.5526	8	.5526	8	.5396	8	.5396	8	.5455	8	.5455	8	.5580	8	.5580	8
1	.1456		.1492		.1459		.1465		.1457		.1426		.1443		.1442		.1426		.1476	
2	.5591	6	.4876	6	.5834	6	.5721	6	.5354	6	.5765	6	.6133	6	.5977	6	.7145	6	.6150	6
3	.3340		.3745		.3466		.3323		.3866		.3322		.3469		.3452		.2820		.3381	
4	.1174		.1050		.9915	5	.1031		.9693	5	.9501	5	.1143		.9988	5	.1205		.1196	
5	.1380		.1105		.1483	6	.1315		.1216	6	.1294	6	.1333		.1315	6	.1630		.1256	
6	.8642	5	.9615	5	.6811	5	.7534	5	.7504	5	.6601	5	.6480	5	.5698	5	.4056	5	.5479	5
7	.1541		.1496		.1861		.2201		.3640		.2878		.5770		.4667		.6095		.6327	
8	.8367		.6791		.9827		.7077		.7278		.6627		.5355		.5969		.6062		.4549	
9	.2385		.2228		.9726	4	.2012		.4834	4	.1548		.8122	4	.7558	4	.1376		.1076	
10	.6731		.6193		.6210	5	.6706		.7375	5	.6838	5	.9527	5	.7658	5	.8883		.8399	
20	.1083		.1477		.4545	4	.1021		.5914	4	.8701	4	.1033		.1329		.1346		.1554	
30	.6842	4	.1091		.1153	5	.1453		.1232	5	.1680	5	.1543		.1583		.1887		.1730	
40	.1341	5	.1278		.8857	4	.1244		.6789	4	.9846	4	.4298	4	.8060	4	.4072	4	.7860	4
50	.9849	4	.8241	4	.9399		.8281	4	.6306		.8004		.4590		.6188		.2250		.5588	
60	.4414		.3732		.4728		.3687		.3616		.4027		.3098		.4822		.1918		.4562	
70	.3785		.2802		.2629		.3016		.1306		.2541		.6323	3	.2162		.5005	3	.1744	
80	.1636		.1312		.1038		.8393	3	.1021		.5696	3	.9215		.6438	3	.4803		.1236	
90	.5485	2	.1387	3	.5971	3	.1780		.2328		.2328		.2600	4	.3954		.1093	4	.7245	3
100	.3301		.2098		.3314		.5262		.5118	3	.3329		.3224	3	.1649		.4484	3	.5201	2
110	.4659	3	.8676	2	.2926		.3334	1	.1209		.7364	2	.5148		.1291		.4945	2	.1782	3
120	.5144		.5029		.1497		.1219	3	.2333		.1558	3	.2998		.1144		.5205		.1849	
130	.2061		.9475		.2165		.8007	2	.2093		.1302		.2133		.9300	2	.8610		.1950	
140	.1396		.1175	3	.3213		.2302	3	.1943		.1981	2	.1517		.1648	3	.4569	3	.7058	2
150	.7989		.1642		.1190		.8079	2	.2057		.3932	3	.1451	2	.1498		.5359		.2668	3
160	.1430	5	.2504	2	.1392	5	.5614	3	.1416	5	.5775		.1920	5	.6406		.1942	5	.2996	
170	.3242	4	.1923	4	.1950	4	.5815		.1440	4	.5012		.1811	4	.2645	4	.2291	4	.2973	4
180	.5024		.5024		.9377		.9377	4	.8245		.8245	4	.5376		.5376		.2034		.2034	

α =	121,2		121,4		121,6		121,8		122,0	
Streuquerschnitt Scattering	.2035 1		.2020 1		.2036 1		.2067 1		.2077 1	
φ^o	i_1	i_2	i_1	i_2	i_1	i_2	i_1	i_2	i_1	i_2
0	.5596 8	.5596 8	.5548 8	.5548 8	.5668 8	.5668 8	.5879 8	.5879 8	.5976 8	.5976 8
1	.1462	.1442	.1482	.1439	.1470	.1499	.1483	.1542	.1519	.1545
2	.6555 6	.6739 6	.6003 6	.6336 6	.6673 6	.6047 6	.7422 6	.6187 6	.6814 6	.6447 6
3	.2939	.2748	.3005	.2558	.2310	.2567	.1610	.2235	.1357	.1655
4	.1281	.1337	.1718	.1490	.2031	.1894	.2146	.2235	.2289	.2506
5	.1487	.1384	.1167	.1197	.1203	.1065	.1379	.9584 5	.1125	.9930 5
6	.2870 5	.3596 5	.2717 5	.2918 5	.1930 5	.1984 5	.8025 4	.1774	.3800 4	.9593 4
7	.6812	.7337	.1055 6	.8100	.1209 6	.1065 6	.1106 6	.1178 6	.1032 6	.1220 6
8	.6234	.4461	.3688 5	.3566	.2237 5	.2524 5	.2382 5	.1389 5	.1858 5	.1156 5
9	.1174	.1541	.8920 4	.1762	.1598	.1583	.3509	.2023	.4531	.3100
10	.7483	.8138	.8639 5	.7679	.9768	.8119	.7694	.7931	.4690	.6775
20	.9928 4	.1618	.1597	.1483	.2583	.2402	.3139	.2774	.2089	.2943
30	.2660 5	.2171	.2328	.2539	.2349	.2007	.2659	.2110	.3029	.2352
40	.4511 4	.1023	.4193 4	.1106	.6103 4	.8313 4	.6862 4	.8764 4	.1268	.1151
50	.3397	.5229 4	.1600	.7615 4	.2661	.6655	.2496	.6489	.5773 4	.5019 4
60	.6297 3	.4510	.6578 3	.3241	.7687 3	.3216	.2042	.3600	.3460	.5380
70	.1714	.1895	.4440	.1915	.1375 4	.3145	.2507	.2970	.1491	.2350
80	.3822 2	.1749	.1938	.1930	.5883 3	.1322	.8811 3	.8472 3	.1105	.4631 3
90	.2148	.8574 3	.8710	.8422 3	.7910	.3105 3	.8012 2	.3340	.5957 3	.4080
100	.5369 3	.2447 2	.7966	.1361	.5132	.7854 2	.2251	.3194	.3315	.5446
110	.1756	.2478 3	.1764	.3518	.2745	.9556	.8064 3	.6764 2	.1062 2	.3689 2
120	.7307	.1635	.1573	.7787 1	.2971	.1606 3	.5293	.2943	.4023 3	.3526 3
130	.4462	.2045	.2978	.1356 2	.1592	.2102	.2222	.6206	.6968	.4148
140	.2604	.4529	.2837	.1941 3	.5593 2	.2013	.6250	.3373	.3319	.2786
150	.3762	.2875 1	.4312	.5066	.1746 3	.9727 2	.9169 2	.2209 3	.7368	.9422 2
160	.1508 5	.8398	.1177 5	.3065	.1527 5	.2678 3	.1774 5	.3978	.1295 5	.2291 3
170	.2476 4	.1889 4	.3221 4	.7590	.1267 4	.1245 4	.9390 3	.2355 4	.9169 3	.3165 4
180	.4650	.4650	.1300 5	.1300 5	.5403	.5403	.8528 4	.8528	.3076 4	.3076

α =	122,2				122,4				122,6				122,8				123,0			
Streuquerschnitt Scattering	.2064 1				.2077 1				.2100 1				.2079 1				.2104 1			
φ°	i_1		i_2		i_1		i_2		i_1		i_2		i_1		i_2		i_1		i_2	
0	.5940	8	.5940	8	.6054	8	.6054	8	.6232	8	.6232	8	.6149	8	.6149	8	.6337	8	.6337	8
1	.1595		.1524		.1579		.1610		.1608		.1642		.1661		.1621		.1705		.1655	
2	.5447	6	.5947	6	.5845	6	.5034	6	.6078	6	.5093	6	.4675	6	.4837	6	.4254	6	.4665	6
3	.1655		.1220		.1008		.1294		.6014	5	.9421	5	.7475	5	.6082	5	.5583	5	.3277	5
4	.3139		.2645		.3392		.3197		.3419	6	.3531	6	.3797	6	.3666	6	.4317	6	.3813	6
5	.7066	5	.7554	5	.6975	5	.5262	5	.7415	5	.4264	5	.4219	5	.3878	5	.2106	5	.2656	5
6	.3079	4	.1172		.7296	4	.7117	4	.1546		.9435	4	.1315		.1272		.1172		.2417	
7	.1533	6	.1148	6	.1563	6	.1388	6	.1311	6	.1418	6	.1343	6	.1327	6	.1509	6	.1156	6
8	.5369	4	.6256	4	.8439	3	.2769	4	.9939	3	.5839	3	.9837	3	.8546	3	.7348	4	.4398	4
9	.3020	5	.3729	5	.3923	5	.3376	5	.6804	5	.3897	5	.6940	5	.5084	5	.4768	5	.5896	5
10	.6322		.5303		.6588		.5783		.4187		.5065		.2401		.3687		.2668		.1924	
20	.3303		.2472		.4626		.3745		.4586		.3930		.3661		.3713		.3810		.2916	
30	.2231		.2701		.1764		.1596		.1727		.1614		.1333		.1601		.1050		.1756	
40	.1226		.1630		.1539		.1134		.1669		.1356		.1577		.1390		.1464		.1491	
50	.5839	4	.7240	4	.8327	4	.8726	4	.9418	4	.9219	4	.1066		.8391	4	.9468	4	.8155	4
60	.5300		.5591		.5743		.4902		.5679		.3826		.4878	4	.4071		.3679		.4331	
70	.2495		.1193		.2647		.1421		.3586		.2279		.2065		.2815		.9084	3	.3821	
80	.1655		.5157	3	.1928		.6335	3	.1109		.1592		.2103	3	.1605		.7709	2	.2259	
90	.2487		.4063		.2738		.4272		.9014	3	.6394	3	.7715	2	.5138	3	.7643	3	.8876	3
100	.2919	3	.3038		.4108	3	.2858		.3003		.9943	2	.2140	3	.8515	1	.9724		.2315	
110	.4383		.2400		.3437		.2640		.2172		.3333	3	.5398		.1601	3	.5035	2	.6666	2
120	.4270		.1611		.3583	2	.1703		.4345		.1228		.2747		.4814	2	.1641	3	.9434	
130	.2307		.1057		.1222	3	.2985		.2851		.6963	2	.1970		.1183	3	.2113		.1280	3
140	.1982		.6341		.1367		.1037		.3426		.1094	3	.1240		.6444	2	.2734		.3856	
150	.3390		.4710		.2242		.2985		.1394		.2484		.3272		.2019	3	.1411		.1599	
160	.1642	5	.1022	4	.1272	5	.3835	2	.1190	5	.2766	2	.1504	5	.2308		.1914	5	.1997	4
170	.3539	4	.4268		.2507	4	.1109	4	.2174	4	.1729	4	.2124	4	.2302	4	.1997	4	.7722	
180	.1825	5	.1825	5	.3133		.3133		.1734	5	.1734	5	.1152	5	.1152	5	.1647	5	.1647	5

α =	123,2				123,4				123,6				123,8				124,0			
Streuquerschnitt Scattering	.2111	1			.2122	1			.2100	1			.2118	1			.2131	1		
φ^o	i_1		i_2		i_1		i_2		i_1		i_2		i_1		i_2		i_1		i_2	
0	.6418	8	.6418	8	.6535	8	.6535	8	.6443	8	.6443	8	.6594	8	.6594	8	.6721	8	.6721	8
1	.1687		.1733		.1735		.1721		.1753		.1717		.1750		.1766		.1746		.1795	
2	.4430	6	.3719	6	.4112	6	.3855	6	.3268	6	.3446	6	.3517	6	.3249	6	.3759	6	.3203	6
3	.2356	5	.4022	5	.2885	5	.1874	5	.4044	5	.2084	5	.2024	5	.2900	5	.2454	5	.2568	5
4	.4315	6	.4335	6	.4224	6	.4268	6	.4400	6	.4221	6	.4516	6	.4267	6	.4199	6	.4342	6
5	.2207	5	.1089	5	.1727	5	.9499	4	.4862	4	.7247	4	.1387	5	.7635	4	.2082	5	.1623	5
6	.2843		.1813		.5028		.2896	5	.4793	5	.3787	5	.3881		.4665	5	.5747		.4054	
7	.1380	6	.1339	6	.1079	6	.1182	6	.1002	6	.1022	6	.1012	6	.8500		.7920		.8286	
8	.1170	5	.1260	5	.1183	5	.2130	5	.2837	5	.2608	5	.5157	5	.3941		.5633		.5516	
9	.5298		.4661		.7885		.4605		.7106		.5500		.4445		.5355		.4248		.3877	
10	.2552		.2139		.1143		.1932		.2854	4	.1180		.4261	4	.5289	4	.7534	4	.5528	4
20	.4837		.3989		.4126		.3740		.2906	5	.3187		.2599	5	.2433	5	.3063	5	.2765	5
30	.6611	4	.1142		.6869	4	.1086		.5651	4	.1118		.7202	4	.1315		.6479	4	.1167	
40	.1308	5	.1221		.1275	5	.1269		.9196		.1231		.6796		.1034		.3519		.7923	4
50	.6890	4	.7506	4	.6649	4	.6593	4	.4970		.7196	4	.3842		.7316	4	.1981		.7107	
60	.2913		.4586		.1789		.4994		.1028		.4749		.6740	3	.3144		.5288	3	.3181	
70	.5387	2	.2562		.6871	1	.2172		.2873	3	.1592		.1070	4	.2450		.2688	4	.2644	
80	.3233		.1021		.7660	2	.7757	3	.7752		.7850	3	.1401		.1402		.2306		.1434	
90	.9517	3	.3331	3	.2402	3	.5304		.5277		.6821		.2383		.6398	3	.2912		.5128	3
100	.4552		.9868	2	.4959	2	.3361		.1784		.5444		.3201	3	.3188		.5029	3	.2975	
110	.5653		.1103	3	.5031	3	.1386	2	.2766		.5177	2	.4884		.4997	2	.1003		.1780	
120	.4355		.3714	2	.6000	2	.1329	3	.2553		.3030	3	.2519		.4956		.2368		.2376	
130	.2189		.7280		.1252	3	.1446		.1107		.2497		.2197		.1004	3	.2769		.2169	
140	.1297		.1836	3	.2739		.4897	2	.9329	2	.1542		.4611		.9715	2	.1732	2	.3243	
150	.2176		.1316		.2624		.4442	3	.2342	3	.2784		.7826	2	.4799		.6107	3	.1527	1
160	.1480	5	.7478		.1278	5	.4102		.1263	5	.2299	2	.1439	5	.9089	3	.1371	5	.1211	4
170	.2662	4	.5174	4	.4107	4	.3859	4	.3711	4	.1781	4	.1422	4	.4752	4	.1544	4	.5501	
180	.3736		.3736		.1671	5	.1671	5	.1381	5	.1381	5	.7850		.7850		.2585		.2585	

α =	124,2				124,4				124,6				124,8				125,0			
Streuquerschnitt Scattering	.2125 1				.2101 1				.2118 1				.2130 1				.2131 1			
φ^o	i_1		i_2		i_1		i_2		i_1		i_2		i_1		i_2		i_1		i_2	
0	.6734	8	.6734	8	.6626	8	.6626	8	.6777	8	.6777	8	.6901	8	.6901	8	.6963	8	.6963	8
1	.1791		.1740		.1767		.1743		.1731		.1779		.1712		.1777		.1713		.1730	
2	.3268	6	.3683	6	.3304	6	.3403	6	.4383	6	.3732	6	.4985	6	.4412	6	.5149	6	.5288	6
3	.6227	5	.2560	5	.7075	5	.5115	5	.5991	5	.7334	5	.8331	5	.7070	5	.1187		.8911	5
4	.3990	6	.3953	6	.3928	6	.3746	6	.3631	6	.3568	6	.3013	6	.3330	6	.2461		.2811	6
5	.1799	5	.3027	5	.3825	5	.3658	5	.7362	5	.5620	5	.8595	5	.8263	5	.8898	5	.1058	
6	.7818		.5294		.6881		.5825		.5805		.6071		.7049		.5000		.8134		.5802	5
7	.5529		.6215		.4728		.4972		.3875		.3451		.1953		.2711		.4599	4	.1285	
8	.5314		.6720		.8071		.7288		.1128	6	.9121		.1084	6	.1059	6	.8858	5	.1113	6
9	.5752		.3335		.4579		.3703		.2323	5	.3197		.1764	5	.2026	5	.2123		.1299	5
10	.7979	4	.9170	4	.7956	4	.8765	4	.9265	4	.1193	5	.2257	5	.1414	5	.4262		.2572	
20	.2225	5	.2438	5	.1272	5	.1972	5	.1064	5	.1467	5	.1533		.1659		.1254		.1692	
30	.1315		.1334		.1648		.1768		.1908		.1933		.1597		.1820		.2832		.1886	
40	.4677	4	.8164	4	.3203	4	.1059		.5368	4	.9471	4	.4643	4	.9539	4	.1416		.9281	4
50	.1190		.5029		.2127		.4523	4	.3092		.6907		.7110		.8485		.6726	4	.8453	
60	.2602		.4106		.3210		.5766		.6031		.5084		.4629		.4789		.5821		.4037	
70	.3354		.3552		.3072		.2713		.2196		.2170		.2172		.1631		.3285		.2066	
80	.1565		.1586		.1012		.1003		.7326	3	.7796	3	.7460	3	.7035	3	.6540	3	.1108	
90	.7423	3	.5005	3	.5391	2	.2490	3	.1001	4	.2275		.1407	4	.3510		.5673		.6721	3
100	.1344		.1124		.4091	3	.2805	1	.9702	3	.2953	2	.3684	3	.1264		.1162		.2700	
110	.4731		.4295		.1882		.1073	3	.2203		.1186	3	.6730		.4897	2	.2279		.1947	2
120	.5119		.2830	2	.1037		.1536		.5757		.3215	2	.3472	2	.1776	3	.2654		.2234	3
130	.1930		.7460	0	.1518		.3581		.3506		.2848		.8701		.2895		.2375		.1369	
140	.5091		.1433	3	.1060		.1051		.4760		.8541		.4363		.2058		.1078	4	.4681	
150	.9461	2	.4982		.2543		.3587		.8429	2	.3399	3	.1340	4	.2082		.6081	2	.1643	
160	.1762	5	.1784	4	.1396	5	.5986		.1016	5	.3026		.9259		.7065		.1524	5	.2206	4
170	.3344	4	.7066		.4539	4	.3776	4	.3680	4	.3443	4	.3753		.4163	4	.4503	4	.7213	
180	.8951		.8951		.7791		.7791		.7609		.7609		.1115	5	.1115	5	.6497		.6497	

α =	125,2				125,4				125,6				125,8				126,0			
Streuquerschnitt Scattering	.2087 1				.2096 1				.2096 1				.2058 1				.2078 1			
φ^o	i_1		i_2		i_1		i_2		i_1		i_2		i_1		i_2		i_1		i_2	
0	.6710	8	.6710	8	.6820	8	.6820	8	.6866	8	.6866	8	.6669	8	.6669	8	.6831	8	.6831	8
1	.1704		.1684		.1649		.1700		.1624		.1669		.1641		.1583		.1624		.1566	
2	.5323	6	.5324	6	.6788	6	.6031	6	.7381	6	.7076	6	.6892	6	.7620	6	.8613	6	.8792	6
3	.1325		.1044		.1284		.1463		.1730		.1257		.2075		.1514		.1655		.1451	
4	.2656		.2475		.2178		.2161		.1568		.1881		.1513		.1411		.1405		.1007	
5	.1290		.1179		.1728		.1489		.1767		.1786		.1732		.1902		.2278		.2050	
6	.6292	5	.5132	5	.5139	5	.5571	5	.6251	5	.3792	5	.6077	5	.3975	5	.3275	5	.2902	5
7	.6384	4	.9003	4	.2401	4	.1192	4	.2060	4	.7767	3	.5762	4	.2198	4	.5403	4	.9311	4
8	.1240	6	.1078	6	.1478	6	.1218	6	.1280	6	.1292	6	.1118	6	.1205	6	.1282	6	.9830	5
9	.1659	5	.1418	5	.4766	4	.1255	5	.2024	4	.9677	4	.7124	4	.6019	4	.1204	5	.9412	4
10	.3367		.2539		.3250	5	.3595		.5636	5	.3385	5	.7199	5	.5056	5	.5768		.5497	5
20	.8205	4	.1454		.8987	4	.1425		.2095		.1837		.2348		.2491		.2164		.2297	
30	.2917	5	.2648		.2763	5	.2484		.2167		.2185		.2409		.1845		.2430		.2754	
40	.1127		.1433		.1363		.1328		.1406		.1401		.1808		.1332		.1836		.1934	
50	.1006		.6805	4	.9494	4	.8041	4	.9683	4	.8357	4	.8679	4	.8561	4	.8686	4	.9070	4
60	.4558	4	.4107		.4124		.4565		.2942		.4804		.1969		.5298		.9945	3	.3028	
70	.1208		.1880		.4174	3	.3149		.5767	3	.3274		.6564	3	.2771		.9438		.1148	
80	.4392	2	.1337		.5123		.2319		.1320	4	.1795		.1029	4	.9724	3	.1266	4	.7876	3
90	.4333	3	.9365	3	.1827	4	.8680	3	.2716		.6765	3	.6415	3	.2340		.1001	3	.5992	
100	.5051	2	.7170		.4344	3	.2686		.8477	3	.3953		.1560		.6612	2	.4674		.5323	2
110	.5122	3	.1210		.2253		.8366	2	.9954	2	.2724		.3898		.3257	3	.8549	2	.3750	
120	.3076		.1407		.1323		.2802	3	.5856	3	.9679	2	.1108		.1483	2	.2934	3	.6245	3
130	.1957		.9457	2	.2611		.8797	2	.1577		.8359		.2462		.1398	3	.1760		.1520	
140	.1748		.1657		.2551		.5711		.1144		.5187		.3392		.3693		.1031		.3015	2
150	.1609		.5090	3	.2125	2	.2595	3	.1079	4	.5704	3	.1554		.1931	2	.4053		.6250	3
160	.1658	5	.1707	4	.1328	5	.7748		.1305	5	.7363		.1302	5	.1188	4	.1378	5	.1774	4
170	.3969	4	.6473		.5750	4	.6817	4	.8418	4	.4788	4	.4295	4	.4980		.3140	4	.1171	5
180	.9966		.9966		.1243	5	.1243	5	.2424	5	.2424	5	.1048	5	.1048	5	.2618	5	.2618	

α =	126,2				126,4				126,6				126,8				127,0			
Streuquerschnitt Scattering	.2059 1				.2048 1				.2022 1				.2036 1				.2037 1			
φ°	i_1		i_2		i_1		i_2		i_1		i_2		i_1		i_2		i_1		i_2	
0	.6747	8	.6747	8	.6720	8	.6720	8	.6592	8	.6592	8	.6713	8	.6713	8	.6762	8	.6762	8
1	.1545		.1591		.1549		.1533		.1540		.1503		.1503		.1534		.1493		.1521	
2	.9651	6	.8994	6	.9653	6	.1003	7	.9693	6	.1008	7	.1128	7	.1046	7	.1165	7	.1119	7
3	.1635		.1700		.2098		.1421	6	.1975		.1661	6	.1384	6	.1689	6	.1333	6	.1428	6
4	.9984	5	.1092		.7985	5	.8329	5	.8909	5	.7391	5	.8396	5	.8148	5	.7552	5	.8335	5
5	.2525	6	.2291		.2359	6	.2470	6	.2354	6	.2406	6	.2708	6	.2365	6	.2639	6	.2470	6
6	.2308	5	.2732	5	.2927	5	.1599	5	.2217	5	.1500	5	.8305	4	.1235	5	.2566	4	.1001	5
7	.1012		.8889	4	.3242		.1300		.4312		.3155		.3837	5	.4564		.4696	5	.4397	
8	.1318	6	.1122	6	.1010	6	.1067	6	.8457		.9038		.8838		.7110		.7736		.6692	
9	.1188	5	.1595	5	.8555	4	.2254	5	.2024		.2254		.4305		.3267		.4822		.4632	
10	.5093		.5168		.7312	5	.4440		.7857		.5957		.5756		.6253		.4665		.5104	
20	.2211		.2339		.3874		.2848		.4347		.3857		.3683		.3358		.3414		.3230	
30	.1866		.2049		.1390		.1731		.1202		.1307		.1068		.1594		.6202	4	.1303	
40	.1432		.1420		.1370		.1253		.1091		.1213		.1036		.1270		.4896		.1082	
50	.7031	4	.8530	4	.3551	4	.7356	4	.2277	4	.5252	4	.1236	4	.6521	4	.3010		.6927	4
60	.5329	3	.3750		.1432		.2902		.1819		.4819		.3941		.4762		.5172		.5578	
70	.1544	4	.1675		.3823		.2179		.4009		.3161		.3756		.3492		.1601		.2745	
80	.1549		.4647	3	.1671		.8480	3	.1019		.1377		.2465	3	.2302		.1031	1	.1865	
90	.1359		.1233		.2105		.3349		.1012		.7272	3	.4093		.1084		.1161	4	.1006	
100	.8346	3	.1949	2	.5969	3	.1680		.3170	3	.2010		.8999	1	.2556	3	.3808	3	.4890	3
110	.5404		.1697	3	.1825		.1953	2	.3291		.7344	2	.6474	3	.6122	2	.4896	2	.2033	
120	.5214		.4695	2	.2146		.4211	3	.4284		.1452	3	.4041	2	.2348	3	.7143	3	.1256	
130	.2211		.1208	3	.3092		.3354		.2504		.3240	2	.1162	3	.3260		.5060		.2085	2
140	.3137		.1005		.1390		.1180		.3130		.1457	3	.8270	2	.1718		.5681		.1488	3
150	.5113	2	.1776		.2953		.5048		.8613	2	.2250		.7867	3	.2221		.1344		.1002	
160	.1664	5	.1986	4	.1953	5	.2074	4	.1271	5	.5743		.1114	5	.5253		.1409	5	.1463	4
170	.4885	4	.7865		.8847	4	.8493		.7155	4	.4360	4	.5989	4	.5747	4	.4438	4	.6502	
180	.3914		.3914		.2124	5	.2124	5	.8095		.8095		.7782		.7782		,2973		,2973	

α =	127,2				127,4				127,6				127,8				128,0			
Streuquerschnitt Scattering	.2029 1				.2015 1				.2042 1				.2051 1				.2053 1			
φ^o	i_1		i_2		i_1		i_2		i_1		i_2		i_1		i_2		i_1		i_2	
0	.6749	8	.6749	8	.6693	8	.6693	8	.6917	8	.6917	8	.7018	8	.7018	8	.7082	8	.7082	8
1	.1530		.1467		.1509		.1500		.1496		.1554		.1516		.1554		.1578		.1522	
2	.1109	7	.1192	7	.1131	7	.1121	7	.1252	7	.1131	7	.1211	7	.1156	7	.1135	7	.1194	7
3	.1619	6	.1044	6	.1298	6	.1239	6	.7135	5	.1083	6	.5571	5	.7909	5	.6506	5	.4258	5
4	.1011		.7577	5	.1270		.1098		.1309	6	.1408		.1420	6	.1558	6	.2098	6	.1604	6
5	.2305		.2447	6	.2261		.2203		.2396		.2037		.2020		.1929		.1559		.1746	
6	.4232	4	.8950	4	.9485	4	.8390	4	.1819	5	.1518	5	.1996	5	.2354	5	.1481	5	.3334	5
7	.7789	5	.4622	5	.8655	5	.7230	5	.7384		.8191		.7547		.7852		.1178	6	.7304	
8	.4820		.5413		.3567		.3926		.3416		.2621		.2157		.1899		.2516	4	.9544	4
9	.4002		.5743		.5677		.5516		.9055		.6802		.9290		.8311		.7329	5	.9184	5
10	.6012		.3702		.5691		.4609		.3400		.4291		.2189		.3393		.2969		.2012	
20	.4796		.3360		.4744		.4069		.3477		.3372		.3029		.2978		.3359		.2766	
30	.5421	4	.1182		.7255	4	.1183		.1170		.1571		.1042		.1646		.1228		.1429	
40	.5669		.7817	4	.3328		.9304	4	.4771	4	.9658	4	.3968	4	.1099		.9451	4	.8253	4
50	.2009		.8870		.5331		.6587		.5721		.7583		.1014	5	.7601	4	.8484		.1010	5
60	.6403		.4318		.5950		.4624		.5595		.4443		.4101	4	.4689		.1908		.5254	4
70	.6730	3	.2167		.4925	3	.1821		.3687	3	.2361		.6783	3	.2672		.1303		.4192	
80	.1287		.1665		.2353		.6999	3	.7999		.6695	3	.2051	4	.9100	3	.3053		.1725	
90	.1451	4	.8924	3	.4626		.1458		.1451		.5935	2	.1690		.1236		.2822		.3271	3
100	.5060	3	.4843		.1981		.6425	2	.4535		.1378		.6235	3	.2867	2	.4307	3	.1705	
110	.3224		.2814		.1737		.2645	3	.3090		.1850	3	.9263		.1154	3	.1181		.4387	2
120	.2726		.5020	2	.1917		.1043		.4258		.7805	2	.7608	2	.1783		.5679		.2503	3
130	.1848		.4209	3	.2216		.2429		.1011		.2160	3	.5485	3	.2176		.2645		.4739	2
140	.1195		.9239	2	.1935		.2400		.2750		.1647		.6581		.4318		.1587		.1480	
150	.8861	2	.2256	3	.3205	2	.3493		.6543		.1348		.1471		.6543	2	.4896		.3799	3
160	.2048	5	.2815	4	.1746	5	.1309	4	.1695	5	.4438		.1339	5	.3719	3	.1224	5	.1532	4
170	.5941	4	.1107	5	.8556	4	.6246		.1093		.4819	4	.1019		.4287	4	.8277	4	.9240	
180	.1240	5	.1240		.4024		.4024		.8205	4	.8205		.9201	4	.9201		.2075	5	.2075	5

α =	128,2				128,4				128,6				128,8				129,0			
Streuquerschnitt Scattering	.2039 1				.2072 1				.2081 1				.2068 1				.2108 1			
φ^o	i_1		i_2		i_1		i_2		i_1		i_2		i_1		i_2		i_1		i_2	
0	.7020	8	.7020	8	.7294	8	.7294	8	.7406	8	.7406	8	.7361	8	.7361	8	.7691	8	.7691	8
1	.1572		.1582		.1583		.1642		.1621		.1655		.1703		.1627		.1729		.1672	
2	.1093	7	.1044	7	.1157	7	.1037	7	.1072	7	.1008	7	.8982	6	.9678	6	.9401	6	.9292	6
3	.4932	5	.5700	5	.1394	5	.3921	5	.4930	4	.2255	5	.1321	5	.4197	4	.4833	4	.6707	4
4	.2341	6	.2147	6	.2381	6	.2551	6	.2674	6	.2689	6	.3391	6	.2802	6	.3375	6	.2729	6
5	.1520		.1407		.1491		.1211		.1038		.1031		.6992	5	.7663	5	.7031	5	.5135	5
6	.3629	5	.3211	5	.6352	5	.4800	5	.6932	5	.6400	5	.5602		.7770		.8874		.8697	
7	.1038	6	.9130		.8230		.9409		.8557		.8495		.1079	6	.7491		.8340		.5863	
8	.2821	4	.3756	4	.1625	4	.3375	3	.1422	4	.1982	2	.8464	4	.3952	4	.1226		.9380	4
9	.8959	5	.8179	5	.1192	6	.8860	5	.1100	6	.9696	5	.8247	5	.9594	5	.9293		.7617	5
10	.2777		.2543		.1233	5	.2194		.3788	4	.1828		.1120		.1129		.1723		.1673	
20	.3057		.2898		.1744		.2075		.1531	5	.1784		.1601		.1702		.1409		.2341	
30	.1753		.1793		.2688		.2317		.2255		.2733		.2608		.2095		.2785		.2330	
40	.1090		.1136		.1436		.1376		.1275		.1592		.1611		.1268		.1894		.1614	
50	.1050		.9176	4	.1101		.9452	4	.9500	4	.9223	4	.7612	4	.7776	4	.4349	4	.7889	4
60	.1860	4	.5776		.8850	3	.4514		.7465	3	.3628		.1272		.3756		.1819		.6410	
70	.2304		.3157		.2174	4	.2312		.2724	4	.1537		.3352		.2127		.3812		.2201	
80	.1829		.1216		.7433	3	.1529		.3015	3	.1210		.3734	3	.8673	3	.8970	2	.8120	3
90	.1532		.7135	3	.2675		.1077		.1449	4	.1037		.1390	4	.6673		.3319	3	.9341	
100	.3694	3	.2747		.2671	2	.4014	3	.4784	3	.5129	3	.3189	3	.4139		.3085		.4367	2
110	.5984		.8296	2	.3729	3	.6572	2	.3709		.3586		.3981		.1322		.5218	2	.2073	3
120	.2291		.9631		.1996		.1801	3	.6397		.3843	2	.1235		.2916		.5568	3	.2128	
130	.1993		.2297	3	.2380		.9888	2	.1424		.1051	3	.2089		.2029		.2761		.9329	1
140	.1350		.3416		.3955		.7142		.3863		.3676		.1812		.1610		.2126		.6850	3
150	.2549		.2397		.2677		.2597	3	.2420		.1101	2	.3030		.5336		.4175		.2275	
160	.1784	5	.1818	4	.2375	5	.1062	4	.1824	5	.2417	3	.1340	5	.1633		.1510	5	.7889	
170	.7220	4	.6938		.1187		.6783		.1610		.4797	4	.9269	4	.5487	4	.8025	4	.7346	4
180	.4093		.4093		.7586	4	.7586		.2623		.2623	5	.1046	5	.1046	5	.3080	5	.3080	5

α =	129,2		129,4		129,6		129,8		130,0	
Streuquerschnitt Scattering	.2103 1		.2094 1		.2095 1		.2114 1		.2120 1	
φ°	i_1	i_2	i_1	i_2	i_1	i_2	i_1	i_2	i_1	i_2
0	.7707 8	.7707 8	.7691 8	.7691 8	.7746 8	.7746 8	.7934 8	.7934 8	.8036 8	.8036 8
1	.1714	.1749	.1770	.1739	.1798	.1763	.1779	.1828	.1811	.1815
2	.9126 6	.8375 6	.7729 6	.7763 6	.7060 6	.7253 6	.7546 6	.6830 6	.7148 6	.7006 6
3	.2577 4	.5280 4	.5329 4	.5769 4	.3317 4	.8356 4	.1868 5	.8837 4	.3672 5	.1901 5
4	.3275 6	.3418 6	.3701 6	.3396 6	.3918 6	.3529 6	.3537 6	.3697 6	.3334 6	.3446 6
5	.5848 5	.4710 5	.3056 5	.3504 5	.2926 5	.2522 5	.3864 5	.2860 5	.3382 5	.3733 5
6	.1155 6	.9067	.1050 6	.1025 6	.9775	.1107 6	.1268 6	.1021 6	.1378 6	.1119 6
7	.5858 5	.7143	.6356 5	.6033 5	.6543	.5008 5	.4373 5	.4847 5	.2381 5	.3632 5
8	.1341	.1624	.3218	.2031	.5235	.3936	.5506	.5740	.5770	.6188
9	.1065 6	.7839	.8087	.7532	.5617	.6524	.6020	.4820	.6104	.4332
10	.1584 5	.2050	.9896 4	.2297	.1611	.2111	.3566	.2761	.4461	.4113
20	.6400 4	.1272	.6068	.1073	.1072	.1483	.1854	.2119	.1695	.2114
30	.3256 5	.2616	.2523 5	.2968	.2386	.2079	.2311	.2149	.2051	.1996
40	.1832	.1633	.1611	.1602	.1286	.1324	.1232	.1304	.7583 4	.1263
50	.4546 4	.6945 4	.1630 4	.8513 4	.2316 4	.6533 4	.2084 4	.6976 4	.3484	.5941 4
60	.4587	.5515	.4648	.5727	.6732	.4596	.5648	.4565	.6099	.4797
70	.2704	.3365	.9195 3	.3308	.1534 3	.2988	.3818 1	.2018	.2379 2	.1832
80	.1527 3	.1422	.1144 4	.1820	.1552 4	.1817	.1661 4	.1369	.1218 4	.7487 3
90	.1742	.1925 3	.1913	.2510 3	.3290	.3642 3	.2096	.6540 3	.1255 3	.8771
100	.3476	.3370 2	.4223 3	.5415 2	.1023	.5126 2	.4399 3	.1140	.5284 2	.4698
110	.5769	.1514 3	.3594	.4143	.3546 3	.4021	.5955	.1603 2	.1148 3	.1481
120	.7137 2	.2123	.3155	.3850 3	.3419	.6241	.1687	.1691 3	.4343	.3924 2
130	.1234 3	.2621	.2080	.1483	.2272	.2190 3	.3800	.3819 2	.6931 2	.1891 3
140	.2501	.1151	.1473	.1504	.2500	.2218	.2661	.1596 3	.3026 3	.6027 2
150	.5202 2	.3526	.4577	.3183	.1203	.1876	.2050	.1456	.5541 2	.3776 3
160	.2133 5	.1013 4	.2009 5	.4968	.2029 5	.2465	.1791 5	.2454 2	.1597 5	.2765
170	.8723 4	.7034	.1227	.6958 4	.1330	.4173 4	.1340	.3456 4	.8422 4	.4521 4
180	.4222	.4222	.1831	.1831 5	.4926 4	.4926	.4636 4	.4636	.2582	.2582

α =	130,2		130,4		130,6		130,8		131,0	
Streuquerschnitt Scattering	.2109 1		.2108 1		.2129 1		.2119 1		.2108 1	
φ^o	i_1	i_2	i_1	i_2	i_1	i_2	i_1	i_2	i_1	i_2
0	.7997 8	.7997 8	.8046 8	.8046 8	.8259 8	.8259 8	.8239 8	.8239 8	.8202 8	.8202 8
1	.1851	.1789	.1825	.1833	.1793	.1865	.1807	.1811	.1841	.1750
2	.6350 6	.6754 6	.6801 6	.6500 6	.7822 6	.7018 6	.7519 6	.7700 6	.7632 6	.8249 6
3	.3578 5	.2920 5	.3912 5	.4211 5	.7282 5	.4336 5	.8377 5	.5865 5	.9103 5	.6949 5
4	.3559 6	.3169 6	.3391 6	.3247 6	.2742 6	.3083 6	.2405 6	.2600 6	.2490 6	.2053 6
5	.4119 5	.4077 5	.7126 5	.5670 5	.9012 5	.8596 5	.9415 5	.1076	.1391	.1202
6	.1116 6	.1105 6	.1044 6	.1061 6	.1259 6	.9287	.1130 6	.9379 5	.8151 5	.8242 5
7	.2335 5	.2828 5	.2290 5	.1952 5	.1569 5	.1969	.8652 4	.1592	.2867 4	.1755
8	.8534	.6250	.1059 6	.8814	.9629	.1022 6	.9201 5	.1030 6	.1326 6	.9141
9	.3535	.3480	.1725 5	.2284	.1807	.1197 5	.1561	.8849 4	.3092 4	.5341 4
10	.3718	.4775	.4360	.4571	.7121	.5087	.7744	.6574 5	.6312 5	.7271 5
20	.1706	.1833	.2572	.2623	.4021	.3445	.3649	.3837	.3823	.3135
30	.1221	.2088	.9609 4	.1391	.1055	.1425	.9447 4	.1448	.7232 4	.1550
40	.6606 4	.1035	.4408	.9811 4	.4891 4	.9661 4	.5830	.1164	.5569	.1083
50	.5577	.8406 4	.7110	.8832	.9115	.9203	.1074 5	.8857 4	.1216 5	.9451 4
60	.4459	.4793	.2964	.5535	.1801	.4997	.4358 3	.4752	.9071 3	.2703
70	.9887 3	.1978	.2756	.3436	.4681	.3478	.3022 4	.3017	.2851 4	.1985
80	.1348 4	.5885 3	.1519	.7181 3	.1048	.1525	.3293 3	.1898	.1759 3	.2946
90	.5972 3	.1129 4	.1169	.4063	.3573 3	.3093 3	.2075	.4455 3	.1998 4	.4910 3
100	.3754	.5145 3	.3034 3	.3991	.4941	.1829	.5424	.4056 2	.5349 3	.1248
110	.4685	.5423	.1507	.1094	.3061	.2838	.5952	.8882	.1524	.1867 2
120	.1155	.4607 2	.3400	.1716	.4101	.8262 2	.1192	.3072 3	.3891	.3493 3
130	.3252	.5632 3	.2547	.4399 2	.2555	.1904 3	.2238	.3714 2	.2317	.2703
140	.1213	.3459	.4553	.1119 3	.1016	.2972	.7948	.3380	.1405	.5400
150	.7200	.7956	.1544	.7342 1	.3453	.3375 2	.3739 2	.2426 3	.3238	.7746
160	.1725 5	.1695	.2263 5	.5893 3	.2309 5	.3504 3	.1616 5	.1260	.1422 5	.3868
170	.8512 4	.7101 4	.1277	.5020 4	.1794	.3195 4	.1410	.2108 4	.9346 4	.4913 4
180	.1030 5	.1030 5	.1503 4	.1503	.6398 4	.6398	.3955 4	.3955	.2281 5	.2281 5

α =	131,2		131,4		131,6		131,8		132,0	
Streuquerschnitt Scattering	.2098 1		.2116 1		.2100 1		.2081 1		.2101 1	
φ°	i_1	i_2	i_1	i_2	i_1	i_2	i_1	i_2	i_1	i_2
0	.8175 8	.8175 8	.8370 8	.8370 8	.8311 8	.8311 8	.8202 8	.8202 8	.8403 8	.8403 8
1	.1765	.1801	.1725	.1797	.1706	.1739	.1738	.1651	.1693	.1644
2	.8921 6	.8290 6	.1028 7	.9610 6	.1047 7	.1058 7	.1109 7	.1156 7	.1312 7	.1280 7
3	.7879 5	.7129 5	.1227 6	.6926 5	.1496 6	.8440 5	.9713 5	.9789 5	.8340 5	.7101 5
4	.2099 6	.2151 6	.1435	.1824 6	.1015	.1375 6	.1210 6	.8225	.8235	.5942
5	.1776	.1551	.1913	.1929	.1988	.2157	.2598	.2270 6	.2904 6	.2327 6
6	.6949 5	.6447 5	.8230 5	.5072 5	.6756 5	.4725 5	.2902 5	.3531 5	.2186 5	.1682 5
7	.1122	.9863 4	.2366	.1610	.3063	.2243	.1826	.3652	.3519	.3970
8	.1319 6	.1159 6	.1050 6	.1158 6	.9157	.1091 6	.1253 6	.8844	.1129 6	.7693
9	.6054 2	.1597 4	.6099 2	.1571 4	.3669 4	.2750 4	.1462 5	.9447 4	.2211 5	.1768
10	.6849 5	.6507 5	.9587 5	.6453 5	.9505 5	.7300 5	.6360	.7367 5	.6626	.5843
20	.4601	.4092	.5551	.4523	.3966	.4618	.4226	.3409	.4845	.3831
30	.6473 4	.1303	.1087	.1341	.1568	.1840	.1891	.2078	.1988	.2032
40	.8058	.9879 4	.1169	.1211	.1604	.1618	.1652	.1688	.1749	.1185
50	.1014 5	.9385	.8618 4	.8597 4	.6141 4	.8749 4	.5744 4	.8471 4	.3324 4	.5676 4
60	.1130 4	.4308	.2956	.4812	.2797	.6095	.5585	.4508	.5824	.4813
70	.2009	.1806	.2586	.2266	.2146	.2798	.5965 3	.4668	.4182 3	.3269
80	.4396 3	.1440	.5278 3	.9272 3	.1114	.5354 3	.2025 4	.8569 3	.2550 4	.1357
90	.3319 4	.4789 3	.2067 4	.5884	.3356 3	.5458	.5837 3	.1046 4	.1328	.1386
100	.1031	.1051 2	.3831 3	.1631	.1409	.4750	.1816	.3940 3	.3369 3	.3034 3
110	.6660 3	.2009	.2037	.8401 2	.2213	.1916	.4066	.4097	.8713 2	.1212
120	.7422 2	.1081 3	.8530	.1188 3	.5943 2	.4271 2	.1995	.3289	.5258 3	.1464
130	.2376 3	.1169	.2297	.8914 2	.3419 3	.2142 3	.1941	.1316	.1594	.6715
140	.4046	.1412	.7483 1	.3098 3	.7913	.3073	.1702	.2359	.2886	.8091
150	.1185	.3460	.9075 3	.6020 2	.6009 2	.1135	.2165	.2583	.1685 1	.4355
160	.1733 5	.1498	.2027 5	.3864 3	.1558 5	.4133	.1980 5	.1731 4	.1439 5	.5748
170	.1006	.4616 4	.1502	.4346 4	.1765	.2021 4	.1424	.2264	.1135	.2103 4
180	.1420 4	.1420	.6077 4	.6077	.2118	.2118 5	.1268	.1268 5	.2814	.2814 5

α =	132,2				132,4				132,6				132,8				133,0			
Streuquerschnitt Scattering	.2077 1				.2041 1				.2040 1				.2043 1				.2042 1			
φ°	i_1		i_2		i_1		i_2		i_1		i_2		i_1		i_2		i_1		i_2	
0	.8275	8	.8275	8	.8040	8	.8040	8	.8076	8	.8076	8	.8140	8	.8140	8	.8181	8	.8181	8
1	.1625		.1658		.1621		.1588		.1595		.1569		.1538		.1590		.1554		.1537	
2	.1366	7	.1348	7	.1345	7	.1398	7	.1509	7	.1487	7	.1647	7	.1564	7	.1641	7	.1676	7
3	.1212	6	.6244	5	.1195	6	.6970	5	.6466	5	.7706	5	.4808	5	.5044	5	.6754	5	.2889	5
4	.4580	5	.6441		.4555	5	.4223		.3888		.2727		.2127		.2983		.3048		.2006	
5	.2778	6	.2851	6	.2873	6	.2899	6	.3297	6	.2957	6	.3278	6	.3142	6	.2951	6	.3051	6
6	.2501	5	.8834	4	.1017	5	.5814	4	.4052	3	.1547	4	.3337	4	.9173	3	.2690	4	.6658	4
7	.6039		.3716	5	.5876		.4601	5	.4712	5	.6130	5	.6629	5	.5272	5	.9263	5	.6167	5
8	.7774		.9145		.7055		.7796		.7823		.5924		.6282		.6224		.3472		.4715	
9	.2160		.2873		.3775		.3334		.6318		.4862		.6937		.6628		.6680		.7571	
10	.8482		.5427		.6716		.5424		.3721		.4588		.3563		.3181		.4477		.2597	
20	.4848		.4181		.3238		.3773		.2587		.2514		.3044		.2884		.2699		.2783	
30	.2575		.2012		.2855		.2645		.2989		.2614		.2776		.2482		.3177		.2305	
40	.1841		.1506		.1837		.1654		.1656		.1663		.1408		.1418		.1132		.1344	
50	.1983	4	.6057	4	.2168	4	.6302	4	.2261	4	.8398	4	.5226	4	.7928	4	.4600	4	.7807	4
60	.7244		.4725		.6414		.5125		.4721		.5518		.2893		.5085		.1499		.5425	
70	.8148	3	.2817		.9619	3	.1749		.1640		.2268		.3623		.2816		.4714		.3683	
80	.1617	4	.1754		.4602		.1659		.1640	3	.1799		.1514	3	.1088		.3017	2	.9018	3
90	.6603	3	.4951	3	.2575		.7262	3	.1961	4	.7900	3	.3248	4	.6598	3	.1551	4	.4898	
100	.4578		.2545		.1216		.6263	2	.8127	3	.2724	2	.9130	3	.1743	2	.3831	3	.1757	
110	.7286		.2686		.1344		.4898		.4279		.1008	3	.7538		.9125	1	.1185		.2417	
120	.1140		.2676		.5154		.1430	3	.2002		.6231	2	.2363		.1744	3	.7196		.2508	2
130	.4991		.1681		.2011		.5487	2	.1879		.3744	3	.3018		.1405		.3178		.4019	3
140	.8366	2	.1447		.4669		.3342	3	.1055		.3371	2	.4094		.9364	2	.1076		.2528	
150	.1061	4	.3911		.1589		.6148	1	.3815		.1327	3	.1673		.1564	3	.5604		.6050	
160	.1402	5	.3279	2	.1794	5	.2519	3	.2219	5	.2065	4	.1666	5	.1304	4	.1514	5	.6290	
170	.9697	4	.3837	4	.1212		.2636	4	.1622		.1439		.1584		.7513	3	.1022		.1858	4
180	.3524		.3524		.8049	4	.8049		.3819	4	.3819		.2047	4	.2047	4	.1242	4	.1242	

α =	133,2		133,4		133,6		133,8		134,0	
Streuquerschnitt Scattering	.2020 1		.2025 1		.2041 1		.2034 1		.2024 1	
φ^o	i_1	i_2	i_1	i_2	i_1	i_2	i_1	i_2	i_1	i_2
0	.8040 8	.8040 8	.8132 8	.8132 8	.8307 8	.8307 8	.8298 8	.8298 8	.8264 8	.8264 8
1	.1544	.1517	.1516	.1542	.1498	.1560	.1552	.1513	.1575	.1523
2	.1630 7	.1662 7	.1773 7	.1696 7	.1844 7	.1756 7	.1722 7	.1780 7	.1679 7	.1694 7
3	.4059 5	.2752 5	.1701 5	.2803 5	.6472 4	.1288 5	.1014 5	.2488 4	.5568 4	.3604 4
4	.3855	.2628	.4154	.4661	.4686 5	.5258	.8562	.6279 5	.1229 6	.7782 5
5	.2863 6	.2869 6	.3049 6	.2773 6	.2727 6	.2719 6	.2282 6	.2391 6	.2119	.2038 6
6	.7108 4	.1037 5	.2892 5	.1890 5	.4162 5	.3895 5	.4052 5	.5699 5	.6982 5	.6867 5
7	.7542 5	.6296	.6216	.7038	.7531	.5819	.8806	.6424	.7365	.5571
8	.2831	.3577	.2609	.2098	.1835	.2024	.7366 4	.1356	.1706 4	.1176
9	.8304	.7984	.1182 6	.9613	.1088 6	.1077 6	.9714 5	.1083 6	.1253 6	.1045 6
10	.3145	.2332	.8540 4	.1520	.5569 4	.7223 4	.9177 4	.4153 4	.6816 4	.5628 4
20	.1390	.2392	.8946	.1457	.1311 5	.1653 5	.1488 5	.1913 5	.1343 5	.1979 5
30	.2829	.2691	.2284 5	.2285	.1745	.1964	.1892	.1654	.1510	.1853
40	.7586 4	.1211	.5396 4	.1062	.3941 4	.9245 4	.6589 4	.1095	.5222 4	.1370
50	.1031 5	.7327 4	.1057 5	.1033	.1248 5	.1008 5	.1008 5	.9864 4	.1039 5	.9422 4
60	.1481 4	.4747	.7824 3	.3968 4	.1082 4	.4158 4	.3567 4	.5651	.3599 4	.6731
70	.3560	.3355	.2140 4	.3047	.9636 3	.2136	.7750 3	.1996	.3689 3	.1769
80	.1276 3	.9964 3	.1494	.1662	.2771 4	.1860	.1967 4	.1534	.1181 4	.1269
90	.1561	.3200	.6472 3	.2614 3	.1733	.3121 3	.1197	.6101 3	.3497 3	.9610 3
100	.3940 2	.5030	.1137	.4261	.4317 3	.5359	.2324 3	.2544	.1687	.1515
110	.6388 3	.2026	.1437	.1816	.3501	.2594	.8517	.1496	.1456	.4014 2
120	.2056	.1482	.4992	.1072	.1420	.2157	.6505	.3882	.3674	.6227 1
130	.1250	.6305 2	.1558	.2502	.3665	.8855 2	.2035	.1496	.2421	.1543 3
140	.4144	.1606 3	.4840 2	.1935	.8064	.7457	.1035 2	.2502	.2615	.5187
150	.6837 2	.1003	.5209 3	.2184	.4211	.8418	.1684 3	.4496	.3346 2	.5122
160	.1485 5	.1866	.1628 5	.1034 4	.1562 5	.1696 4	.1932 5	.1925 4	.1674 5	.1390 4
170	.9180 4	.2087 4	.1239	.1824	.1631	.7818 3	.1368	.3952 3	.1177	.8737 3
180	.9483 3	.9483 3	.5093 3	.5093 3	.3088 4	.3088 4	.1332 3	.1332	.1224	.1224 5

α =	134,2				134,4				134,6				134,8				135,0			
Streuquerschnitt Scattering	.2040 1				.2065 1				.2062 1				.2070 1				.2078 1			
φ^0	i_1		i_2		i_1		i_2		i_1		i_2		i_1		i_2		i_1		i_2	
0	.8444	8	.8444	8	.8705	8	.8705	8	.8739	8	.8739	8	.8847	8	.8847	8	.8966	8	.8966	8
1	.1544		.1596		.1556		.1621		.1613		.1609		.1692		.1604		.1659		.1704	
2	.1765	7	.1662	7	.1766	7	.1681	7	.1613	7	.1637	7	.1525	7	.1539	7	.1525	7	.1437	7
3	.2469	4	.4077	4	.8772	4	.1097	5	.8040	4	.1508	5	.1994	5	.3729	5	.4874	5	.3241	5
4	.1095	6	.1197	6	.1293	6	.1233	6	.1909	6	.1467	6	.2042	6	.1466	6	.1835	6	.2060	6
5	.2008		.1850		.1525		.1649		.1021		.1293		.1070		.8483	5	.8499	5	.7017	5
6	.1100		.8750	5	.1213		.1165		.1153		.1342		.1595		.1480	6	.1977	6	.1666	6
7	.4969	5	.5486		.5677	5	.3901	5	.6540	5	.4064	5	.3853	5	.2904	5	.2053	5	.2749	5
8	.4632	4	.4371	4	.1384		.6694	4	.2319		.1223		.1241		.2306		.2155		.2310	
9	.1400	6	.1178	6	.1105	6	.1167	6	.8170		.1045	6	.1107	6	.8164		.1118	6	.8906	
10	.5362	4	.7306	4	.4104	4	.1075	5	.9741	4	.1192	5	.2599	5	.1833		.3628	5	.3596	
20	.1103	5	.1670	5	.1904	5	.1891		.2869	5	.2667		.3046		.3035		.2831		.2592	
30	.9494	4	.1637		.6163	4	.1269		.9364	4	.1157		.8963	4	.1426		.1124		.1493	
40	.7606		.1091		.6476		.1054		.1548	5	.1241		.1656	5	.2139		.1920		.1678	
50	.9605		.9256	4	.6160		.8447	4	.5576	4	.7263	4	.2310	4	.9884	4	.2641	4	.6749	4
60	.5878		.5333		.5449		.4839		.7411		.5143		.6246		.4959		.5223		.5680	
70	.4257	3	.3559		.2043		.3948		.2044		.3519		.2463		.1899		.2006		.1572	
80	.1089	4	.6899	3	.1210		.7651	3	.8946	3	.1225		.7719	2	.2569		.4009	3	.2966	
90	.1582		.1063	4	.3337		.8907		.2325	4	.3190	3	.4529		.6135	3	.8902		.2171	3
100	.9014	3	.2877	1	.7057	3	.2325	2	.2768	3	.1357		.2663	3	.5280		.1286		.2395	
110	.6793		.3934	2	.3983		.4431		.5068		.3579		.4224		.1310		.3978	2	.1841	
120	.1658		.1752	3	.5419		.1356		.8095	2	.1702		.3945		.2130		.2777	3	.1225	
130	.2611		.1125		.9612	2	.1955	3	.4998	3	.2548		.2954		.6258	2	.2587		.1387	
140	.1821		.1771		.7596	3	.2738		.4006	2	.3042	2	.2004		.1050	4	.2458		.2887	
150	.4806		.1599		.2685		.1083		.6064	3	.2309	3	.2816		.9537	3	.3018		.3461	
160	.1212	5	.4617		.1309	5	.1024	4	.1949	5	.2130	4	.1975	5	.2861	4	.1634	5	.8069	
170	.8953	4	.1594	4	.1060		.1199		.1243		.2376	3	.1484		.1409	3	.1025		.2616	
180	.4800	3	.4800	3	.5061	4	.5061		.1011		.1011	5	.1631		.1631	5	.2689	4	.2689	4

α =	135,2				135,4				135,6				135,8				136,0			
Streuquerschnitt Scattering	.2091	1			.2070	1			.2094	1			.2105	1			.2110	1		
φ^o	i_1		i_2		i_1		i_2		i_1		i_2		i_1		i_2		i_1		i_2	
0	.9133	8	.9133	8	.9010	8	.9010	8	.9271	8	.9271	8	.9424	8	.9424	8	.9531	8	.9531	8
1	.1701		.1714		.1765		.1709		.1779		.1767		.1774		.1824		.1839		.1790	
2	.1437	7	.1403	7	.1250	7	.1290	7	.1251	7	.1216	7	.1212	7	.1154	7	.1118	7	.1142	7
3	.6063	5	.6350	5	.4820	5	.7052	5	.9333	5	.9070	5	.1371	6	.1048	6	.1356	6	.1495	6
4	.2137	6	.1821	6	.2588	6	.2061	6	.2301	6	.2235	6	.2033		.2266		.2288		.1849	
5	.4900	5	.6020	5	.3904	5	.3974	5	.3895	5	.2518	5	.2627	5	.2786	5	.2634	5	.2302	5
6	.1888	6	.1892	6	.1749	6	.1896	6	.2159	6	.1908	6	.2338	6	.2052	6	.2036	6	.2105	6
7	.2306	5	.1348	5	.2157	5	.1199	5	.9202	4	.9164	4	.2208	4	.9534	4	.1805	4	.8588	4
8	.4954		.2460		.5550		.3921		.4288	5	.5479	5	.5234	5	.4709	5	.8772	5	.5123	5
9	.7499		.8691		.5704		.6768		.6202		.4499		.5520		.4854		.2810		.3925	
10	.3337		.4377		.4736		.4847		.7633		.5991		.8439		.7630		.7325		.8398	
20	.4090		.3168		.4959		.4205		.4774		.4102		.3909		.3679		.5016		.3716	
30	.1220		.1579		.1705		.1782		.2198		.2148		.2639		.2507		.2661		.2314	
40	.1752		.1611		.1944		.1477		.1902		.1896		.1551		.1582		.1459		.1474	
50	.1048	4	.7779	4	.4011	4	.5982	4	.4847	4	.9717	4	.9252	4	.9155	4	.9130	4	.1100	
60	.2959		.5667		.1818		.5691		.9510	3	.3373		.5174	3	.4176		.2156		.4304	4
70	.3955		.2092		.4294		.2972		.3679	4	.4592		.1410	4	.3597		.1504	3	.3174	
80	.1159		.2120		.8379	3	.1010		.1090		.5788	3	.1997		.5478	3	.2313	4	.1116	
90	.2318		.2652	3	.1834	4	.6598	3	.5299	3	.1089	4	.9646	3	.1220	4	.2047		.1070	
100	.8157	3	.6696		.3467	3	.2244		.2405		.7055	2	.8381		.2596	2	.8257	3	.2679	2
110	.6015		.2337		.1962		.7098	2	.4947		.6273		.5512		.7763	1	.7633	2	.1284	3
120	.1253		.2725		.4059		.2037	3	.1120		.2363	3	.7027		.1058	3	.1924	3	.6652	2
130	.1469		.2247	2	.3632		.4895		.3227		.6693	-1	.1027		.2838		.3528		.1153	3
140	.3876		.3605	3	.8133	2	.7368	2	.3376		.4254	3	.1608		.1796		.2207		.1827	
150	.1200		.4010	2	.2343	3	.2184	3	.4900		.5142		.1852		.4271		.3946		.7124	2
160	.1692	5	.8895	3	.1494	5	.9724		.1658	5	.1835	4	.1979	5	.2145	4	.2325	5	.2020	4
170	.7147	4	.1056	4	.9285	4	.5885		.1270		.4605	2	.1196		.1429	3	.9590	4	.6576	3
180	.4474		.4474		.5447	3	.5447		.4063	4	.4063	4	.4756	3	.4756		.3344		.3344	4

α =	136,2				136,4				136,6				136,8				137,0			
Streuquerschnitt Scattering	.2091 1				.2113 1				.2122 1				.2115 1				.2096 1			
φ^o	i_1		i_2		i_1		i_2		i_1		i_2		i_1		i_2		i_1		i_2	
0	.9419	8	.9419	8	.9672	8	.9672	8	.9815	8	.9815	8	.9812	8	.9812	8	.9690	8	.9690	8
1	.1849		.1811		.1823		.1872		.1824		.1873		.1881		.1803		.1843		.1828	
2	.1046	7	.1057	7	.1118	7	.1048	7	.1100	7	.1074	7	.1058	7	.1110	7	.1120	7	.1098	7
3	.1260	6	.1401	6	.1838	6	.1494	6	.2183	6	.1699	6	.1878	6	.2148	6	.1790	6	.1763	6
4	.2333		.2003		.1804		.2011		.1469		.1785		.1637		.1284		.1454		.1353	
5	.4660	5	.3185	5	.5263	5	.4988	5	.5357	5	.6118	5	.8686	5	.7112	5	.1300		.1021	
6	.1831	6	.1904	6	.2058	6	.1755	6	.1948	6	.1741	6	.1533	6	.1628	6	.1319		.1328	
7	.7916	4	.8322	4	.1946	5	.1377	5	.2252	5	.2591	5	.1887	5	.3768	5	.4046	5	.4017	5
8	.8923	5	.6779	5	.6467		.7436		.6522		.6240		.9209		.6045		.8762		.7052	
9	.1530		.2529		.1609		.1237		.1302		.1083		.4100	4	.8571	4	.8606	3	.5047	4
10	.9285		.8745		.1225	6	.9804		.1159	6	.1074	6	.9324	5	.1028	6	.1071	6	.9938	5
20	.5366		.4608		.4481	5	.3962		.3059	5	.3214	5	.3668		.2789	5	.3568	5	.3278	
30	.3142		.2628		.3522		.2903		.3247		.3018		.2642		.2319		.2757		.2288	
40	.1074		.1343		.8690	4	.1295		.3283	4	.1032		.5170	4	.8927	4	.4384	4	.1172	
50	.1058		.9285	4	.1128	5	.1007		.1241	5	.1017		.1157	5	.1008	5	.7788		.9459	4
60	.2423	4	.6307		.4746	4	.5465	4	.4627	4	.5586	4	.6791	4	.4545	4	.6665		.5408	
70	.4932	1	.2089		.2527	2	.2334		.7186	3	.2672		.2663		.4271		.4364		.3641	
80	.1617	4	.1404		.5240	3	.2334		.1214	2	.2044		.1482	3	.1568		.7947	2	.8808	3
90	.1170		.2818	3	.1979	2	.6044	2	.1197	4	.8989	2	.2969	4	.2625	3	.2452	4	.6465	
100	.7269	3	.1092		.2548	3	.1694	3	.8996	2	.4839	3	.6110	3	.7071		.2330	3	.2575	
110	.6111		.3580		.1417		.1509		.3106	3	.3665		.3753		.1352		.2182		.6014	2
120	.2205		.3732		.6161		.7755	2	.7841	2	.3234		.4613		.9444	2	.1870		.1138	3
130	.2228		.1383		.3078		.1343	3	.2142	3	.1047		.1856		.1611	3	.2233		.2172	
140	.2456		.1855		.3682		.1088		.2192		.1547		.3150		.4423		.3883		.4949	2
150	.1075		.1598		.4053		.2397		.4788	2	.5689		.8655		.5574		.1784		.3423	1
160	.1510	5	.4111		.1476	5	.4751		.1718	5	.1448	4	.2446	5	.2495	4	.2101	5	.1024	4
170	.8459	4	.9742		.7608	4	.1627		.8755	4	.1952	2	.1004		.4209	3	.1086		.1390	
180	.6862	3	.6862		.3692	3	.3692	3	.6167	3	.6167	3	.2988	4	.2988	4	.1951	4	.1951	

α =	137,2		137,4		137,6		137,8		138,0	
Streuquerschnitt Scattering	.2115 1		.2121 1		.2099 1		.2090 1		.2090 1	
φ°	i_1	i_2	i_1	i_2	i_1	i_2	i_1	i_2	i_1	i_2
0	.9925 8	.9925 8	.1005 9	.1005 9	.9923 8	.9923 8	.9869 8	.9869 8	.9939 8	.9939 8
1	.1786	.1860	.1761 8	.1834 8	.1798	.1746	.1762	.1730	.1680	.1749
2	.1269 7	.1193 7	.1311 7	.1297 7	.1324 7	.1367 7	.1499 7	.1457 7	.1650 7	.1594 7
3	.2333 6	.1719 6	.2587 6	.1805 6	.2210 6	.2127 6	.1672 6	.1570 6	.2049 6	.1413 6
4	.8920 5	.1191	.5242 5	.9191 5	.5957 5	.5182 5	.5160 5	.4952 5	.1716 5	.3521 5
5	.1350 6	.1376	.1383 6	.1515 6	.2035 6	.1659 6	.2334 6	.1828 6	.2254 6	.2380 6
6	.1360	.1102	.1068	.9679 5	.6332 5	.7843 5	.5655 5	.5276 5	.5199 5	.3570 5
7	.7405 5	.5501 5	.8296 5	.7403	.6649	.8799	.9709	.9126	.1370 6	.1062 6
8	.5876	.6952	.5088	.5423	.7462	.4608	.5543	.4259	.3105 5	.4416 5
9	.2843 4	.4053 4	.1495	.6374 4	.3065	.1660	.2197	.1754	.2529	.2704
10	.1278 6	.1030 6	.1036 6	.1035 6	.6763	.8667	.8178	.7434	.8730	.6851
20	.2430 5	.2642 5	.1345 5	.2006 5	.1551	.1564	.1514	.1876	.1096	.1713
30	.2728	.2526	.1932	.2468	.1624	.1707	.1142	.1215	.1089	.1641
40	.8076 4	.1261	.6141 4	.1338	.1256	.1022	.1339	.1512	.1896	.1687
50	.6487	.8995 4	.2724	.8842 4	.3873 4	.6427 4	.1823 4	.5713 4	.2833 4	.7478 4
60	.7534	.5732	.5696	.5843	.2312	.6220	.1603	.6243	.6966 3	.4685
70	.4054	.3303	.2538	.2146	.3643	.2022	.2679	.1490	.2000 4	.3520
80	.4539 3	.8780 3	.2536	.1293	.3638	.1835	.2264	.1812	.9772 3	.1551
90	.5732	.1080 4	.9378 3	.1252	.2411	.8658 3	.9086 3	.8744 3	.1708 1	.1714 3
100	.2847	.1259 3	.5869	.5707 2	.4229 3	.1186 2	.9076	.3357	.1495 3	.2267
110	.9123	.1985 2	.1550	.6182	.6248	.1661 3	.4460	.6310	.1224	.2640
120	.3862	.1123 3	.6168	.4464	.3451	.1691	.4604	.5762	.1808	.2163
130	.2212	.1163	.5085	.3295 3	.1044	.5719 1	.1711	.6193	.4760	.4771 2
140	.2103	.2400	.5821	.7910 1	.4734	.6123 3	.3716	.2849	.6247 2	.2759 3
150	.2982	.4477 2	.5502 2	.3199 3	.5513	.9031	.2152	.1184	.5522 3	.9348 2
160	.2177 5	.3630 3	.1774 5	.2547	.1402 5	.1210 4	.2126 5	.1105 4	.2798 5	.8201 3
170	.6437 4	.6447	.5226 4	.1168	.9643 4	.9058 2	.1069	.2199	.8837 4	.1014 4
180	.1068 3	.1068	.4070	.4070 4	.4325	.4325 4	.8097 4	.8097	.3438 3	.3438 3

α =	138,2				138,4				138,6				138,8				139,0			
Streuquerschnitt Scattering	.2081 1				.2054 1				.2061 1				.2055 1				.2039 1			
φ°	i_1		i_2		i_1		i_2		i_1		i_2		i_1		i_2		i_1		i_2	
0	.9915	8	.9915	8	.9712	8	.9712	8	.9837	8	.9837	8	.9832	8	.9832	8	.9740	8	.9740	8
1	.1666		.1688		.1677		.1621		.1620		.1617		.1565		.1607		.1581		.1533	
2	.1691	7	.1714	7	.1758	7	.1776	7	.1977	7	.1909	7	.2071	7	.2050	7	.2085	7	.2132	7
3	.2020	6	.1275	6	.1138	6	.1328	6	.1019	6	.1105	6	.1149	6	.6817	5	.8500	5	.5389	5
4	.4595	4	.2085	5	.9746	4	.4174	4	.2512	4	.3298	3	.2326	4	.8298	3	.1169		.3314	4
5	.2370	6	.2334	6	.2757	6	.2432	6	.2822	6	.2579	6	.2582	6	.2741	6	.2686	6	.2491	6
6	.2535	5	.2575	5	.1168	5	.1372	5	.1476	5	.6095	4	.1074	5	.8913	4	.8918	4	.9943	4
7	.1339	6	.1228	6	.1088	6	.1270	6	.1373	6	.1210	6	.1627	6	.1291	6	.1407	6	.1350	6
8	.2734	5	.3200	5	.3447	5	.2261	5	.2290	5	.1917	5	.8861	4	.2090	5	.6037	4	.1905	5
9	.5602		.3023		.6671		.5191		.5973		.6713		.5967	5	.5928		.9344	5	.5638	
10	.5680		.6551		.3814		.4606		.3669		.2576		.3395		.2626		.1430		.2259	
20	.8274	4	.1515		.1038		.1592		.1917		.2528		.2362		.2559		.2368		.2472	
30	.8451		.1714		.8690	4	.1564		.8707	4	.1383		.1443		.1795		.1694		.2023	
40	.1727	5	.1979		.2228	5	.1581		.2140	5	.2061		.1846		.1716		.1544		.1674	
50	.5320	4	.9925	4	.6573	4	.9068	4	.8272	4	.8484	4	.9318	4	.9082	4	.1361		.1104	
60	.1261		.3677		.1671		.5422		.2754		.5845		.5153		.6335		.5118	4	.5357	4
70	.6792	3	.4126		.4076	3	.4064		.7872	3	.2267		.7159	3	.1977		.1745		.1956	
80	.6118		.1224		.7549		.8092	3	.3963		.1263		.6174	2	.1776		.8681	3	.2577	
90	.1411	4	.2548	3	.3539	4	.3513		.3070	4	.6122	3	.5642	3	.9025	3	.3772		.1278	
100	.1547	3	.5108		.4426	3	.5852		.2775	3	.2648		.2613		.1950		.2356		.9948	2
110	.9271		.3589		.2280		.3407	2	.5265		.1553		.8670		.1572	1	.2086		.2443	3
120	.7464		.4167		.4209		.2213	1	.1269		.3641		.7116		.1114	2	.1659		.3274	
130	.2706		.4135		.1103		.2056	3	.1974		.4556		.4138		.1593	3	.1836		.7042	2
140	.5580		.1250		.4806		.2628		.2542		.1415		.1337		.2031		.4891		.2197	3
150	.1220		.3411	2	.4797		.5919		.1933	2	.3101	2	.7316		.2101		.2891		.5914	2
160	.2210	5	.1971	3	.1707	5	.5621	2	.1839	5	.5306	1	.2409	5	.6365		.2406	5	.3754	3
170	.7545	4	.8435		.4847	4	.8754		.6622	4	.1052	4	.8329	4	.1011	4	.1023		.1878	4
180	.6808		.6808	4	.5836		.5836	4	.8961		.8961		.5560	3	.5560	3	.8137	4	.8137	

α =	139,2		139,4		139,6		139,8		140,0	
Streuquerschnitt Scattering	.2022 1		.2037 1		.2035 1		.2028 1		.2019 1	
φ°	i_1	i_2	i_1	i_2	i_1	i_2	i_1	i_2	i_1	i_2
0	.9627 8	.9627 8	.9814 8	.9814 8	.9848 8	.9848 8	.9840 8	.9840 8	.9796 8	.9796 8
1	.1555	.1532	.1501	.1559	.1504	.1521	.1551	.1464	.1514	.1525
2	.2174 7	.2149 7	.2328 7	.2243 7	.2312 7	.2323 7	.2294 7	.2339 7	.2333 7	.2277 7
3	.3834 5	.4477 5	.4123 5	.2593 5	.3863 5	.2227 5	.1738 5	.2888 5	.2535 5	.1921 5
4	.8328 4	.9744 4	.1686	.1369	.3917	.1963	.5255	.3623	.5206	.5168
5	.2800 6	.2508 6	.2442 6	.2484 6	.2067 6	.2276 6	.2087 6	.1832 6	.1959 6	.1835 6
6	.2860 5	.1873 5	.4273 5	.3722 5	.4226 5	.5095 5	.6721 5	.6128 5	.1115	.8947 5
7	.1159 6	.1261 6	.1321 6	.1076 6	.1321 6	.1057 6	.9926	.9946	.7764 5	.8124
8	.1420 5	.1306 5	.2243 5	.1807 5	.1950 5	.2529 5	.1403	.3466	.3008	.2905
9	.1026 6	.8163	.7992	.8763	.7308	.7658	.9656	.6206	.9593	.8134
10	.4341 4	.1124	.4849 4	.5116 4	.6694 4	.4390 4	.7007 4	.7752 4	.8256 4	.7818 4
20	.2820 5	.3026	.4456 5	.4083 5	.5070 5	.4592 5	.4540 5	.3943 5	.4647 5	.4457 5
30	.1947	.2221	.2319	.2255	.3485	.2911	.3368	.3048	.3064	.2807
40	.1282	.1445	.1310	.1509	.6936 4	.1378	.5299 4	.1020	.3395 4	.1011
50	.1326	.1172	.1182	.1080	.9582	.1021	.7326	.9170 4	.5578	.7763 4
60	.6754 4	.5133 4	.6761 4	.5358 4	.7529	.6035 4	.6226	.6259	.3376	.6701
70	.3449	.3231	.6072	.4137	.4504	.3780	.2122	.3252	.1143	.2319
80	.1702	.1843	.1692	.1428	.1101	.7437 3	.1666	.5792 3	.2350	.7452 3
90	.1385	.5338 3	.9197 3	.3506 3	.5927 2	.4587	.1444	.5399	.3688	.5391
100	.1104	.6262 1	.1050 4	.1858 2	.1578 3	.2741	.1520 3	.5046	.2667 3	.5901
110	.5952 3	.1146 3	.1208 3	.1653 3	.4148	.3246	.6945	.1993	.1926	.4054 2
120	.4417	.1218	.2093	.1292	.1824	.2403	.8009	.1327	.1444	.3748
130	.2447	.2393	.2690	.1121	.2324	.1380	.3657	.3082	.2652	.8227
140	.1262	.6217 2	.4545	.1712	.1311	.3244	.3792	.5703 2	.6717 2	.2094 3
150	.4518	.1206 3	.1127	.1980	.6656	.3912	.2270	.3479	.5008 3	.1122
160	.2397 5	.2304	.2190 5	.1291	.1779 5	.1163	.2057 5	.3659	.2538 5	.4161
170	.7697 4	.6965	.5069 4	.4162 2	.4832 4	.3623	.7192 4	.2015 4	.9728 4	.1330 4
180	.1276	.1276 4	.2024	.2024 4	.6364 3	.6364	.9921	.9921	.1432 3	.1432 3

α =	140,2		140,4		140,6		140,8		141,0	
Streuquerschnitt Scattering	.2049 1		.2051 1		.2041 1		.2045 1		.2071 1	
φ^o	i_1	i_2	i_1	i_2	i_1	i_2	i_1	i_2	i_1	i_2
0	.1014 9	.1014 9	.1023 9	.1023 9	.1019 9	.1019 9	.1027 9	.1027 9	.1060 9	.1060 9
1	.1495 8	.1561 8	.1514 8	.1557 8	.1609 8	.1509 8	.1579 8	.1600 8	.1588 8	.1648 8
2	.2393 7	.2309 7	.2273 7	.2291 7	.2185 7	.2209 7	.2165 7	.2096 7	.2119 7	.2065 7
3	.6208 5	.3843 5	.6738 5	.6055 5	.5631 5	.9063 5	.1167 6	.9957 5	.1714 6	.1465 6
4	.7203	.4786	.9650	.6412	.1218 6	.8740	.9297 5	.8272	.1196	.9035 5
5	.1428 6	.1627 6	.9491	.1290 6	.1003	.8159	.8417	.8436	.4278 5	.6029
6	.1267	.1158	.1216 6	.1406	.1738	.1469 6	.2083 6	.1750 6	.2075 6	.2103 6
7	.8474 5	.6404 5	.6841 5	.5235 5	.3564 5	.4120 5	.2374 5	.2443 5	.2649 5	.1257 5
8	.6013	.4246	.6854	.5691	.4881	.7233	.6943	.6122	.1075 6	.7531
9	.6490	.7595	.4900	.6562	.7462	.4580	.6049	.5527	.3146 5	.4719
10	.7953 4	.1017 5	.2115	.1596	.4744	.3008	.4487	.3383	.4089	.4448
20	.6211 5	.5188	.5723	.5594	.4842	.4230	.4584	.4500	.5201	.4465
30	.3188	.2439	.4077	.3207	.3164	.3154	.2425	.2416	.2131	.2071
40	.5793 4	.1123	.7682 4	.1467	.1034	.1237	.1237	.1225	.1577	.1479
50	.3566	.9149 4	.4262	.8755 4	.2262 4	.1004	.3804 4	.6821 4	.2932 4	.7359 4
60	.1491	.4599	.5825 3	.4595	.8260 3	.3621 4	.1391	.6015	.4175	.6324
70	.9857 3	.2135	.1185 4	.2583	.3255	.4916	.1282	.4183	.2779	.3570
80	.1654 4	.1263	.7457 3	.2186	.7414 2	.3145	.3567 3	.1615	.3874 3	.1001
90	.3316	.5890 3	.1114 4	.6256 3	.2940 3	.1059	.1325 4	.5190 3	.1207 4	.4684 3
100	.4794 3	.5685	.6150 3	.2528	.1965	.5629 2	.1204	.4955 2	.9745 3	.3366 2
110	.7438	.1169 2	.5313	.1100 2	.4957	.4370 3	.4220 3	.1176 3	.6549 2	.3623 3
120	.5822	.1819 3	.3928	.4898	.2310	.6266	.6126	.6381 2	.7818	.3438
130	.1721	.5358	.7223	.7159	.4613	.4630	.3475	.4012 3	.6131	.2305
140	.7224	.7928 2	.1090	.4359 3	.2159	.3069	.1263	.1265	.7111 3	.1362
150	.5027	.2707 3	.7358	.5830	.1009	.2550 2	.2624	.1702	.5695	.8432 2
160	.2651 5	.6981	.1604 5	.5090	.1661 5	.4458 3	.1886 5	.2564 2	.2257 5	.4131 3
170	.8853 4	.1025 4	.7577 4	.2738	.7595 4	.1027 4	.7799 4	.1321 4	.1162	.1253 4
180	.3313 3	.3313 3	.1772	.1772 4	.1599 5	.1599 5	.1036	.1036	.2724 4	.2724

α =	141,2		141,4		141,6		141,8		142,0	
Streuquerschnitt Scattering	.2067 1		.2064 1		.2085 1		.2097 1		.2083 1	
φ^o	i_1	i_2	i_1	i_2	i_1	i_2	i_1	i_2	i_1	i_2
0	.1062 9	.1062 9	.1065 9	.1065 9	.1093 9	.1093 9	.1112 9	.1112 9	.1104 9	.1104 9
1	.1646 8	.1644 8	.1714 8	.1648 8	.1699 8	.1720 8	.1731 8	.1747 8	.1798 8	.1741 8
2	.1923 7	.1952 7	.1836 7	.1824 7	.1816 7	.1747 7	.1701 7	.1688 7	.1529 7	.1554 7
3	.1705 6	.1852 6	.1926 6	.2176 6	.2830 6	.2481 6	.3192 6	.3094 6	.3019 6	.3401 6
4	.1581	.9231 5	.1260	.1120	.9338 5	.1111	.1149	.8437 5	.1316	.7936 5
5	.1801 5	.3738	.2408 5	.1298 5	.1203	.7896 4	.2591 4	.5237 4	.1133 5	.1622 4
6	.2032 6	.2167 6	.2473 6	.2146 6	.2569 6	.2254 6	.2315 6	.2394 6	.2242 6	.2280 6
7	.1287 5	.7543 4	.4138 3	.1965 4	.2219 4	.3879 3	.2042 4	.3474 4	.5028 4	.6787 4
8	.1103 6	.8857 5	.8088 5	.1003 6	.9961 5	.8756 5	.1271 6	.8995 5	.1089 6	.9162 5
9	.2214 5	.3791	.3425	.2309 5	.2743	.2229	.1097 5	.2396	.5047 4	.2124
10	.6903	.4727	.9077	.6799	.8272	.8388	.7415	.7616	.9984 5	.7199
20	.3793	.4509	.3033	.3008	.2675	.2731	.2719	.2823	.1764	.2742
30	.1957	.2165	.1499	.2182	.9611 4	.1569	.8329 4	.1443	.9649 4	.1408
40	.1782	.1936	.2014	.1782	.2186 5	.1992	.2232 5	.1839	.1944 5	.1891
50	.9197 4	.8107 4	.9909 4	.1249	.1409	.1022	.1167	.1116	.1201	.1002
60	.3450	.6962	.6127	.4835 4	.5698 4	.4800 4	.8010 4	.5584 4	.7803 4	.6141 4
70	.2613	.2310	.2566	.2137	.3433	.2850	.4814	.3487	.3728	.3911
80	.7055 3	.7059 3	.2171	.1085	.3480	.2083	.2379	.1878	.7042 3	.1989
90	.2291	.7581	.1344	.8905 3	.3518	.7924 3	.2721	.5519 3	.3773	.4634 3
100	.2619	.2794	.2236 3	.3763	.1859 3	.2463	.5632 3	.4569	.2832	.3491
110	.6316	.3377	.1496	.9170 2	.6138	.1600	.4378	.2244 1	.1347	.5384 2
120	.4980	.1553	.1995	.1757 3	.5083	.1512	.3854	.8545 2	.9824 2	.1776 3
130	.6192	.4329	.2901	.6566 2	.2386	.2406	.2854	.8194	.2460 3	.2169
140	.3064 2	.1290	.2728	.5430 3	.1834	.3301	.4013	.2143 3	.7241 2	.3101 2
150	.6623 3	.5707	.2177	.2930	.2143	.2844	.3497	.5916 2	.2527 3	.2619 3
160	.2117 5	.9404	.2336 5	.1781 4	.1621 5	.6956	.1598 5	.8786	.2093 5	.5816
170	.1425	.1177 4	.7269 4	.1534 3	.6000 4	.1667 4	.8960 4	.1001 4	.1291	.2115 4
180	.6411 4	.6411	.1121 5	.1121 5	.1688 5	.1688 5	.6203	.6203	.8284 4	.8284

α =	142,2		142,4		142,6		142,8		143,0	
Streuquerschnitt Scattering	.2091 1		.2109 1		.2110 1		.2104 1		.2105 1	
φ°	i_1	i_2	i_1	i_2	i_1	i_2	i_1	i_2	i_1	i_2
0	.1118 9	.1118 9	.1144 9	.1144 9	.1153 9	.1153 9	.1151 9	.1151 9	.1159 9	.1159 9
1	.1800 8	.1792 8	.1774 8	.1841 8	.1825 8	.1805 8	.1858 8	.1789 8	.1812 8	.1850 8
2	.1516 7	.1476 7	.1510 7	.1468 7	.1433 7	.1452 7	.1394 7	.1399 7	.1466 7	.1411 7
3	.3645 6	.3549 6	.4458 6	.3790 6	.4288 6	.4355 6	.4054 6	.4454 6	.4699 6	.4236 6
4	.8760 5	.8970 5	.5260 5	.7247 5	.6328 5	.4754 5	.6046 5	.3779 5	.3387 5	.4353 5
5	.1251	.1070	.1364	.1677	.3531	.2140	.5379	.2935	.6105	.6323
6	.2454 6	.2169 6	.2251 6	.2138 6	.1823 6	.1937 6	.1666 6	.1654 6	.1682 6	.1502 6
7	.2556 5	.1651 5	.3885 5	.3587 5	.3709 5	.5020 5	.5791 5	.5898 5	.1025	.8037 5
8	.8069	.9298	.9150	.7436	.1015 6	.7200	.7275	.6150	.4659 5	.5399
9	.1369	.1342	.2539	.2017	.2313 5	.2855	.1807	.3402	.2872	.2849
10	.1099 6	.8819	.8842	.9249	.7695	.8131	.9031	.6905	.9100	.7760
20	.1102 5	.1710	.1085	.1713	.1461	.2011	.1718	.2379	.1571	.2024
30	.1004	.1805	.8931 4	.1524	.1381	.1787	.2458	.2049	.2726	.2695
40	.1475	.1645	.1302 5	.1461	.1088	.1483	.8144 4	.1384	.5221 4	.1208
50	.1155	.1042	.9618 4	.1021	.9008 4	.9888 4	.3622	.1123	.3627	.8355 4
60	.6489 4	.6966 4	.3618	.5966 4	.1149	.5782	.1291	.3882 4	.6365 3	.4680
70	.1949	.4265	.3294 3	.2997	.2648 2	.2237	.1658 2	.1711	.5405	.3477
80	.3513 3	.1564	.3687	.1075	.2275 3	.1003	.3090	.1494	.1260 4	.1948
90	.3095	.3221 3	.1701 4	.2659 3	.1777 4	.5359 3	.5271 3	.9824 3	.1017	.1212
100	.3692	.1486 2	.1096	.1266 2	.9289 3	.3960 2	.4617	.3124	.1359 3	.3767 3
110	.7102	.2297 3	.1342 3	.1991 3	.3592	.4161 3	.3212	.3238	.2527	.1521
120	.4908	.2122	.1783	.2217	.5414	.2769	.2628	.3928 2	.1340	.2444
130	.2837	.1434	.2961	.1096	.1681	.2733	.2965	.2251 3	.2261	.1911
140	.4317	.3442	.7324 2	.1871	.4016	.1426	.2477	.1427	.4550	.1175
150	.4254	.6447	.2765 3	.2943	.3746	.6464 2	.1145 2	.1885 2	.4447	.4964
160	.2479 5	.2163 4	.1916 5	.1816 4	.1730 5	.9202 3	.1735 5	.7678 3	.1767 5	.1136 4
170	.1143	.1740 3	.1031	.7576 2	.7123 4	.3710	.7538 4	.2203 4	.1242	.5789 3
180	.4831 4	.4831 4	.3822 4	.3822 4	.7462	.7462 4	.8346	.8346	.2272 4	.2272 4

α =	143,2				143,4				143,6				143,8				144,0			
Streuquerschnitt Scattering	.2123 1				.2114 1				.2103 1				.2096 1				.2106 1			
φ^o	i_1		i_2		i_1		i_2		i_1		i_2		i_1		i_2		i_1		i_2	
0	.1186	9	.1186	9	.1184	9	.1184	9	.1178	9	.1178	9	.1177	9	.1177	9	.1196	9	.1196	9
1	.1769	8	.1855	8	.1786	8	.1795	8	.1833	8	.1721	8	.1732	8	.1790	8	.1686	8	.1754	8
2	.1527	7	.1506	7	.1525	7	.1562	7	.1632	7	.1598	7	.1758	7	.1702	7	.1861	7	.1864	7
3	.5275	6	.4374	6	.4584	6	.4548	6	.4020	6	.4087	6	.4440	6	.3762	6	.4650	6	.3769	6
4	.1033	5	.3045	5	.9935	4	.1504	5	.1419	5	.1002	5	.9847	4	.1631	5	.8111	4	.1909	5
5	.7209		.7251		.9775	5	.8625		.1458	6	.9057		.1237	6	.1244	6	.1401	6	.1281	6
6	.1313	6	.1333	6	.8677		.1037	6	.7455	5	.6763		.6701	5	.6143	5	.3562	5	.4445	5
7	.1155		.1111		.1072	6	.1279		.1491	6	.1307	6	.1856	6	.1533	6	.1794	6	.1772	6
8	.5133	5	.3668	5	.4700	5	.3247	5	.2451	5	.2204	5	.8752	4	.1390	5	.1034	5	.4919	4
9	.5846		.3839		.6407		.5491		.5090		.6823		.6386	5	.5647		.1016	6	.6379	5
10	.5844		.7131		.4230		.5719		.5854		.4070		.5117		.4844		.2343	5	.3986	
20	.1706		.2035		.2736		.2831		.3912		.3727		.3898		.3808		.4018		.3459	
30	.2276		.2394		.3017		.2553		.3596		.3087		.3947		.3441		.2937		.2869	
40	.3693	4	.1015		.7311	4	.1231		.7322	4	.1503		.1167		.1361		.1190		.1409	
50	.1085		.7444	4	.3124		.6219	4	.3260		.1085		.7282	4	.1111		.9380	4	.1130	
60	.1857		.5371		.4422		.7252		.4662		.6618	4	.6123		.5824	4	.6306		.5046	4
70	.3155		.4216		.4393		.4159		.4679		.3189		.2792		.2462		.2988		.2145	
80	.3117		.2246		.2859		.1544		.1152		.1625		.1373		.6381	3	.1953		.8010	3
90	.3404		.1066		.3092		.4735	3	.3633	3	.6389	3	.4525	3	.8435	2	.2326		.1746	
100	.1857	3	.5788	3	.2842	3	.4437		.1696		.4741		.4689		.8909		.8231	3	.3468	2
110	.1181	4	.6989	2	.1426		.5281	2	.6206		.1436		.4953		.2768	3	.1792		.3226	3
120	.9790	3	.1556	2	.3464	2	.3487	3	.4399		.3014		.2476		.1997		.4214		.2603	
130	.6124		.1119	3	.7648	1	.1579		.1942		.3467		.3047		.2816	2	.4379		.3658	
140	.8964	2	.2968		.7814	3	.3549		.3645		.8800	2	.2776		.2782	3	.2745		.1043	
150	.2153	3	.6071		.6144		.2320		.1271		.4574		.5382		.1294		.5005	2	.5297	
160	.1903	5	.2031	4	.2062	5	.2156	4	.1992	5	.2488	4	.1408	5	.6395		.1730	5	.1133	4
170	.1714		.2535	3	.1547		.2556	2	.8763	4	.2091		.9732	4	.6895		.1658		.9029	3
180	.2791	4	.2791	4	.1895	4	.1895	4	.2917	5	.2917	5	.2649		.2649	4	.1045		.1045	5

α =	144,2				144,4				144,6				144,8				145,0			
Streuquerschnitt Scattering	.2079 1				.2073 1				.2070 1				.2068 1				.2034 1			
φ°	i_1		i_2		i_1		i_2		i_1		i_2		i_1		i_2		i_1		i_2	
0	.1174	9	.1174	9	.1173	9	.1173	9	.1175	9	.1175	9	.1180	9	.1180	9	.1148	9	.1148	9
1	.1691	8	.1679	8	.1689	8	.1619	8	.1597	8	.1648	8	.1579	8	.1587	8	.1578	8	.1532	8
2	.1919	7	.1947	7	.2122	7	.2059	7	.2253	7	.2213	7	.2336	7	.2357	7	.2417	7	.2415	7
3	.3716	6	.3553	6	.2953	6	.3258	6	.3147	6	.2614	6	.2906	6	.2451	6	.1937	6	.2016	6
4	.5349	4	.1760	5	.1715	5	.2427	5	.4014	5	.2657	5	.5013	5	.5185	5	.4179	5	.5601	5
5	.1920	6	.1435	6	.1857	6	.1536	6	.1504	6	.1700	6	.1633	6	.1417	6	.1914	6	.1508	6
6	.1141	5	.2503	5	.1388	5	.5820	4	.7565	4	.4860	4	.2190	4	.2685	4	.1213	5	.3345	4
7	.1642	6	.1828	6	.2036	6	.1759	6	.2208	6	.1876	6	.1886	6	.1919	6	.1677	6	.1791	6
8	.8342	4	.3469	4	.4077	4	.2822	4	.3831	4	.7406	4	.2870	4	.1154	5	.1209	5	.1406	5
9	.1033	6	.7816	5	.7268	5	.8930	5	.8425	5	.7366	5	.1149	6	.7210		.9463		.7637	
10	.1025	5	.2755	5	.2078		.1620		.2272		.1961		.1370	5	.2467		.6831	4	.1944	
20	.5245		.4315		.5889		.4995		.5202		.4317		.5134		.4133		.5610	5	.4718	
30	.3227		.2562		.3094		.2990		.2691		.2765		.1741		.2205		.1650		.1705	
40	.1964		.1661		.2025		.2141		.2152		.1867		.2031		.1795		.2338		.1821	
50	.1179		.9357	4	.1148		.1113		.1326		.1084		.1411		.1201		.1163		.1189	
60	.8033	4	.5890		.7634	4	.6615	4	.6857	4	.6718	4	.3797	4	.6829	4	.1808	4	.5120	4
70	.3706		.2542		.2544		.5058		.1003		.4336		.2510	3	.4269		.6555	3	.2739	
80	.1353		.1297		.2425	3	.3140		.2113	3	.3273		.9127		.2261		.8228		.1146	
90	.2603		.5454	3	.9618		.1090		.5780		.1404		.2168	4	.1236		.2011	4	.5003	3
100	.5308	3	.3680	2	.7720		.1166	3	.1211		.1995	3	.4888	3	.7218	3	.5491	3	.4146	
110	.1073	4	.3227	3	.1021		.2207	2	.5879		.1477		.7947		.1541	2	.2779		.1372	
120	.6179	3	.5584	2	.1493		.9587		.5178		.8734	2	.3296		.9790		.4249		.4319	
130	.9474	2	.2228		.2264		.4554	3	.3732		.1027	3	.2147		.1514	3	.3449		.1947	
140	.7417	3	.6726	3	.2912		.3143	1	.1769		.3227		.4747		.5039	2	.3859		.3505	
150	.4541		.6340		.2181		.1457	3	.6192		.1505		.1432		.1613	3	.3695		.8106	
160	.2332	5	.1991	4	.2308	5	.2949	4	.1985	5	.1163	4	.2078	5	.7742		.1716	5	.7412	
170	.2044		.8270	2	.1359		.1309		.1059		.1722		.1081		.1873	4	.1455		.5450	
180	.7171	4	.7171	4	.2277		.2277	5	.1676		.1676	5	.1916		.1916	5	.8384	4	.8384	4

α =	145,2				145,4				145,6				145,8				146,0			
Streuquerschnitt Scattering	.2039 1				.2043 1				.2037 1				.2017 1				.2029 1			
φ^o	i_1		i_2		i_1		i_2		i_1		i_2		i_1		i_2		i_1		i_2	
0	.1158	9	.1158	9	.1169	9	.1169	9	.1169	9	.1169	9	.1152	9	.1152	9	.1171	9	.1171	9
1	.1522	8	.1529	8	.1470	8	.1527	8	.1502	8	.1454	8	.1488	8	.1453	8	.1434	8	.1489	8
2	.2618	7	.2548	7	.2685	7	.2675	7	.2698	7	.2720	7	.2743	7	.2719	7	.2862	7	.2798	7
3	.1744	6	.1665	6	.1795	6	.1386	6	.1431	6	.1475	6	.1147	6	.1194	6	.1493	6	.1146	6
4	.7024	5	.6709	5	.1083		.7607	5	.1093		.1083		.1037		.1018		.1309		.1079	
5	.1618	6	.1569	6	.1197		.1449	6	.1240		.1059		.1244		.1056		.9010	5	.1012	
6	.1730	5	.1511	5	.1956	5	.2452	5	.4471	5	.3102	5	.8350	5	.4609	5	.7627		.7703	5
7	.1893	6	.1629	6	.1828	6	.1607	6	.1379	6	.1448	6	.1046	6	.1209	6	.1167	6	.9788	
8	.3540	5	.2531	5	.4575	5	.4608	5	.4212	5	.6084	5	.7079	5	.6542	5	.1079		.8390	
9	.6187		.7380		.6637		.5557		.8465		.5217		.5751		.4898		.2890	5	.3895	
10	.1282		.1632		.2872		.2181		.3548		.3644		.3135		.3712		.3813		.3926	
20	.5356		.4535		.3870		.3725		.3558		.3075		.3531		.3447		.3016		.3012	
30	.1457		.2093		.1044		.1735		.5988	4	.1568		.7652	4	.1261		.1371		.1990	
40	.2123		.2098		.1481		.1679		.1170	5	.1456		.8913		.1338		.8465	4	.1427	
50	.9609	4	.1089		.5805	4	.9642	4	.4181	4	.7283	4	.2149		.7531	4	.2445		.9626	4
60	.7031	3	.4054	4	.4722	3	.4606		.2461		.5996		.3074		.8075		.6026		.6438	
70	.9615		.2364		.1204	4	.2546		.3285		.3859		.4969		.3844		.5638		.4206	
80	.7796		.6155	3	.2098		.7708	3	.3183		.1283		.2807		.1563		.8665	3	.2331	
90	.2600		.1177		.5904	3	.6650	2	.2970		.1905	3	.3462		.5238	3	.1323	4	.1055	
100	.1578		.2415		.5478		.1735	3	.7779	3	.3182	2	.7491	3	.7572	2	.8854	3	.3634	2
110	.7199		.6396	2	.1364		.2318		.4805		.3978	3	.2235		.2258	3	.2778		.1077	3
120	.5390		.2340		.2653	2	.3338		.9132		.1426		.2058		.1043		.5633		.1026	
130	.2726		.1146	3	.1441	3	.2213		.5598		.2699		.4368		.1806	2	.3059		.2951	
140	.2319		.1438		.2666		.1680		.4011		.1320		.2446		.1339	3	.3898		.2425	
150	.7351	2	.1430		.5381		.3112		.4465		.7151	1	.5404		.5857		.3798	2	.1643	
160	.1947	5	.1758	4	.2374	5	.2133	4	.2794	5	.1628	4	.1712	5	.2427		.1820	5	.3873	
170	.1824		.5876	3	.1761		.6783	3	.1062		.2494		.1125		.1418	4	.1609		.1399	4
180	.8551	4	.8551	4	.6048	4	.6048	4	.1958		.1958	5	.1972		.1972	5	.5485	4	.5485	

α =	146,2				146,4				146,6				146,8				147,0			
Streuquerschnitt Scattering	.2042 1				.2036 1				.2030 1				.2045 1				.2061 1			
φ°	i_1		i_2		i_1		i_2		i_1		i_2		i_1		i_2		i_1		i_2	
0	.1192	9	.1192	9	.1192	9	.1192	9	.1190	9	.1190	9	.1214	9	.1214	9	.1241	9	.1241	9
1	.1419	8	.1485	8	.1481	8	.1440	8	.1510	8	.1453	8	.1463	8	.1532	8	.1484	8	.1535	8
2	.2820	7	.2840	7	.2736	7	.2764	7	.2725	7	.2661	7	.2708	7	.2664	7	.2573	7	.2615	7
3	.1670	6	.1402	6	.1501	6	.1761	6	.1888	6	.1942	6	.2701	6	.2242	6	.3015	6	.2917	6
4	.1705		.1154		.1427		.1446		.1228		.1197		.1498		.1092		.1855		.1095	
5	.5228	5	.8333	5	.5163	5	.4920	5	.4858	5	.4385	5	.2449	5	.3827	5	.5255	4	.2755	5
6	.7927		.8714		.1127	6	.1020	6	.1612	6	.1097	6	.1449	6	.1465	6	.1433	6	.1470	6
7	.9494		.8763		.5914	5	.6582	5	.3921	5	.4517	5	.3623	5	.2892	5	.1688	5	.1922	5
8	.1142	6	.1075	6	.9941		.1223	6	.1377	6	.1224	6	.1751	6	.1405	6	.1618	6	.1540	6
9	.2642	5	.2397	5	.3303		.1904	5	.1930	5	.1667	5	.4424	4	.1259	5	.1759	4	.7652	4
10	.6586		.4363		.7129		.6283		.6090		.6178		.6892	5	.6312		.1051	6	.6352	5
20	.1642		.2298		.1320		.1611		.1477		.1921		.1590		.2024		.1327	5	.2052	
30	.1667		.2125		.1565		.2183		.2028		.1955		.3133		.2825		.3344		.3277	
40	.3844	4	.1198		.6468	4	.1125		.5421	4	.1417		.1033		.1405		.8411	4	.1486	
50	.4945		.1050		.3182		.8974	4	.7602		.6551	4	.7656	4	.1054		.1384	5	.1203	
60	.4760		.5823	4	.6912		.5199		.6950		.5637		.8673		.7060	4	.7362	4	.7256	4
70	.2914		.3162		.1241		.2472		.1060		.1413		.7589	3	.3327		.5918	3	.4478	
80	.3431	2	.2232		.2123	3	.1453		.7406	2	.1051		.1675		.1110		.2162	4	.1864	
90	.5056	3	.1444		.1030	4	.1076		.1560	4	.1013		.1955		.2861	3	.6538	3	.2771	3
100	.1412		.3176	3	.4802	3	.7223	3	.3746	3	.4597	3	.2072		.3429		.4811		.2314	
110	.7883		.6737	2	.4833		.4831	1	.6433		.3736		.4368		.1017		.1352		.4171	
120	.3704		.1094	3	.9558	2	.3026	3	.5666		.2228		.1408		.1048		.5312		.1903	
130	.3632		.6945	2	.6291	3	.5847		.3462		.1465		.1439		.3518		.5132		.8754	2
140	.3853		.3226	3	.3231		.3573	2	.8851	2	.4210		.6291		.9992	2	.2755		.5659	3
150	.3765		.2782		.7772		.1412	3	.5788	3	.2092		.3170		.3620	3	.4491		.4050	
160	.2157	5	.1299	4	.2942	5	.1840	4	.2518	5	.4324		.2609	5	.3029		.2184	5	.1390	
170	.2290		.5461	3	.1882		.2000		.1298		.1960	4	.1207		.3279	4	.1723		.2285	4
180	.3782	4	.3782	4	.6200	4	.6200		.2433		.2433	5	.7083	4	.7083		.2012		.2012	5

α =	147,2				147,4				147,6				147,8				148,0			
Streuquerschnitt Scattering	.2046 1				.2069 1				.2073 1				.2080 1				.2066 1			
φ^o	i_1		i_2		i_1		i_2		i_1		i_2		i_1		i_2		i_1		i_2	
0	.1230	9	.1230	9	.1264	9	.1264	9	.1275	9	.1275	9	.1292	9	.1292	9	.1281	9	.1281	9
1	.1575	8	.1520	8	.1612	8	.1537	8	.1579	8	.1640	8	.1644	8	.1620	8	.1702	8	.1648	8
2	.2428	7	.2442	7	.2398	7	.2295	7	.2263	7	.2243	7	.2101	7	.2132	7	.1988	7	.1965	7
3	.3003	6	.3351	6	.4120	6	.4078	6	.4936	6	.4501	6	.4999	6	.5299	6	.5295	6	.5515	6
4	.1536		.1278		.9686	5	.1149		.1099		.7685	5	.1200		.6034	5	.6790	5	.6340	5
5	.3312	4	.1085	5	.7750	4	.8639	4	.9349	4	.6877	4	.1344	5	.1421		.8197	4	.1407	
6	.2002	6	.1586	6	.2043	6	.1551	6	.1725	6	.1872	6	.1680	6	.1602	6	.1947	6	.1626	6
7	.1906	4	.7857	4	.3092	4	.5413	3	.1359	4	.1075	4	.4645	4	.2217	4	.1981	5	.9665	4
8	.1332	6	.1536	6	.1673	6	.1385	6	.1879	6	.1534	6	.1527	6	.1515	6	.1209	6	.1339	6
9	.6949	4	.5040	4	.1285	5	.9944	4	.1475	5	.1973	5	.1232	5	.2807	5	.2689	5	.2947	5
10	.1044	6	.7968	5	.6944		.7780	5	.7304		.6460		.1025	6	.5899		.8380		.6838	
20	.1348	5	.1759		.1738		.2264		.2907		.3138		.3433	5	.3435		.3491		.3633	
30	.3324		.3136		.3450		.2761		.4171		.3432		.3406		.3536		.3081		.2855	
40	.1746		.1408		.1949		.2367		.2493		.2052		.1967		.2095		.2222		.1672	
50	.1423		.1303		.1520		.1140		.1255		.1189		.1039		.1052		.8337	4	.9422	4
60	.3648	4	.7435	4	.1728	4	.4077	4	.4625	3	.4896	4	.1179	4	.4141	4	.1470		.6817	
70	.8924	3	.4839		.2511		.3288		.2682	4	.2395		.3044		.2072		.3723		.2776	
80	.3811	4	.1917		.3048		.3130		.1281		.1561		.7864	3	.1182		.1376		.7852	3
90	.3413		.3429	3	.4256		.5307	3	.1523		.8813	3	.2005		.1377		.1293		.7203	
100	.3109	3	.4364	2	.1233		.1309		.7556	3	.4811	2	.8473	2	.3348	3	.3763	3	.6092	
110	.6079		.3201	3	.1085	3	.1238		.8352		.2341	3	.3431	3	.1497	1	.3135		.3805	2
120	.1590		.2845	2	.1810		.6752		.8377		.3877	2	.4632	2	.3913	3	.4163		.3199	3
130	.3387		.2275	3	.3030		.1760		.2759		.1315	3	.2200	3	.1973		.2831		.2400	
140	.1079		.1258		.1552		.8085		.6163		.7144	2	.5641	2	.3551		.3688		.4811	
150	.3213		.1090		.2901		.7674	2	.6048		.1012	3	.5161	3	.7766		.3990		.1671	
160	.1650	5	.8261		.2486	5	.9722		.3174	5	.7068		.2663	5	.2222		.1975	5	.3799	2
170	.1848		.1557	4	.1873		.3221	4	.1359		.4273	4	.9753	4	.5430	4	.1287		.3272	4
180	.1190		.1190	5	.3742		.3742	5	.1431		.1431	5	.3311	5	.3311	5	.9691	4	.9691	

α =	148,2				148,4				148,6				148,8				149,0			
Streuquerschnitt Scattering	.2088 1				.2100 1				.2100 1				.2088 1				.2110 1			
φ^o	i_1		i_2		i_1		i_2		i_1		i_2		i_1		i_2		i_1		i_2	
0	.1315	9	.1315	9	.1337	9	.1337	9	.1345	9	.1345	9	.1337	9	.1337	9	.1372	9	.1372	9
1	.1688	8	.1716	8	.1700	8	.1742	8	.1778	8	.1692	8	.1770	8	.1748	8	.1723	8	.1798	8
2	.1931	7	.1878	7	.1813	7	.1823	7	.1731	7	.1729	7	.1708	7	.1669	7	.1711	7	.1690	7
3	.6637	6	.6080	6	.7086	6	.6778	6	.6791	6	.7360	6	.7160	6	.7069	6	.8236	6	.7390	6
4	.3717	5	.4665	5	.3966	5	.2027	5	.3310	5	.1062	5	.7326	4	.7093	4	.3161	4	.9643	3
5	.2014		.2077		.4484		.2587		.5950		.4599		.4998	5	.4947	5	.6516	5	.5562	5
6	.1754	6	.1641	6	.1372	6	.1570	6	.1294	6	.1185	6	.1294	6	.1145	6	.9708		.1031	6
7	.2681	5	.2611	5	.2897	5	.3478	5	.5910	5	.4344	5	.9516	5	.6773	5	.9388		.9406	5
8	.1353	6	.1116	6	.1353	6	.1118	6	.9489		.9903		.6528		.7654		.6809		.5334	
9	.5576	5	.4264	5	.6250	5	.6137	5	.5578		.7659		.8373		.7910		.1249	6	.9661	
10	.4804		.5814		.4472		.4114		.6030		.3212		.4198		.3696		.1678	5	.2756	
20	.4355		.4284		.5807		.5085		.5905		.5019		.5364		.5241		.6335		.5609	
30	.2821		.2736		.2976		.2753		.1785		.2729		.1274		.1788		.1106		.1764	
40	.2338		.2233		.2127		.2002		.1580		.1853		.1059		.1451		.1022		.1480	
50	.5742	4	.1061		.5339	4	.1055		.1927	4	.1042		.3244	4	.7105	4	.2364	4	.8565	4
60	.3746		.6629	4	.5913		.7234	4	.6319		.5432	4	.7008		.5708		.7613		.6047	
70	.5505		.4545		.4798		.4331		.2052		.4602		.6061	3	.3225		.5029	2	.2544	
80	.1017		.1420		.2524	3	.2184		.5016	3	.3246		.1566	4	.2040		.1759	4	.1440	
90	.1406		.4629	3	.2465		.4515	3	.6636		.6194	3	.3371		.6213	3	.4616		.5907	3
100	.2814	3	.4486		.2206		.4126		.1299		.2298		.6486	3	.1267		.1412		.1334	2
110	.8422		.1442		.1460		.2022		.5379		.4845		.2998		.2734		.2566	3	.2361	3
120	.3340		.2404		.5004		.2725		.4838		.9434	1	.1440		.1602		.5374		.1111	
130	.2911		.1713		.3566		.2845		.1845		.2128		.2675		.4788		.4824		.3042	2
140	.1589		.2298		.4767		.1570		.7336	2	.1254	3	.4724		.3650		.9177	2	.1818	3
150	.9141	2	.1085		.7474		.2922	2	.2384	3	.8064		.3337		.5642		.2171	3	.3043	
160	.2153	5	.8131	1	.2599	5	.3152	3	.2889	5	.4495		.2819	5	.2572		.2517	5	.3514	
170	.1957		.2775	4	.1843		.3209	4	.1130		.7024	4	.1020		.6283	4	.1379		.4749	4
180	.1131		.1131	5	.5712	4	.5712		.3038		.3038	5	.1294		.1294	5	.9391	4	.9391	

α =	149,2				149,4				149,6				149,8				150,0			
Streuquerschnitt Scattering	.2115 1				.2109 1				.2093 1				.2111 1				.2110 1			
φ^o	i_1		i_2		i_1		i_2		i_1		i_2		i_1		i_2		i_1		i_2	
0	.1387	9	.1387	9	.1388	9	.1388	9	.1374	9	.1374	9	.1406	9	.1406	9	.1413	9	.1413	9
1	.1732	8	.1777	8	.1787	8	.1704	8	.1742	8	.1744	8	.1671	8	.1754	8	.1648	8	.1713	8
2	.1656	7	.1693	7	.1699	7	.1680	7	.1798	7	.1743	7	.1879	7	.1875	7	.1900	7	.1959	7
3	.8039	6	.7774	6	.7360	6	.7920	6	.7468	6	.7111	6	.7950	6	.7051	6	.7313	6	.6971	6
4	.3962	4	.1463	4	.1751	4	.9288	4	.1583	5	.1440	5	.4310	5	.3228	5	.5156	5	.5358	5
5	.9421	5	.6198	5	.9646	5	.8915	5	.8872		.7996		.1023	6	.7635		.1334	6	.7943	
6	.6262		.8661		.5721		.5206		.5024		.5044		.2589	5	.3826		.6208	4	.2460	
7	.8894		.1016	6	.1238	6	.1086	6	.1708	6	.1334	6	.1545	6	.1531	6	.1363	6	.1547	6
8	.5559		.4550	5	.2952	5	.3193	5	.1310	5	.1978	5	.1183	5	.8700	4	.4378	4	.3134	4
9	.1212	6	.1136	6	.1001	6	.1213	6	.1305	6	.1172	6	.1690	6	.1311	6	.1477	6	.1387	6
10	.1117	5	.1689	5	.1816	5	.9638	4	.1475	5	.1395	5	.7949	4	.1463	5	.4896	4	.1681	5
20	.7116		.6175		.6134		.5126	5	.4748		.4981		.5270	5	.4690		.4864	5	.5090	
30	.1388		.1839		.1010		.2260		.9818	4	.1808		.1148		.1735		.1971		.2063	
40	.5482	4	.1374		.5959	4	.1175		.4908		.1283		.8661	4	.1418		.9398	4	.1696	
50	.6764		.9207	4	.6849		.1316		.1312	5	.1152		.1303	5	.1221		.1515	5	.1150	
60	.8365		.7027		.7661		.7916	4	.4626	4	.8449	4	.1686	4	.5219	4	.9704	3	.4457	4
70	.7492	2	.2433		.4142	3	.4430		.2083		.4226		.4696		.4926		.4677	4	.3241	
80	.1039	4	.7676	3	.1603	4	.6183	3	.3189		.7553	3	.2762		.1481		.1060		.2569	
90	.2217		.6646		.1884	2	.1029	4	.1242		.5703		.1743		.4931	3	.5501	3	.7215	3
100	.6824	3	.6906	2	.1321	3	.2957	3	.2999	3	.6517		.3989	3	.7507		.6615		.5354	
110	.1394	4	.1496	3	.2241		.6315	2	.7136		.4598	2	.5254		.1489		.2576		.3661	
120	.2909	3	.1722		.5466		.3635	3	.4565		.2322	3	.7953	2	.3524		.1330	4	.1590	
130	.1005		.4242		.5991		.2232		.2415		.1500		.4765	3	.1990		.1450	3	.1075	
140	.5506		.7362	2	.1585		.3213		.5080		.1755		.3447	2	.3093		.9300		.2452	
150	.9404		.1357	3	.5059	2	.3029		.3720		.9886		.1909	3	.4089		.1025	4	.3783	
160	.1811	5	.1234		.2371	5	.9747	2	.2848	5	.1741		.2938	5	.1129	4	.1843	5	.1164	4
170	.1856		.2802	4	.1558		.6077	4	.1322		.7257	4	.9462	4	.9108		.1124		.5461	
180	.3082	4	.3082		.1070		.1070	5	.1301		.1301	5	.1264	5	.1264	5	.2617		.2617	5

α =	150,2				150,4				150,6				150,8				151,0			
Streuquerschnitt Scattering	.2083 1				.2098 1				.2084 1				.2067 1				.2048 1			
φ^o	i_1		i_2		i_1		i_2		i_1		i_2		i_1		i_2		i_1		i_2	
0	.1386	9	.1386	9	.1412	9	.1412	9	.1402	9	.1402	9	.1387	9	.1387	9	.1368	9	.1368	9
1	.1706	8	.1622	8	.1650	8	.1583	8	.1552	8	.1618	8	.1557	8	.1543	8	.1548	8	.1502	8
2	.2063	7	.2000	7	.2270	7	.2136	7	.2339	7	.2360	7	.2427	7	.2434	7	.2613	7	.2536	7
3	.6206	6	.6578	6	.6222	6	.5894	6	.5981	6	.5327	6	.4883	6	.4864	6	.4168	6	.4280	6
4	.4848	5	.7178	5	.1092		.1139		.1483		.1303		.1414		.1639		.1609		.1749	
5	.1318	6	.1033	6	.8832	5	.7793	5	.9864	5	.7721	5	.1182		.6232	5	.8579	5	.7428	5
6	.4113	4	.8199	4	.5711	4	.1136		.6774	4	.4932	4	.1412	5	.8069	4	.9597	4	.1338	
7	.1898	6	.1504	6	.1959	6	.1363	6	.1638	6	.1755	6	.1486	6	.1561	6	.1705	6	.1416	6
8	.1517	4	.7053	3	.3661	4	.3560	4	.3841	4	.7418	4	.1861	5	.1206	5	.4475	5	.2831	5
9	.1118	6	.1299	6	.1332	6	.1068	6	.1519	6	.1172	6	.1149	6	.1143	6	.7927		.9437	
10	.1328	5	.1633	5	.3174	5	.2478	5	.3780	5	.3922	5	.3183	5	.4777	5	.5084		.5263	
20	.3466		.3664		.2444		.3153		.2442		.2768		.2085		.3072		.1640		.2237	
30	.2263		.2830		.2709		.2794		.3110		.2828		.3763		.3218		.3997		.3464	
40	.1380		.1347		.1561		.1694		.2254		.1965		.2379		.2526		.2410		.2011	
50	.1354		.1247		.1257		.1182		.1181		.1191		.7063	4	.1244		.6093	4	.9460	4
60	.5317	3	.5039	4	.1322	4	.8583	4	.4795	4	.7556	4	.4583		.7571	4	.7540		.5836	
70	.4439	4	.2570		.2823		.1207		.3389		.3231		.2572		.4193		.1313		.5194	
80	.2216	2	.2892		.2753	3	.2817		.2813	3	.1061		.3855	3	.9318	3	.2070		.1359	
90	.6818	3	.1011		.3029	4	.9762	3	.3821	4	.6683	3	.1496	4	.5722		.1328	2	.3506	3
100	.1421		.1157	3	.7885	3	.2714		.1309		.5113	2	.6570	3	.8090	2	.5111	3	.1944	
110	.7854		.2840		.8092	2	.1477		.6072	3	.1923	3	.6062		.6834		.4617		.1159	
120	.2774		.1977		.4888	3	.5375		.4766		.1305		.3032		.5037	3	.6111		.8059	2
130	.2800		.2511		.3418		.1495		.2181		.1643		.5322		.3611		.3301		.5203	
140	.3771		.2552		.3459		.6395		.1755		.2487		.7888		.6591		.2525		.1511	
150	.4960	2	.2789	1	.6109		.1345	4	.2285	2	.4747		.4665		.4298		.1848		.2222	3
160	.1976	5	.4508	3	.2043	5	.4015	3	.2429	5	.5520		.2674	5	.1991	4	.2768	5	.1889	4
170	.1318		.5385	4	.1542		.5851	4	.1066		.8502	4	.6717	4	.9087		.8262	4	.7909	
180	.1456		.1456	5	.4084		.4084	5	.1658		.1658	5	.4009	5	.4009	5	.1108	5	.1108	5

α =	151,2				151,4				151,6				151,8				152,0			
Streuquerschnitt Scattering	.2053 1				.2050 1				.2034 1				.2024 1				.2038 1			
φ^o	i_1		i_2		i_1		i_2		i_1		i_2		i_1		i_2		i_1		i_2	
0	.1381	9	.1381	9	.1385	9	.1385	9	.1370	9	.1370	9	.1363	9	.1363	9	.1389	9	.1389	9
1	.1464	8	.1504	8	.1432	8	.1456	8	.1456	8	.1382	8	.1407	8	.1408	8	.1344	8	.1417	8
2	.2751	7	.2726	7	.2834	7	.2860	7	.2934	7	.2879	7	.3038	7	.2972	7	.3063	7	.3087	7
3	.4156	6	.3708	6	.3674	6	.3426	6	.2855	6	.3049	6	.2865	6	.2681	6	.3094	6	.2684	6
4	.2372		.1992		.2625		.2467		.2401		.2765		.2718		.2616		.3370		.2740	
5	.4866	5	.6379	5	.5298	5	.4118	5	.5718	5	.2632	5	.3017	5	.3050	5	.8304	4	.2122	5
6	.1546		.1798		.4002		.2279		.6149		.3582		.5252		.5500		.6026	5	.5646	
7	.1532	6	.1385	6	.1151	6	.1303	6	.1011	6	.1049	6	.1029	6	.8934		.7593		.7753	
8	.4812	5	.4902	5	.4708	5	.5534	5	.8130	5	.6082	5	.1189		.9223		.1148	6	.1152	6
9	.8822		.6880		.8765		.6645		.5200		.5705		.2912	5	.3874		.3016	5	.2228	5
10	.8642		.6768		.9201		.8641		.7673		.9201		.9857		.9344		.1401	6	.1077	6
20	.1086		.1850		.1178		.1924		.1845		.2523		.2214		.2546		.2115	5	.2536	5
30	.3587		.3069		.3890		.3161		.3875		.3633		.3347		.3109		.2234		.2520	
40	.2217		.2108		.2237		.1951		.2053		.2191		.1561		.1849		.1247		.1626	
50	.2519	4	.9340	4	.2560	4	.7768	4	.2243	4	.1125		.4550	4	.1056		.8265	4	.1079	
60	.6198		.5480		.8343		.6307		.8429		.7060	4	.7868		.8437	4	.4973		.6931	4
70	.3141	3	.3856		.3787	3	.2948		.1066		.1952		.1553		.3097		.3756		.4283	
80	.4001	4	.2271		.3515	4	.2006		.1256		.2414		.4286	3	.1395		.7721	3	.1065	
90	.1464		.3873	3	.2469		.4358	3	.1141		.8951	3	.6221		.1327		.2823	4	.1319	
100	.1879	3	.2576		.5367	3	.5590		.6116	3	.7133		.7599	2	.1358	3	.8002	3	.1296	3
110	.8175		.2962	2	.1047		.2343		.5717		.5476		.2899	3	.2143		.3884		.2577	
120	.7993	2	.1787	3	.5157		.1150		.4720		.4684	2	.2590		.1837		.6955		.5030	2
130	.1860	3	.4244		.6339		.4441	2	.2963		.5038	3	.3334		.2552		.1330		.3255	3
140	.3247		.3597		.3249		.1135	3	.5205		.5239		.1931		.1675		.4470		.1942	
150	.9528		.2265		.8193	2	.2701		.2559		.5759		.1046		.3149		.8175		.2060	
160	.1802	5	.8768		.1693	5	.2102		.2405	5	.1457	4	.2793	5	.2365	4	.2250	5	.2381	4
170	.1196		.4650	4	.1168		.6388	4	.9467	4	.9379		.6959	4	.1099	5	.6313	4	.7831	
180	.9259	4	.9259		.7246	4	.7246		.3374	5	.3374	5	.9424		.9424	4	.1072	5	.1072	5

α =	152,2				152,4				152,6				152,8				153,0			
Streuquerschnitt Scattering	.2033 1				.2035 1				.2024 1				.2047 1				.2051 1			
φ°	i_1		i_2		i_1		i_2		i_1		i_2		i_1		i_2		i_1		i_2	
0	.1389	9	.1389	9	.1398	9	.1398	9	.1389	9	.1389	9	.1429	9	.1429	9	.1442	9	.1442	9
1	.1363	8	.1366	8	.1393	8	.1317	8	.1359	8	.1394	8	.1334	8	.1412	8	.1359	8	.1403	8
2	.3054	7	.3092	7	.3092	7	.3028	7	.3089	7	.3047	7	.2980	7	.3037	7	.2835	7	.2943	7
3	.2702	6	.2784	6	.2693	6	.2903	6	.3376	6	.2983	6	.3939	6	.3655	6	.3984	6	.4148	6
4	.3187		.3052		.2843		.3237		.3071		.2733		.3471		.2701		.3061		.2697	
5	.7914	4	.1182	5	.1106	5	.8042	4	.1195	5	.1317	5	.1460	5	.1868	5	.1646	5	.2405	5
6	.8760	5	.6332		.9582		.7659	5	.9292		.9233		.1004	6	.9108		.1210	6	.9003	
7	.4590		.6010		.3521		.3811		.3197		.3094		.1708	5	.2031		.6875	4	.1279	
8	.1041	6	.1183	6	.1295	6	.1112	6	.1737	6	.1433	6	.1514	6	.1588	6	.1222	6	.1519	6
9	.2471	5	.1621	5	.9650	4	.1054	5	.2979	3	.3913	4	.4741	3	.1762	4	.6582	4	.2897	4
10	.1312	6	.1229	6	.1031	6	.1175	6	.1200	6	.1089	6	.1499	6	.1107	6	.1213	6	.1181	6
20	.2594	5	.3033	5	.4533	5	.4062	5	.4971	5	.4457	5	.4396	5	.3913	5	.5093	5	.4571	5
30	.2278		.2110		.1959		.2711		.1537		.2206		.8717	4	.1773		.9958	4	.1373	
40	.8337	4	.1510		.6376	4	.1339		.4910	4	.1285		.5506		.1284		.1031	5	.1654	
50	.9120		.9875	4	.1314	5	.1236		.1325	5	.1326		.1544	5	.1309		.1455		.1303	
60	.1243		.6283		.1453	4	.3525	4	.4083	3	.5523	4	.2073	4	.6447	4	.3413	4	.8359	4
70	.5447		.4459		.4841		.4567		.3782	4	.3441		.1936		.2569		.2527		.2382	
80	.8425	3	.1095		.2186	3	.2199		.9806	3	.2219		.2887		.2782		.3317		.1718	
90	.3292	4	.7226	3	.1250	4	.6516	3	.5755	2	.7532	2	.1826		.1354	3	.3373		.4249	3
100	.1231		.8307	2	.1082		.6884	2	.5555	3	.2158	3	.6204	2	.3719		.2917	3	.5356	
110	.6372	3	.9081		.1902	3	.3307	1	.8627		.9282	2	.4365	3	.5650	2	.2205		.3436	
120	.2589	2	.3007	3	.8746		.5511	3	.3887		.6456		.5464		.2697	3	.3976		.3652	1
130	.7378	3	.3099		.1071		.8171	2	.2854		.3604	3	.3375		.1156		.2576		.2277	3
140	.2718		.2168		.2409		.2252	3	.3289		.2800		.5816		.2506		.6542	2	.8207	2
150	.4770		.5137	2	.5023		.8950		.9283	2	.1855		.3665		.4242		.7716	3	.4122	
160	.1821	5	.1299	4	.2067	5	.1295	4	.1941	5	.1212	4	.2356	5	.2132	4	.2548	5	.2594	4
170	.7916	4	.5568		.7915	4	.6676		.8800	4	.1054	5	.4637	4	.9980		.3895	4	.8178	
180	.2123		.2123		.8921		.8921		.6676		.6676	4	.2079	5	.2079	5	.2641	5	.2641	5

α =	153,2				153,4				153,6				153,8				154,0			
Streuquerschnitt Scattering	.2039 1				.2057 1				.2067 1				.2056 1				.2061 1			
φ°	i_1		i_2		i_1		i_2		i_1		i_2		i_1		i_2		i_1		i_2	
0	.1433	9	.1433	9	.1465	9	.1465	9	.1488	9	.1488	9	.1479	9	.1479	9	.1494	9	.1494	9
1	.1463	8	.1364	8	.1433	8	.1432	8	.1441	8	.1481	8	.1521	8	.1482	8	.1553	8	.1515	8
2	.2869	7	.2745	7	.2758	7	.2684	7	.2549	7	.2609	7	.2390	7	.2416	7	.2347	7	.2260	7
3	.4547	6	.4556	6	.5750	6	.5244	6	.6278	6	.6250	6	.6470	6	.6760	6	.7650	6	.7317	6
4	.2305		.2639		.2417		.2018		.2488		.1849		.1774		.1592		.1198		.1343	
5	.1792	5	.3234	5	.5186	5	.5143	5	.7199	5	.6701	5	.6402	5	.7964	5	.8015	5	.9005	5
6	.1315	6	.9918		.9369		.8112		.1002	6	.8508		.1233	6	.8099		.9524		.8229	
7	.3262	3	.7110	4	.2779	4	.8179	4	.1354	5	.6565	4	.2783	5	.1252		.2124		.2834	
8	.1710	6	.1298	6	.1712	6	.1334	6	.1319	6	.1445	6	.1134	6	.1305	6	.1323	6	.1053	6
9	.1754	5	.1128	5	.2213	5	.1423	5	.2051	5	.2776	5	.4629	5	.3412	5	.7732	5	.5818	5
10	.8848		.1004	6	.9669		.8667		.1062	6	.7681		.6760		.7309		.4213		.5218	
20	.6652		.5655	5	.6672		.6229		.5362	5	.4607		.5517		.4720		.5966		.5097	
30	.1002		.1993		.1431		.2323		.1605		.2184		.2134		.2189		.2661		.2749	
40	.1222		.1688		.1607		.1466		.1549		.1614		.2282		.2117		.2646		.2431	
50	.1378		.1268		.1006		.1042		.7084	4	.9597	4	.3848	4	.9897	4	.2732	4	.1068	
60	.5725	4	.6378	4	.6944	4	.6749	4	.7684		.5814		.8427		.6438		.8256		.7774	4
70	.8490	3	.4754		.3949	3	.4527		.9091	3	.4974		.1976		.3653		.3178		.2784	
80	.1319	4	.1279		.1392	4	.6598	3	.2516	4	.8710	3	.2282		.1444		.7596	3	.3043	
90	.1966		.9740	3	.4886	3	.1483	4	.2022		.1487	4	.3171		.8445	3	.8891		.2224	3
100	.4712	3	.6495		.1279		.2704	3	.6102	3	.1934	3	.5878	3	.1213		.1138	4	.5592	0
110	.6802		.3670		.9407	2	.2788		.1087	4	.3253		.2990		.1562	2	.4531	3	.6069	2
120	.1366		.4264		.7500	3	.1442		.1645	3	.2825		.4732		.2580	3	.4263		.1032	3
130	.3595		.2050		.2985		.7816	2	.2641		.3391		.2847		.1650		.2997		.3557	
140	.1544		.5854		.5210		.2831		.3841		.4718		.1608		.4123	2	.2029		.6011	
150	.6619		.9026		.2525		.3615	3	.1723		.3442		.5969		.2860	3	.3728		.2843	
160	.2350	5	.2261	4	.1649	5	.6165		.2083	5	.1009	4	.2670	5	.1991	4	.2719	5	.2779	4
170	.6731	4	.5422		.7742	4	.9051	4	.6153	4	.9190		.5219	4	.1051	5	.3423	4	.7630	
180	.1769	5	.1769	5	.2053	5	.2053	5	.1648	5	.1648	5	.3466	5	.3466		.8702		.8702	

α =	154,2				154,4				154,6				154,8				155,0			
Streuquerschnitt Scattering	.2078 1				.2089 1				.2077 1				.2088 1				.2105 1			
φ°	i_1		i_2		i_1		i_2		i_1		i_2		i_1		i_2		i_1		i_2	
0	.1527	9	.1527	9	.1552	9	.1552	9	.1541	9	.1541	9	.1566	9	.1566	9	.1600	9	.1600	9
1	.1528	8	.1585	8	.1588	8	.1573	8	.1655	8	.1585	8	.1625	8	.1650	8	.1601	8	.1673	8
2	.2198	7	.2201	7	.2038	7	.2065	7	.1941	7	.1902	7	.1894	7	.1855	7	.1795	7	.1843	7
3	.8605	6	.8155	6	.8849	6	.9070	6	.9159	6	.9328	6	.1032		.9702	6	.1060		.1023	
4	.1255		.9474	5	.1092		.8123	5	.5453	5	.5548	5	.4530	5	.3870	5	.5490	5	.3412	5
5	.1286		.9883		.1444		.1349	6	.1272	6	.1423	6	.1535	6	.1455	6	.1974	6	.1487	6
6	.5731	5	.7349		.5824	5	.5002	5	.6558	5	.4542	5	.4319	5	.4298	5	.1802	5	.3491	5
7	.2651		.2985		.5780		.3472		.7835		.4577		.6777		.7364		.7174		.7065	
8	.1158	6	.1021	6	.7384		.8836		.5865		.7303		.6261		.5185		.4749		.4643	
9	.8031	5	.8106	5	.7512		.8374		.1094	6	.8578		.1412	6	.1138	6	.1291	6	.1303	6
10	.4533		.3413		.4362		.2941		.1760	5	.2395		.4640	4	.1130	5	.5503	4	.5695	4
20	.5200		.4554		.3717		.3522		.3294		.3345		.3185	5	.3163		.2377	5	.2781	5
30	.3417		.3029		.3393		.3096		.3773		.3273		.4398		.3652		.4467		.3859	
40	.2723		.2276		.2224		.1985		.2224		.1954		.1975		.2106		.1513		.1754	
50	.3430	4	.9831	4	.2612	4	.8871	4	.7517	4	.8220	4	.6772	4	.1225		.1255		.1208	
60	.7850		.7579		.4968		.7936		.2605		.6305		.6814	3	.4932	4	.4887	3	.5224	4
70	.2803		.2648		.3789		.3332		.4851		.3826		.5394	4	.5058		.2985	4	.4277	
80	.1667	3	.3475		.7170	3	.2399		.7046	3	.1440		.5361	3	.7084	3	.2058		.9965	3
90	.1166		.5920	2	.2260	4	.1543	3	.4130	4	.4274	3	.2661	4	.9446		.5991	3	.1475	4
100	.6215		.6488		.1723	3	.4875		.6179	3	.4939		.3317	3	.4555		.2637		.3691	3
110	.1040	4	.4051		.1780		.2156		.7503		.3703		.2482		.1707		.2964		.2949	
120	.1735	3	.3754	3	.9533		.9659	2	.1323		.9453	2	.4468		.2927		.6443		.1432	
130	.5511		.6575	2	.6476	2	.2381	3	.4697		.7334	3	.3615		.7401	2	.3341		.3015	
140	.5290		.7333		.9993		.4163		.4700		.3704		.2377		.2168	3	.4342		.1389	
150	.4330		.1575	3	.2542	3	.4785		.7004		.4068		.1190		.2611	2	.7218		.7402	2
160	.2413	5	.1403	4	.2403	5	.5050		.1970	5	.5072		.2315	5	.1625	4	.2937	5	.2183	4
170	.3703	4	.3965		.5056	4	.5565	4	.6520	4	.8323	4	.4103	4	.8983		.1998	4	.7203	
180	.4348		.4348		.6876		.6876		.2239	5	.2239	5	.6432		.6432		.8089		.8089	

α =	155,2				155,4				155,6				155,8				156,0			
Streuquerschnitt Scattering	.2102 1				.2108 1				.2102 1				.2116 1				.2111 1			
φ^o	i_1		i_2		i_1		i_2		i_1		i_2		i_1		i_2		i_1		i_2	
0	.1604	9	.1604	9	.1622	9	.1622	9	.1621	9	.1621	9	.1652	9	.1652	9	.1654	9	.1654	9
1	.1669	8	.1623	8	.1666	8	.1627	8	.1620	8	.1686	8	.1578	8	.1662	8	.1578	8	.1611	8
2	.1757	7	.1751	7	.1744	7	.1707	7	.1790	7	.1790	7	.1782	7	.1859	7	.1832	7	.1895	7
3	.1016		.1050		.1028		.1040		.1099		.1026		.1052		.1027		.9475	6	.9854	6
4	.3727	5	.4333	5	.3898	5	.4553	5	.7720	5	.5347	5	.1027	6	.9174	5	.1099		.1220	
5	.1833	6	.1753	6	.1751	6	.1704	6	.1809	6	.1543	6	.2143		.1494	6	.1779		.1577	
6	.1487	5	.1965	5	.1138	5	.1951	5	.1843	5	.1929	5	.1790	5	.2590	5	.1756	5	.2527	5
7	.1059	6	.7730		.1365	6	.7764		.9766		.1033	6	.9694		.9398		.1130	6	.9690	
8	.2140	5	.3130		.3956	4	.2361		.1102		.1061	5	.1267		.1011		.1619	5	.1007	
9	.1177	6	.1283	6	.1453	6	.1160	6	.1648	6	.1387	6	.1288	6	.1399	6	.9655		.1280	6
10	.8004	4	.4626	4	.1666	5	.7607	4	.1107	5	.1116	5	.9148	4	.1583	5	.2330		.2137	5
20	.1366	5	.1992	5	.1874		.2015	5	.1674		.2227		.1939	5	.2493		.1265		.2167	
30	.3535		.3147		.3781		.3005		.3393		.3054		.2794		.3184		.1932		.2297	
40	.1147		.1655		.6847	4	.1483		.7082	4	.1485		.3693	4	.1203		.7835	4	.1313	
50	.1159		.1281		.1648	5	.1147		.1544	5	.1396		.1467	5	.1299		.1344	5	.1201	
60	.2308	4	.7294	4	.2945	4	.8882	4	.6900	4	.7346	4	.5919	4	.6478	4	.7828	4	.6262	4
70	.6296	3	.3342		.3968	3	.1800		.1755	2	.3244		.8032	3	.4305		.2050		.4978	
80	.3801	4	.1500		.4833	4	.2357		.1660	4	.2217		.8033	2	.2268		.3778	3	.1408	
90	.9196	3	.1315		.3172		.1314		.7324	3	.2730	3	.1597	3	.2642	3	.2648	4	.3717	3
100	.5367		.2007	3	.5998	3	.1681	3	.1374	4	.3720	2	.6652		.1145		.2887	3	.4726	
110	.1221	4	.2169		.3727	2	.2582	2	.8393	3	.3541		.5531		.7348	2	.2935		.3657	
120	.3559	3	.5366		.7042	3	.7743		.6834	2	.2369	3	.8464		.8400		.5211		.1283	
130	.3829		.3858	2	.2943		.4529	3	.4046	3	.1347		.2759		.1739	3	.3126		.2379	
140	.8035	2	.2319	3	.3824		.3518		.1302		.1312		.5013		.8608	2	.3436		.4696	
150	.1939	3	.6462		.1071	4	.4480		.1067		.3057		.1260	4	.5072		.1184		.4105	
160	.3243	5	.1199	4	.1977	5	.7629	2	.2184	5	.2633		.2675	5	.1001	4	.3080	5	.1258	4
170	.1793	4	.4862		.7313	4	.3939	4	.4960	4	.6478	4	.4194	4	.7292		.3817	4	.6723	
180	.8613	3	.8613	3	.4322	5	.4322	5	.3715		.3715		.1586	5	.1586	5	.1875	5	.1875	5

α =	156,2				156,4				156,6				156,8				157,0			
Streuquerschnitt Scattering	.2099 1				.2098 1				.2096 1				.2066 1				.2066 1			
φ^o	i_1		i_2		i_1		i_2		i_1		i_2		i_1		i_2		i_1		i_2	
0	.1642	9	.1642	9	.1649	9	.1649	9	.1657	9	.1657	9	.1619	9	.1619	9	.1626	9	.1626	9
1	.1640	8	.1528	8	.1531	8	.1584	8	.1491	8	.1535	8	.1512	8	.1469	8	.1467	8	.1434	8
2	.2058	7	.1887	7	.2105	7	.2086	7	.2180	7	.2223	7	.2381	7	.2314	7	.2554	7	.2459	7
3	.9337	6	.9065	6	.9296	6	.8633	6	.8256	6	.8223	6	.7025	6	.7264	6	.6775	6	.6390	6
4	.1502		.1544		.2204		.1879		.2410		.2498		.2539		.2787		.3442		.3184	
5	.1267		.1437		.1373		.1021		.1537		.9400	5	.1039		.8812	5	.5493	5	.6782	5
6	.1979	5	.3599	5	.4622	5	.3973	5	.6321	5	.5702		.5044	5	.6505		.6908		.7787	
7	.1275	6	.8613		.8734		.8841		.8428		.7771		.1092	6	.7763		.8524		.7123	
8	.6370	4	.1912		.1072		.1120		.3549		.1747		.5451	5	.3131		.4329		.5498	
9	.1404	6	.9848		.1330	6	.1148	6	.8503		.1031	6	.6621		.8423		.8238		.5917	
10	.5428	5	.3538		.5896	5	.4499	5	.5358		.6116	5	.8505		.6798		.1151	6	.8891	
20	.1876		.2297		.3231		.3023		.4613		.4361		.4315		.4333		.4385	5	.4251	
30	.1393		.1988		.1317		.1835		.1177		.2224		.1100		.1938		.1081		.1846	
40	.8333	4	.1785		.1657		.1830		.1419		.1783		.2168		.1688		.2200		.2453	
50	.8451		.1286		.7132	4	.1095		.3148	4	.1046		.4686	4	.8097	4	.2424	4	.1176	
60	.7533		.6267	4	.8880		.9169	4	.7925		.8404	4	.5405		.8515		.2580		.4835	4
70	.3970		.4682		.4865		.3783		.4627		.2614		.4448		.2512		.3644		.4721	
80	.3127	3	.1180		.3393	2	.1127		.1649		.2428		.3738		.2219		.3502		.2737	
90	.4777	4	.5096	3	.2918	4	.8342	3	.3485	3	.1325		.1214		.9136	3	.1970		.1998	3
100	.5289	3	.5172		.3032	3	.6010		.4558		.4545	3	.1935	3	.2462		.1024		.5934	1
110	.6308		.3062		.6477	2	.2168		.6837		.2635		.3163		.1161		.5417	3	.1809	3
120	.3097		.2396		.5640	3	.3140		.6720	2	.2944		.6820		.3745		.3878		.1225	
130	.3117		.1611		.2069		.2370		.7465	3	.2130		.2575		.9784	2	.3028		.5183	
140	.4977		.5425	2	.6192	2	.3777		.8146		.7303	2	.3799		.4164	3	.4223		.2008	
150	.2975		.4680	3	.1214	3	.6957		.1352	4	.4423	3	.7951	2	.3922	2	.5299		.4380	
160	.2983	5	.4124		.3021	5	.8840	2	.2508	5	.2868	2	.1928	5	.4730	3	.2930	5	.4244	
170	.2022	4	.1728	4	.2898	4	.4838	4	.5300	4	.4024	4	.6020	4	.6599	4	.2432	4	.3702	4
180	.2422	5	.2422	5	.8836		.8836		.1480	5	.1480	5	.1736	5	.1736	5	.7571		.7571	

α =	157,2		157,4		157,6		157,8		158,0	
Streuquerschnitt Scattering	.2065 1		.2059 1		.2031 1		.2038 1		.2042 1	
φ°	i_1	i_2	i_1	i_2	i_1	i_2	i_1	i_2	i_1	i_2
0	.1633 9	.1633 9	.1633 9	.1633 9	.1596 9	.1596 9	.1614 9	.1614 9	.1627 9	.1627 9
1	.1380 8	.1444 8	.1383 8	.1354 8	.1371 8	.1329 8	.1292 8	.1330 8	.1252 8	.1305 8
2	.2608 7	.2658 7	.2744 7	.2708 7	.2926 7	.2831 7	.3009 7	.3003 7	.3007 7	.3083 7
3	.6345 6	.5958 6	.5320 6	.5458 6	.4619 6	.4627 6	.4545 6	.4170 6	.4126 6	.4048 6
4	.4016	.3660	.3948	.4251	.4209	.4313	.5140	.4598	.5270	.4949
5	.5728 5	.3654 5	.5411 5	.2567 5	.1843 5	.1684 5	.5179 4	.5779 4	.6968 4	.9026 3
6	.1085 6	.7969	.1219 6	.1077 6	.9849	.1085 6	.1226 6	.1148 6	.1582 6	.1167 6
7	.4919 5	.6545	.4183 5	.4166 5	.4986	.3955 5	.3571 5	.3485 5	.1798 5	.3277 5
8	.5034	.5146	.9065	.5489	.1029 6	.7123	.8294	.9217	.8471	.8508
9	.7024	.6233	.3300	.4990	.1984 5	.3419	.2411	.1882	.2246	.1971
10	.1103 6	.1090 6	.1013 6	.1056 6	.1317 6	.1097 6	.1508 6	.1228 6	.1244 6	.1278 6
20	.6174 5	.5604 5	.7462 5	.6300 5	.6645 5	.6303 5	.6169 5	.5694 5	.7350 5	.6378 5
30	.1641	.2234	.2350	.2693	.2471	.2927	.2711	.2724	.3935	.3526
40	.2939	.2368	.2462	.2366	.2618	.1940	.2294	.2366	.1908	.1993
50	.4678 4	.9921 4	.5141 4	.1234	.1051	.1022	.1279	.1310	.1600	.1340
60	.5409 3	.5503	.1013	.5378 4	.1096 4	.7987 4	.4037 4	.7208 4	.5851 4	.7764 4
70	.3277 4	.4674	.1179	.5422	.3549 3	.4146	.3517 3	.3200	.5077 3	.2650
80	.1793	.1527	.9168 3	.1010	.1786 4	.7631 3	.1926 4	.1578	.9309	.2638
90	.8602 3	.4182 3	.2261	.6293 3	.2723	.7184	.5176	.6779 3	.3447 4	.7212 3
100	.1293 4	.2198 2	.4511	.1350	.4032 3	.4118	.3629 3	.4290	.2303 3	.5410
110	.8106 3	.1815	.5774 2	.2347	.6692	.4421	.2869	.2180	.4634	.4424
120	.3656	.2186 3	.6321 3	.6965 1	.1709	.4506	.8310	.5453 2	.7167 2	.3525
130	.3694	.1866	.5664	.6264 3	.2359	.6289 2	.1933	.4188 3	.6299 3	.1117
140	.9307 2	.3613	.9011	.3562	.1319	.4399	.4133	.3542	.1976	.2329
150	.3366	.3407	.8241	.7041	.5706 2	.1557 3	.9383	.2955	.1200	.2462
160	.3551 5	.7322	.3089 5	.3235	.2320 5	.2423	.2502 5	.5896 1	.2774 5	.1380
170	.1521 4	.2589 4	.2761 4	.1544 4	.4466 4	.3214 4	.4841 4	.3796 4	.4335 4	.3994 4
180	.1549	.1549	.6743	.6743	.5762	.5762	.3520	.3520	.3714	.3714

α =	158,2				158,4				158,6				158,8				159,0			
Streuquerschnitt Scattering	.2032	1			.2018	1			.2032	1			.2042	1			.2045	1		
φ°	i_1		i_2		i_1		i_2		i_1		i_2		i_1		i_2		i_1		i_2	
0	.1621	9	.1621	9	.1605	9	.1605	9	.1635	9	.1635	9	.1660	9	.1660	9	.1673	9	.1673	9
1	.1298	8	.1224	8	.1273	8	.1244	8	.1202	8	.1275	8	.1196	8	.1256	8	.1229	8	.1231	8
2	.3110	7	.3017	7	.3183	7	.3083	7	.3128	7	.3187	7	.3006	7	.3139	7	.2943	7	.2991	7
3	.3707	6	.3847	6	.3863	6	.3630	6	.4199	6	.3890	6	.4112	6	.4272	6	.4400	6	.4625	6
4	.4776		.5166		.4941		.4846		.5571		.4882		.5235		.4925		.4423		.4728	
5	.2016	4	.5668	4	.7786	4	.7731	4	.3167	5	.1961	5	.4231	5	.4429	5	.5296	5	.6553	5
6	.1514	6	.1389	6	.1202	6	.1197	6	.1362	6	.1143	6	.1595	6	.1090	6	.1301	6	.1213	6
7	.1013	5	.2128	5	.1487	5	.2141	5	.2390	5	.2043	5	.2958	5	.3109	5	.2752	5	.3696	5
8	.1263	6	.8650		.1317	6	.9331		.9228		.1032	6	.8107		.8738		.9717		.8360	
9	.9178	4	.1810		.3310	4	.1363		.7618	4	.9149	4	.2532		.1313		.3746		.2697	
10	.1102	6	.1134	6	.1346	6	.1126	6	.1349	6	.1149	6	.8934		.1061	6	.6033		.8097	
20	.7477	5	.6153	5	.5694	5	.5929	5	.5063	5	.4909	5	.5403		.5155	5	.4632		.4211	
30	.4704		.3923		.4276		.4078		.3785		.3289		.4607		.3896		.4534		.3841	
40	.1352		.1801		.9835	4	.1486		.1002		.1711		.5428	4	.1527		.6748	4	.1294	
50	.1602		.1508		.1533	5	.1353		.1406		.1317		.1054	5	.1304		.1152	5	.1110	
60	.7965	4	.6313	4	.8134	4	.6598	4	.8878	4	.6970	4	.8800	4	.7807	4	.5943	4	.9031	4
70	.1672		.3785		.3039		.3851		.5554		.5051		.5958		.4263		.3534		.3465	
80	.2831	3	.3451		.1500		.2596		.1667		.1546		.8756	3	.8301	3	.2007		.6795	3
90	.1946		.9519	3	.7846	3	.6762	3	.2081		.4260	3	.1321	4	.6662		.3837	3	.1030	4
100	.2773		.4137		.1655		.4417		.1247		.1381		.1201		.5781	2	.3125		.9843	2
110	.5408		.1022		.2157		.8799	2	.1165		.6083	2	.4162	3	.5120		.3798		.2975	3
120	.3935		.2498		.4523		.1349	3	.2870	3	.1731	3	.8364		.6494		.3131	2	.1354	
130	.2134		.2568		.3712		.2620		.3377		.1559		.1629		.2387	3	.1032	4	.2956	
140	.6002		.3549		.1570		.9325	2	.5908		.2413		.1114		.3369		.3607	3	.1896	
150	.1958		.4471		.8999	2	.5695	3	.9766		.1677		.1777		.1634		.1037		.3660	
160	.3346	5	.5845		.3241	5	.5719		.2817	5	.7318		.1834	5	.3228		.2141	5	.1247	
170	.1489	4	.2850	4	.2601	4	.1099	4	.4525	4	.1644	4	.8492	4	.2455	4	.9432	4	.4239	4
180	.1220		.1220		.1060	5	.1060	5	.1854		.1854		.1038	5	.1038	5	.9186		.9186	

FSC
www.fsc.org
MIX
Papier | Fördert
gute Waldnutzung
FSC® C083411

Kolibri 360 GmbH
Ferdinand-Jühlke-Straße 7
99095 Erfurt, Deutschland
produktsicherheit@kolibri360.de